高速公路罩面后路面使用性能研究

曹　毅　马士宾　著

人民交通出版社股份有限公司
China Communications Press Co.,Ltd.

内 容 提 要

本书以罩面后的京秦高速公路为依托工程和研究对象，结合我国尤其是河北省具体情况，运用新技术、新方法，对罩面后的沥青路面使用性能演化规律以及罩面后的病害发展规律进行了系统深入的研究，同时提出了切实可行的的养护对策。

本书可供公路路面设计、施工、养护技术人员及相关科研人员参考。

图书在版编目(CIP)数据

高速公路罩面后路面使用性能研究 / 曹毅，马士宾著. —北京：人民交通出版社股份有限公司，2015.10

ISBN 978-7-114-12555-3

Ⅰ.①高… Ⅱ.①曹… ②马… Ⅲ.①高速公路－沥青面层－性能－研究 Ⅳ.①U416.217

中国版本图书馆 CIP 数据核字(2015)第 247742 号

书　　名：高速公路罩面后路面使用性能研究
著 作 者：曹　毅　马士宾
责任编辑：李　农　李　沛　肖　鹏　闫吉维
出版发行：人民交通出版社股份有限公司
地　　址：(100011)北京市朝阳区安定门外外馆斜街 3 号
网　　址：http://www.ccpress.com.cn
销售电话：(010)59757973
总 经 销：人民交通出版社股份有限公司发行部
经　　销：各地新华书店
印　　刷：化学工业出版社印刷厂
开　　本：787×980　1/16
印　　张：12.25
字　　数：270 千
版　　次：2015 年 10 月　第 1 版
印　　次：2015 年 10 月　第 1 次印刷
书　　号：ISBN 978-7-114-12555-3
定　　价：56.00 元

前　言

QIANYAN

随着国民经济的迅速发展,我国的公路建设进入一个以高速公路为代表的发展阶段。近年来,公路交通的日益重型化及交通流量的大幅度增长,加速了路面的损坏,目前国内很多高速公路路面正处于维修、待修状态。由于高速公路交通量大,修复过程中一般不允许全幅中断交通,而沥青混凝土罩面层具有修复周期短、施工方便、对行车干扰小等优点,同时能充分利用原有路面的强度,因此在高速公路原有路面的基础上罩面沥青混凝土层在我国已成为一种切实可行、简单有效的修复措施。但是,高速公路罩面工程投资巨大,费用动辄高达数亿元人民币。因此,如何对罩面后道路实施科学养护,延长罩面后路面的使用寿命,成为公路养护管理部门亟待思考和解决的问题。

罩面前后路面受力结构体系发生了变化,尤其是经多次罩面后的路面结构,随着路面结构厚度及层数的增加,与原有路面结构差异更大。这种路面新结构在行车荷载、环境等因素的综合作用下,路面使用性能将呈现新的变化规律。如何在现有沥青路面罩面及养护技术的基础上,彻底摸清高速公路罩面后路面使用性能变化规律,进一步提高公路路面使用性能,不仅关系到数额巨大的建设和养护资金的使用效益,还将对高速公路路网整体服务质量产生重要影响。因此,本书在广泛收集并分析国内外沥青路面罩面层有关资料的基础上,借助先进的路面性能指标检测仪器,以罩面后的京秦高速公路为依托工程和研究对象,结合我国尤其是河北省具体情况,运用新技术、新方法,对罩面后的沥青路面使用性能演化规律及罩面后的病害发展规律进行了系统深入的研究,同时提出了切实可行的养护对策。研究成果可以为科学地进行沥青罩面层设计与施工提供依据,减少设计和施工中的盲目性和任意性,延长路面的有效使用寿命,改善沿线的交通状况,提高路网的运营能力,对公路养护部门进行科学的路面养护管理决策，推动罩面层设计与养护一体化进程具有较大的现实意义。

本书由山西大学讲师曹毅和河北工业大学副教授马士宾合著，全书共27万字，其中曹毅完成20万字，其余部分由马士宾完成。

由于道路工程行业发展很快，新材料、新方法不断涌现，规范标准不断更新，加之我们的水平所限，书中的疏漏、不妥之处恐难避免，敬请读者批评指正。

曹　毅

2015年7月于山西大学

目 录

MULU

第1章　概　　述

1.1　研究背景

随着国民经济的迅速发展，我国的公路建设进入一个以高速公路为代表的发展阶段。我国高速公路的路面结构主要有两大类：沥青路面与水泥混凝土路面。其中，沥青路面约占75%，水泥混凝土路面约占23%，其他路面约占2%。沥青路面是我国高速公路采用的主要路面形式，水泥混凝土路面也以其特有的使用性能和良好的耐久性在公路建设中占有重要的地位。截至2014年底，我国高速公路通车总里程已达到11.2万km。其中，河北省高速公路通车里程达到5 888km，位居全国第三位[1]。

高速公路的修建，推动了沿线经济及社会的发展，但就目前国内外沥青路面和水泥混凝土路面使用状况而言，还存在着不少问题，尤其是早期修建的高速公路路面不同程度地出现了结构性破坏和功能性缺陷，严重影响了道路的服务水平及车辆的行驶安全。特别是近几年，随着我国社会主义市场经济的迅速发展，交通的日益重型化及交通量的大幅度增长，加之设计、施工、养护、使用等多种综合因素的影响，加速了路面的损坏，目前国内很多高速公路路面正处于维修、待修状态。由于高速公路上交通量大，修复过程中一般不允许全幅中断交通，而沥青混凝土罩面层具有修复周期短、行车舒适、对行车干扰小等优点，同时能充分利用原有路面的强度，且造价低、施工方便、对交通及环境影响小，因此高速公路旧路面罩面沥青混凝土层在我国已成为一种切实可行、简单有效的修复措施[2]。

根据国外的一般情况，高速公路沥青路面交付使用后长则十来年，短则五六年即需维修罩面一次。据不完全统计，我国使用年限在5年以上的高速公路里程达3万km以上，这些道路绝大部分已进行过罩面处理，且在未来几年，面临着罩面的高速公路里程将急剧增加。同时，高速公路罩面工程投资巨大，以京秦高速公路为例，一次罩面费用就高达7亿元人民币[3]。因此，如何对罩面后道路实施科学养护，延长罩面后路面的使用寿命，也是公路养护管理部门亟待思考和解决的问题。

旧沥青路面罩面后，旧路与罩面层将形成新的路面结构。图1-1、图1-2分别为经过一次和两次罩面后的沥青路面芯样。从图中可以看出，罩面前后路面受力结构体系发生了变化，尤其是经多次罩面后的路面结构，与设计时差异更大。这种路面新结构在行车荷载、环境等因素综合作用下,路面使用性能将呈现新的变化规律,这与常规或新建路面使用性能变化规律明显不同,尤其在多次罩面后,随着路面结构厚度及层数的增加,路面性能变化规律与新建路面会截然不同。

a)一次罩面

b)两次罩面

图 1-1　罩面后路面结构芯样

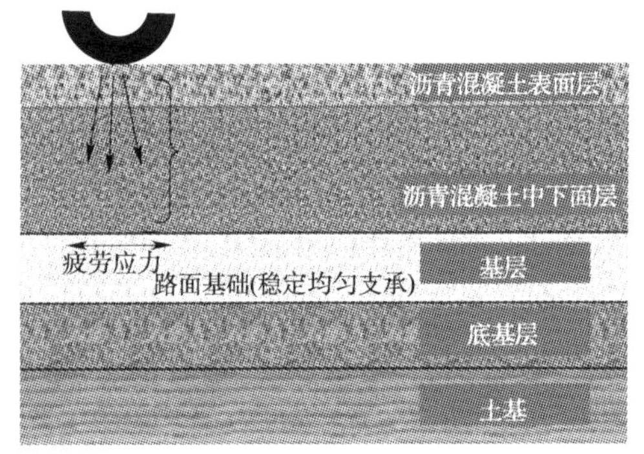

a)罩面前

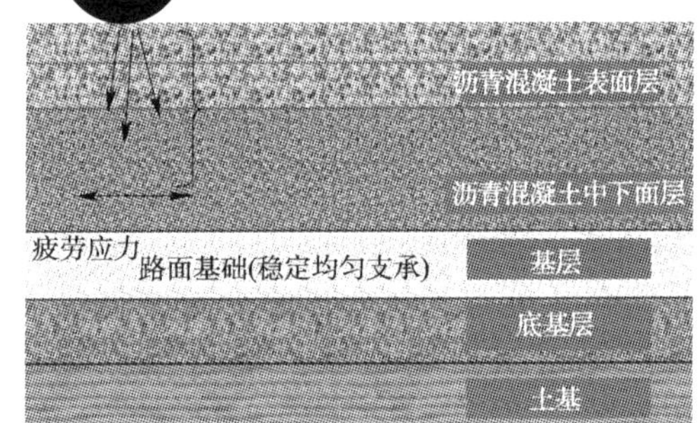

b)罩面后

图 1-2　罩面前后路面结构各层功能变化

此外,由于国内外对原有沥青路面罩面改造仍处于研究、试验阶段,至今仍没有一个效果令人非常满意、施工工艺可行且具有明显社会经济效益的防治措施和成熟的理论、设计方法。由于这一问题的复杂性和各地交通、气候及筑路条件的差异,在所取得的研究成果之间缺乏共同的认识,给罩面层设计和施工部门的具体操作带来了极大的困难。而且,沥青路面上罩面沥青混凝土层存在反射裂缝的问题。对反射裂缝处置不当,原路面上的裂缝会在很短的时间内反射到罩面层上。裂缝虽然对面层使用功能影响不大,但水分会从裂缝中渗漏下去,加速基层的破坏,使沥青面层出现唧泥,甚至出现湿软地基等现象,大大缩短罩面层的使用寿命[4]。由此可见,罩面层设计方法的不成熟及旧路病害的存在,会造成罩面后尤其是多次罩面后路面使用性能演化规律与新建路面的不同,而罩面后路面使用性能规律的变化,直接影响着养护策略及养护效果。如图1-3所示,能否掌握罩面后路面性能的演化规律是决定养护效果的关键。

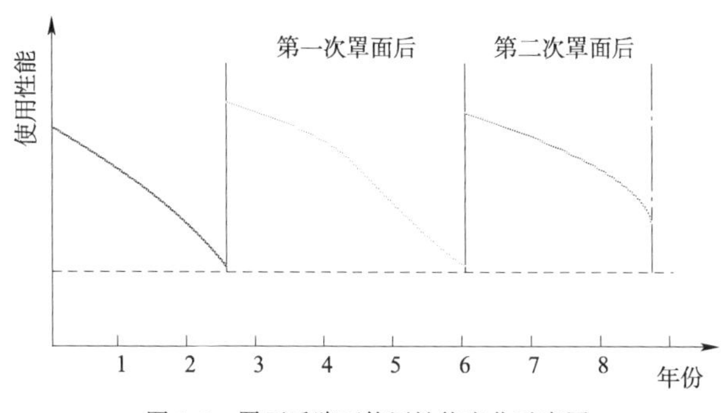

图1-3 罩面后路面使用性能变化示意图

如何在现有沥青路面罩面及养护技术的基础上,进一步提高公路路面使用性能,实现公路路面性能再上新台阶,不仅关系到数额巨大的建设和养护资金的使用效益,还将对高速公路路网整体服务质量产生重要影响。高质量的公路交通基础设施还是促进地区经济发展、实现跨越式发展和全面建设小康社会的物质基础。因此,本书在广泛收集并分析国内外沥青路面罩面层有关资料的基础上,以罩面后的京秦高速公路为依托工程和研究对象,结合我国尤其是河北省具体情况,运用新技术、新方法,对罩面后的沥青路面使用性能演化规律进行了系统深入的研究,探索旧路面罩面沥青层后病害发展规律的工作机理,有针对性地提出切实可行的罩面后路面的养护对策。

目前,我国正在大力推进高速公路建设,保证罩面后良好的路面使用性能可以快速、经济地改善沿线的交通状况,提高路网的运营能力,为科学地进行沥青罩面层设计与施工提供依据,减少设计和施工中的盲目性和任意性,延长路面的有效使用寿命,确保路面的使用质量,促进公路建设经济效益和社会效益的发挥。到目前为止,罩面后路面使用性能变化规律的研究在国外也刚刚起步,在国内基本属于空白。因此,对高速公路罩面后路面使用性能变化规律的研究有着非常重要的现实意义。本书研究的重点在于解决工程中的实际问题和难点问题,研究罩面后沥青路面使用性能的变化规律,并提出针对性的养护措施,同时为罩面层设计提供决策依据,实现罩面层设计与养护一体化进程,推进原有路面罩面沥青层这个领域研究的深度,将研究成果应用于实际工程。

1.2 国内外研究现状分析

1.2.1 沥青罩面层结构设计现状

沥青罩面层的设计方法一直在不断发展,在不同时期有着不同的表现形式。相对而言国外起步比较早,1960 年以前,传统的沥青路面罩面设计方法主要基于工程判断或组分分析。自 1960 年无破损弯沉检测(NDT)技术得到广泛认可后,并随着弹性层状体系理论的发展和有限元计算方法的改进,在 20 世纪 70 年代中期出现了几种用于罩面设计的准解析(力学)法,如 SHELL 方法、ARE(Austin Research Engineers)方法、AI 方法、AASHTO 方法以及我国的设计方法,其理论基础均为层状弹性体系。

Robert L. Lytton 于 1989 年根据弹性地基梁模型的断裂分析,考虑加筋材料沥青罩面层开裂的影响,结合 Paris 疲劳断裂公式,提出了沥青罩面层(含加筋)厚的设计方法[5]。A. Molenaar 等人提出等效层模型,即将开裂层以下部分结构层(含基)、开裂层所含结构层及其罩面层分别等效为一种材料,确定其当量模量,然后按层体系(地基、开裂层)进行结构分析。根据 Paris 公式提出罩面层设计方法,Monismith、Franken、Marchard 等人用热弹性力学对交通荷载与温度荷载作用下开裂基层(或旧路面)与罩面层中的应力分析进行了研究,认为软弱夹层能延缓反射裂缝的扩展。于是,在后期人们又开始了针对薄膜夹层以及应力吸收层对减缓反射裂缝作用的一系列研究(如美国科氏沥青材料公司的 STRATA 应力吸收层),并取得了一定的成果,为沥青罩面层设计方法的发展提供了更加有利的条件。

目前有关罩面的设计方法大致可分为三种:有效厚度法、弯沉法和力学—经验法。美国地沥青学会和美国各州公路者协会 AASHTO 采用有效厚度法(组分分析法),以色列的 Ehud Cohen 等也采用了类似方法。自从 20 世纪 60 年代中期以来,随着弯沉量测及其与性能之间关系的研究,以及用于罩面设计的大量研究报告的出版,弯沉法得到了广泛应用。美国地沥青协会、加利福尼亚州交通运输部、美国陆军工兵团、弗吉尼亚州公路与运输部、英国交通与道路研究所(TRRL)、加拿大好路协会等都对此法有较多的研究。1975 年以来,力学—经验法广泛应用于罩面设计中,这类方法的代表主要有:SHELL 方法、ARE 方法、RII(Resource International, inc.)方法、肯塔基州方法。罩面设计的每一种方法之间的基本元素是相同的,包括弯沉量测、路面状况和交通状况。所以,不管采用哪一种方法,重要的是做旧路状况调查,并根据龄期、交通量、设计和路面状况,将拟建项目细分为一个或多个性质相同的分析路段,并从施工和经济上考虑各个分析路段是采用统一的罩面层设计方案,还是将一些路段合并在一起而加以设计。

我国沥青路面设计规范中以弹性层状理论为基础,首先计算原有路面的当量土基回弹模量,若单层补强时,以双层弹性体系为设计计算的力学模型,补强 $n-1$ 层时以 n 层弹性体系为力学模型计算。东南大学陈俊等人通过沥青混合料小梁的室内二级荷载疲劳试验,模拟旧路沥青面层材料罩面前和罩面后的疲劳损伤特性,运用混凝土材料等效损伤理论,进行了半刚性基层荷载作用次数在罩面前后的换算,系统地提出了包括旧路面层和基层的剩余寿命预估、罩面层设计和验算在内的沥青罩面层设计方法,并采用此方法对山东省东港高速公路罩面结构进行了设计。万希存等将统计学原理应用于机场旧道面和公路路面罩面层的厚度设计，对罩面层的厚度设计进行优化，完善了罩面层的厚度设计方法，取得了良好的效果，做到了技术可靠和经济合理的统一，其基本原理对道面的刚性和柔性罩面层设计均适用。

国内其他人对罩面层厚度的方法进行了研究，利用大量的现有数据，分析有效厚度和使用性能指标PCI之间的经验关系，从而建立基于使用性能的原有路面有效厚度计算法，该法简化了传统有效厚度法中必须进行路面采样，然后对这些样本进行试验室测试以确定设计参数(包括路基土强度、路面材料的特性、交通量，有时还包括地区环境因素)的做法，代之以相对容易得到的使用性能指标PCI。但由于历史数据较少，该法在目前实用性较低。

1.2.2 沥青罩面层结构力学分析

有限元法是一种实用有效的计算方法，目前在各领域得到了广泛的应用。这种方法能考虑各种实际的边界条件和荷载情况，易求出各点的应力、位移。Diyar Bozkurt采用三维有限元分析评价了沥青罩面层反射裂缝的开裂潜能和受力性质。Yoo-Ho Cho、Chiu、Terry Dossey和B. F. McCullough采用有限元分析了车辆荷载作用下考虑车辙、反射裂缝和疲劳开裂的沥青罩面层结构应力状况。Jorge B. Sousa、Jorge C. Pais和R. N. Stubstad提出了交通荷载作用下的反射裂缝和疲劳开裂有限元模型，并进行了罩面层路面结构的应力、应变和弯沉的数值模拟。A. Vanelstraete、Bekaert S. A.采用三维有限元分析了荷载及温度作用下设置钢丝防裂网的水泥混凝土路面罩面层和沥青路面罩面层结构的应力状况。N. F. Coetzee、C. L. Monismith利用有限元方法分析了有、无橡胶沥青膜的罩面层裂缝附近的应力状况。

国内有学者采用有限元法对有夹层的罩面层结构的应力与位移进行了力学计算，定量地分析了夹层在减小车辆荷载引起的剪切破坏方面的作用，考察了设置夹层后接缝处沥青罩面层剪应力与板缝弯沉差的变化。也有专家采用ANSYS有限元程序分析了参数变化对旧水泥混凝土路面沥青罩面层荷载应力、温度应力及耦合应力的影响，并对设置土工布和玻纤格栅防裂夹层的罩面层结构进行了力学分析。周富杰、孙立军应用三维有限元法分析了层间接触条件、层间拉开宽度、脱空、罩面层厚度和基础模量对反射裂缝产生的单因素和多因素综合影响。国内有些学者采用有限元法对旧水泥混凝土路面接缝区罩面层的荷载和温度应力状态进行了分析。还有一些学者用增量法有限元分析了设置碎石基层沥青路面结构的非线性响应，并与层状体系分析结构进行了对比。周志刚、张起森、郑健龙利用基于线弹性断裂力学的平面应变有限元方法，模拟加筋材料的薄膜单元和模拟结构层层间结合状态的界面单元，对土工加筋材料阻止沥青路面反射裂缝的桥梁增韧效应进行了分析。

此外，国内外学者从动荷载角度，对沥青罩面层进行了有益的研究。国外的Uddin W.、

Hackett R. M.采用三维有限元方法分析了动荷载作用下水泥混凝土路面结构的动力响应问题。Cross、Stephen A.、Brown、E. Ray分析试验了不同级配的沥青路面在动荷载作用下的抗车辙性能。Walrond、George、Christinansen、Don Source对美国空军机场道面结构进行了动力响应分析。Iung T.、Pinear A.采用数值分析方法对路面结构动态裂缝的产生和扩展规律进行了研究。国内一些专家应用三维有限元动力学的基本方法,结合NEWMARK积分方法逐步求解运动方程,对动载作用下多层弹性体系的响应进行了分析。还有人对路面结构动力响应仿真与参数进行了研究,对各种结构组合情况的路面动力有限元模型进行了求解,运用人工神经网络原理技术,开展路面结构动力响应仿真和路面结构动态参数反分析。也有人研究了动荷载作用下的沥青路面结构响应,应用NASTRAL有限元程序对沥青路面在动态荷载作用下的结构响应进行了数值分析,着重分析了不同激励下二维平面应变模型的动态响应规律以及路面结构参数改变对沥青路面动态响应的影响[6]。

1.2.3 沥青路面使用性能评价

路面性能评价是路面长期性能研究的重要组成部分。早在20世纪60年代初期,美国AASHTO道路试验最重要的成果之一是提出了路面使用性能评价方法,建立了路面评价模型,该模型对世界各国路面管理技术的发展产生了深刻的影响。20世纪80年代初期,美国战略公路研究项目就将沥青材料特性、路面长期性能、养护经济效益、混凝土及混凝土桥梁的保护作为主要研究内容。加拿大、英国、日本等先后建立了相应的路面评价模型,同时许多国家和地区也研究建立了不同概念和意义的路面使用性能评价模型。自从1980年开始,英国运输部陆续以信函和附录的形式颁布了《干线公路管理和养护说明》(Trunk Road Management and Main-tenance Notices简称:TRMMS)。并于1992年4月1日颁布了《干线公路养护手册》(Trunk Road Main tenance Manual),该手册重新修订了原有TRMMS的内容,简化并理顺了由养护代理和运输部采用的程序。美国亚利桑那州路面管理系统,最大的特点是考虑了整个路网,而不是个别路段或项目,依据路面使用性能变量(如平整度和开裂量),把路网内的路面划分为不同的路况状态。不同时期路网内处于各种路况状态的路面的比例,定义为路网的使用性能。管理部门为路网使用性能设定某种目标或标准,例如要求处于良好路况状态的路面最低比例和允许处于不良路况状态的路面的最高比例。此外,PAVER系统是美国陆军建筑工程研究所为军用机场道面和城市街道路面制定的路面管理系统。这个系统为工程师提供一实用的决策方法,以获得费用—效果最佳的养护和改建方案。它具有很多功能,包括:数据的存取、路网定义、路况评级、项目优先排序、路况调整计划安排、确定目前和今后路网的状况、确定养护和改建的需要、经济分析和预算计划等,其主要特点是最先提出用扣分法计算路况指数(PCI:Pavement Condition Index),但仍没有一个完整的标准。

20世纪80年代末期,我国交通部公路科学研究所在参照国外模型的基础上,建立了一般公路路面使用性能评价模型RIOH。1989年同济大学姚祖康提出了沥青路面使用性能的评价模型。交通部公路科学研究所的潘玉利提出了我国公路路面管理系统的基本框架,路面管理系统包括路面数据库管理、路面性能评价、路面性能预测和路面养护决策四部分,并在参考国外路面管理系统模型的基础上,建立了一些符合我国实际的模型[7]。同时,在1990年仿效RIOH模型在杭州市路面管理系统中建立和应用了杭州市路面状况评价模型。我国在“七五”国家重点攻关科技项目中由姚祖康等利用专家系统扣分法建立了北京市和广东省的路面状况评价模型。《公路沥青路面养护技术规范》(JTJ 073.2—2001)中为了方便对公路进行科学的养护和管理,建立了高等级沥青路面使用性能综合评价模型。我国在“七五”期间曾经组织了路面管理系统(PMS)的科研工作,取得的成果也在推广应用。但“七五”科研成果完成时,我国高速公路建设刚刚起步,研究的对象均属一般等级公路,因此所用路面使用性能的评价方法不完全适用于高速公路沥青路面。

由此可见,国内外的研究工作者对路面性能评价均已做了较多工作,但是由于路面本身结构、承受繁重的轴载负荷和密集交通量的反复作用以及使用环境的复杂多变性,致使路面的使用性能逐年下降,还会出现裂缝、车辙、沉陷、龟裂等路面病害现象。如何对路面使用性能进行正确评价,确保在路况变化达到一定限度时,采取现代化的维修与罩面技术,进行快速修复,使沥青路面的使用性能保持良好状态,给道路工作者的进一步研究提出了更高的要求。需要有针对性地在路面结构性能的评估、预测和决策方面确定相应的解决策略,以便提出更加合适的评价方法和标准。

1.2.4 沥青路面使用性能预测

20世纪60年代初期,Carey和Irick在AASHTO试验路研究中,通过试验路段得到了路面服务能力预测方程,第一次提出了路面性能预测的概念,之后,随着路面管理系统的发展,逐渐产生了各种预测方法和模型。路面性能预测是指根据路面年龄、交通荷载、环境因素、路面材料,以及维修活动记录等预测未来某一时刻路面的性能状况。路面性能预测的结果直接影响到养护策略的选取。我国的研究者在路面性能预测方面进行过大量的实践和研究。

从高速公路路面使用性能预测模型的分类来看,主要有确定型和概率型两大类模型,近年来又出现了人工神经网络(ANN,Artificial Neural Networks)和专家系统等预测方法。确定型模型是为路面使用寿命或某项使用性能指标预估出一个数值,而概率型则是预测路面使用性能在未来的状态分布。确定型模型主要有经验型模型、力学预测模型、力学—经验预测模型等类型;概率型模型包括贝叶斯概率预测模型和马尔可夫概率预测模型等。

力学预测模型与力学—经验模型有较为成熟的理论基础,能不同程度反映路面使用性能变化的实质,所需标定的数据不多,具有较好的外推性能,预估精度高;但模型结构复杂,计算工作量大,仅适用于项目级路面管理系统。经验预测模型实质上是采用回归技术寻求对现有检测数据与其影响因素的最佳拟合,避免了力学预测模型或力学—经验预测模型复杂的结构分析与计算过程。其主要不足是用一个非时变参数模型来描述一个时变系统,随着预测时间的增长,预测误差也会很快增长,特别是若用超出样本资料数值范围的因子代入回归方程进行预测时,其误差有时会大到难以容忍的程度。

经验型模型产生于 20 世纪 60 年代美国的 AASHTO 试验,通过试验提出了现时服务能力指数 PSI 的预测模型,这是对路面功能性能最早的经验预测模型[8]。80 年代,美国华盛顿州的路面管理系统综合了 13 年的观测资料,分别为不同类型路面和养护改建对策提出了综合使用性能指标的预测模型,同时美国空军开发的 PAVER 系统和明尼苏达州运输部开发的路面使用性能预测模型也应用了较简单的经验型模型。90 年代初,美国北达科他州路面管理系统应用了经验型模型进行路面使用性能预测。挪威公路局在 1986 ~ 1990 年开发了 PMS 的平整度预测模型,作为路面优化决策的基础。我国北京市和广东省根据多年的预测资料,建立了路面状况指数 PCI 和行驶质量指数 RQI 的经验型预测模型。同济大学孙立军教授提出统一形式的路面使用性能衰变模型,采用统一的方程形式拟和不同地区、不同结构在不同交通作用下的不同使用性能,方程参数具有明确的含义和很好的稳定性、单调性。

以马尔可夫概率预测模型为代表的概率型模型考虑到了路面使用性能预测的不确定性,能够较好地反映各种影响因素变化所导致路面性能变化的不确定性,这一点更符合实际情况。美国阿肯色大学的 Kelvin CP Wang 教授在亚利桑那州的 PMS 系统中成功采用了马尔可夫模型,应用回归分析的方法建立了路面使用性能的转移概率模型,产生了不同等级的 120 种路况变量组合,并建立了未来 5 年的路面养护管理计划。我国北京市公路沥青路面管理系统也采用了马尔可夫概率预测模型,建立了包括 3 项评价指标的 54 种路面状态的转移概率矩阵。

目前,回归分析和 Markov 链在路面性能预测中仍然有着广泛的应用,但已经有越来越多的研究者开始采用人工神经网络技术进行路面性能预测,国内外也已有一定的研究。1998 年 Roberts 和 Attoh-Okine 从堪萨斯州公路局 PMS 资料中提取破损、纵向裂缝、块裂、等效轴裂和疲劳开裂等 5 种数据的 5 年历史资料,采用自组织和有监督混合神经网络,进行路面 IRI 的预测,研究了自适应神经网络预测路面性能时不同变量的重要程度;Saitoh Kong&Fukuda 在其神经网络预测模型中,还充分考虑了结构变量对路面性能的影响;1999 年 J. D. Lea 等应用 BP 网络重新分析,对低等级公路的路面性能进行预测,获得了良好的使用效果;国内王秉刚等也针对路面性能的预估应用了 BP 网络,取得了很好的效果。可见,人工神经网络技术因其自组织、自适应和自学习的能力,在路面性能预测的研究和实践中迅速发展,将成为路面性能预测的主要技术手段。

1.2.5 养护技术研究

在养护方面,预防性养护是国内外研究的热点问题。预防性养护的概念最早在1980年被 Blum 和 Phang 提出,之后加拿大、美国等国家陆续对预防性养护开展了系统的研究。20世纪80年代末 、90年代初开始系统地提出路面预防性养护计划,1999年 AASHTO 制订了路面预防性养护计划,所有运输部门都开始采用各种路面预防性养护措施,2004年 NCHRP 523号报告中,介绍了预防性养护措施决策和评价研究。美国的公路管理部门联合发起推动实行路面预防性养护策略,已经在6个方面资助了50个研究子课题。FHWA、AASHTO 和 FP2 已经主办过多次预防性养护专题讨论会和论坛。为了解决预防性养护时机问题,用三年的时间投资350 000美元来支持预防性养护时机选择的研究项目。

美国在20世纪80年代开始大规模进行路网的重建工程时,面对未来公路交通日益增大的挑战,于1987年启动了一个庞大的战略性公路研究项目(SHRP),其中第三个子项目“养护费用—效益”(Maintenance Cost-Effectiveness)就是专门从改善费用—效益的角度来研究养护技术的。它包括了两个主要研究课题——H-101 和 H-106,前者的研究对象是四种预防性养护技术,后者的对象则是坑洞修补和裂缝(接缝)填封两种修复性养护方法。在1993年 SHRP 计划结束之后,SHRP 第二个子项目“路面长期性能”仍在 FHWA 的监督下作为一个新的为期20年的“路面长期性能研究计划”(Long Term Pavement Performance Program)继续进行,其中有关柔性路面的养护课题 SPS-3 作为 H-101 课题的延伸和 LTPP 计划的一部分已于1998年完成了第一个五年的跟踪研究。

SHRP H-101 和 LTPP SPS-3 课题的一个重要研究成果就是明确了预防性养护在延长路面寿命周期、节约寿命周期费用方面的良好费用—效益。正是由于预防性养护的巨大经济和社会效益,使这一技术得到了迅速发展。目前广泛应用的预防性养护技术主要有表面封层、裂缝填封和薄层罩面三种类型。

目前国内在高速公路沥青路面预防性养护的专门技术方面基本处于刚起步阶段,少数省份如河南、河北、江苏、山东等开始在这方面进行尝试,大部分地区至今仍未引起重视,罩面沥青混凝土层仍是重要的维修手段。关于养护技术,国内研究主要体现在以下几个方面:2003年,上海市公路管理处联合同济大学对预防性养护技术的一些关键问题进行研究,于2004年完成了4条试验路的施工,并对其进行了跟踪观测和分析;2006年1月,上海市公路管理处组织编写了《上海市公路沥青路面预防性养护技术规程》,于2007年2月1日起正式实施;江苏省于2001年将《乳化沥青稀浆封层技术应用研究》项目列入当年江苏省交通科技研究计划。经过近两年努力,从原材料、稀浆混合料质量控制、施工工艺、施工质量检查与验收等各个方面,对该技术的施工实践作出了一系列的科学性总结,为其推广应用提供了重要的指导作用。

山东省在稀浆封层、同步碎石封层、灌缝等技术广泛应用的同时,开展了抗滑表层技术、路面施工养护专项技术及改性沥青应用技术、乳化沥青、稀浆封层、旧桥检测加固、公路水毁治理等养护新技术的研究。陕西省于2003年开始铺筑薄层罩面试验段,2003~2004年铺筑碎石封层试验段;在试验段的基础上,总结经验,改进工艺,逐步在全省推广预防性养护技术;并在2005年开始在高速公路养护中开始使用微表处技术、乳化沥青稀浆封层技术等预防性养护技术;于2005年编制并下发了《陕西省公路养护技术指导意见》,对微表处技术、改性沥青薄层罩面等预防性养护技术的适用范围、材料要求、施工工艺等进行了规定。

利用在已有路面上敷设一层防护层来保护原有路面的方法在很早以前就有了,但是预防性养护作为一个完整的概念则出现在20世纪80年代,它是许多国家在公路网重建过程中总结以往经验教训的基础上提出的。预防性养护的重要意义体现在四个方面:保持路面良好的使用性能;延长路面的使用寿命;减少路面寿命周期的成本;节约养护维修资金,是一种费用—效益十分良好的养护措施。

从国内外检索资料来看,本项目相关研究主要集中在罩面技术研究和预防性养护等方面,而关于罩面效果及罩面后路面使用性能变化规律的研究很少。目前,国内外有关沥青罩面层的实例已经很多,对于原有沥青路面上铺筑沥青罩面层的设计方法研究较少,大多仍采用与新建沥青路面相同的设计理论。

1.3 主要研究内容

本书针对高速公路沥青路面特点,以更科学的理论与方法为手段,研究罩面后路面使用性能变化规律,并针对罩面后路面性能变化规律提出合理的养护措施,重点对以下内容进行了深入研究:

(1)罩面后高速公路沥青路面使用性能检测;

(2)罩面后高速公路路面使用性能评价方法;

(3)沥青罩面层工作状态及旧路病害对罩面后路面结构性能的影响;

(4)罩面后高速公路沥青路面使用性能变化规律;

(5)罩面后高速公路沥青路面最佳检修周期的确定;

(6)基于寿命周期费用的罩面层设计养护一体化;

(7)罩面后高速公路沥青路面合理化养护标准;

(8)罩面后高速公路沥青路面养护技术指南。

第2章 高速公路沥青路面结构形式调查及罩面前病害分析

2.1 高速公路沥青路面结构形式调查

2.1.1 国内部分省市高速公路沥青路面典型结构调查

我国从1984年开始设计京津塘高速公路,这是第一条国家批准建设的高速公路。在此之前,我国一级公路也寥寥无几,仅有少数几个大城市的出口路属较高等级。当时,我国缺少设计和施工高速公路路面的经验,更没有高速公路半刚性基层沥青路面的使用经验。因此,设计京津塘高速公路的半刚性沥青基层路面结构时,在选用沥青面层厚度方面主要受国外厚面层可减少半刚性基层反射裂缝论点的影响,而且采用了较保守的数值,面层厚18~23cm。京津塘高速公路的路面结构对随后其他高速公路的半刚性沥青路面设计产生了较大影响。我国的高等级公路也有采用刚性路面的,在刚性路面下通常也采用半刚性材料做基层。我国一些高速公路的半刚性沥青路面结构见表2-1。

我国部分高速公路半刚性沥青路面结构 表2-1

名称	面层和厚度(cm)				基层和厚度(cm)	底基层和厚度(cm)
	表	中	底	总厚		
京津塘高速公路	5 LH-20 Ⅰ	6 LH-30	12 LS-35	23	20 水泥碎石	30 石灰土
	4 LH-20 Ⅰ	5 LH-30	11 LS-35	20	20 水泥碎石	28 石灰土
	*	6 LH-30	12 LS-35	18	二灰碎石	*
	*	8 LH-30	12 LS-35	20	二灰碎石	*
沪嘉高速公路	AK-13A AK-13B	*	*	12、17	46 二灰碎石	20 砂砾
广佛高速公路	4 LH-20 Ⅰ	5 LH-30	6 LS-30	15	20 水泥碎石	25~28 水泥石屑
	4 LH-20 Ⅰ	*	5 LH-30	9	25 水泥碎石	25~28 水泥石屑
沈大高速公路	4 LH-20	5	6 LS	15	20 水泥砂砾	砂砾或矿渣
京石高速公路(北京段)	3.5 LH-15	4.5 LH-20	7 AM	15	20 水泥砂砾 40 二灰砂砾	20 二灰砂砾 20 石灰砂砾

续上表

名称	面层和厚度(cm)				基层和厚度(cm)	底基层和厚度(cm)
	表	中	底	总厚		
京石高速公路(石家庄—新乐段)	3 LH-20	*	5 AM	8	12 水泥石灰碎石	43 石灰土
	5 LH-20	*	5 AM	10	15 二灰碎石	40 石灰土
长潭高速公路	4cmSBS 改性沥青 SMA-13 + 改性乳化沥青黏层 + 6cmSBS 改性 AC-20I 下面层 + SBS 改性沥青浸渍土工布 + 18cm 连续配筋混凝土 + 2.5cm AC-10 隔离层 + 旧混凝土板(改建后)					
潭邵高速公路	4 AK-13	5.5 AC-20	5.5 AC-20	15	17 水泥碎石 7 水泥碎石	20 水泥碎石
开阳高速公路	4 AK-16A	5 AC-20 Ⅰ	6 AC-25 Ⅰ	15	36 水泥碎石	20 水泥稳定粒料
广深高速公路	4 LH-20 Ⅱ	8 LH-30 10 LH-40 Ⅱ	10 LS-40	32	23 水泥碎石 23 级配碎石	32 未筛分碎石
南友高速公路	4 PE + SBS 改性 AK-13	5 AC-20	6 AC-25 Ⅰ	15	18 水泥碎石 17 水泥碎石	20 级配碎石
临长高速公路	5 SMA-16	6 AC-20	7 AC-25	18	20 水泥碎石 20 水泥碎石	20 石灰土
中川机场高速公路(尹家庄—机场)	4 AK-16B- Ⅰ	5 AC-20	6 AC-25 Ⅱ	15	30 水泥二灰稳定碎砾石	30 水泥二灰稳定土
白兰高速公路(杨家窑子—忠和段)	4 AK-16A	5 AC-20 Ⅰ	6 AC-25 Ⅱ	15	30 水泥稳定天然砂砾、碎石	18 水泥石灰综合稳定砂砾土 10 天然砂砾
海南东干线	4	4	4 BM	12	20 水泥碎石	20 水泥碎石
济南—青岛高速公路	4 LH-20 Ⅰ	6 LH-30	8 LS-35	18	20 水泥碎石	20 二灰土
	4 SLH-20	6 LH-30	8 LS-35	18	20 水泥砂砾或石灰粉煤灰碎石	39 石灰土
	4 SLH-20	5 LH-30	6 LS-30	15	*	*
太旧高速公路	4 AC-16 Ⅰ	5 AC-25 Ⅱ	6 AC-30 Ⅱ	15	20 水泥碎石或水泥砂砾	26 石灰土
石安高速公路	4 SAC-16	5 AC-25	6 AM-30	15	20 水泥碎石 20 二灰碎石 (或 20 水泥碎石)	20 石灰土或二灰土 40 二灰土或二灰砂

续上表

名称	面层和厚度(cm)				基层和厚度(cm)	底基层和厚度(cm)
	表	中	底	总厚		
郑洛高速公路	4　AC-16 Ⅰ	5　AC-25 Ⅱ	6　AM-30	15	15　二灰碎石	40　石灰土
安新高速公路	4　AC	5　粗粒式	7　热拌沥青碎石	16	20　水泥碎石	35　石灰土
沪宁高速公路(江苏段)	4　AC-16B	6　AC-25 Ⅰ	6　AC-25 Ⅱ	16	20　二灰碎石	40　二灰土
南京机场高速公路	4.5　AC-16B	6　AC-25 Ⅰ	6　AC-25 Ⅱ	16.5	34　二灰碎石	20　二灰土
沈大高速公路(加宽部分)	4　AK-16A 或 SMA-16	6　AC-20 Ⅰ	8　AC-30 Ⅰ	18	38　水泥稳定砂砾	17　水泥稳定砂砾
盐通高速公路(南通段)	4　SMA-13	6　AC-20 Ⅰ	8　AC-25 Ⅰ	18	38　水泥碎石	20　二灰土
沈本高速公路	3　AK-13B	4　AC-20	5　AC-25	12	20　水泥砂砾	天然砂砾
宁通高速公路(扬州段)	4　SLH-20	6　LH-30	6　AM	16	20　二灰碎石	33　石灰土
深汕高速公路	3	5	6	14	25　水泥石屑	28、32、38　级配碎石
成绵高速公路	6　AC-16	*	9　AC-25 Ⅰ	15	25～30　二灰砂砾	20～28　级配砂砾
内宜高速公路(内自段)	5　AC-16	*	7　AC-25 Ⅰ	12	20　二灰碎石	35～40　石灰液态渣稳定泥岩底基层
济德高速公路	4　LH-20 Ⅱ	5　LH-25 Ⅰ	6　LH-35	15	26　二灰碎石加水泥	29　二灰土
西临高速公路	4　LH-20 Ⅰ	5　LH-25	6　LS-30	15	20　二灰砂砾	20　二灰土 25　二灰土
西铜高速公路	4	*	8　AM	12	21　二灰砂砾	22　二灰土
西宝高速公路	4	*	8	12	二灰砂砾	二灰土
合肥—六安高速公路	4	6	8	18	38　水泥碎石	20　石灰土
焦郑高速公路	4　AC-16 Ⅰ	5　AC-20 Ⅰ	6　AC-25 Ⅰ	15	17　水泥碎石 17　二灰碎石	36　二灰土
漯河—驻马店高速公路	4　AK-16A	5　AC-20 Ⅰ	6　AC-30 Ⅰ	15	38　水泥碎石	水泥石灰土
漯周界高速公路	4　AK-16A	5　AC-20 Ⅰ	6　AC-30 Ⅰ	15	32　水泥碎石	20　水泥石灰土
许漯高速公路	4　AC-16 Ⅰ	6　AC-25 Ⅰ	6　AC-30 Ⅰ	16	25　水泥碎石	35　石灰土

注：*资料不详；

AC(方孔筛)和LH(圆孔筛)指沥青混凝土，SLH和SAC指多碎石沥青混凝土，AK指沥青抗滑表层，AM指沥青碎石。

从表2-1可以看出，我国高速公路半刚性基层沥青路面面层厚度一般在12～18cm，多数为15～16cm，少部分9～12cm，京津塘高速公路稍厚，达到18～23cm；半刚性基层材料多采用水泥稳定碎石类或二灰稳定碎石类材料，厚度一般在20～38cm；底基层材料范围稍广，有级配碎(砾)石、二灰土、二灰砂砾等，厚度大多数在20～40cm。

2.1.2 河北省高速公路沥青路面典型结构调查

20世纪80年代后期，河北省高速公路建设事业开始从探索中起步。1987年3月，京石高速公路开工建设，河北交通从此走向高速公路高速发展时代，成为推动经济社会发展的强大引擎。1999年12月，全省高速公路通车里程突破1 000km[9]。

2005年底，全省高速公路通车里程突破2 000km。2008年7月，通车里程突破3 000km大关。2009年、2010年全省高速公路施工里程近3 000km，全面对接京津，通山达海。接连创造完成投资最多、施工规模最大、新开工项目最多三个“历史之最”。

2010年，一年就建成1 037km，到2014年底，全省高速公路通车里程达到5 888km。目前，河北省已经建成通车的高速公路有京津塘高速公路(河北段)、京石高速公路、石太高速公路、京沈高速公路(宝山段及廊坊段)、唐津高速公路、石黄高速公路、津保高速公路、京沪高速公路、唐港高速公路、宣大高速公路、丹拉高速公路、衡德高速公路、邯长高速公路、唐山西外环高速公路、邢临高速公路等。表2-2为河北省部分高速公路典型结构形式。

河北省部分高速公路路面结构形式调查　　表2-2

名　称	面层和厚度(cm)				基层和厚度(cm)	底基层和厚度(cm)
	表	中	底	总厚		
京沪高速公路(河北段)	4　SAC-16	5　SAC-20	6　SAC-25	15	19　水稳碎石 +19　二灰碎石	20　石灰土
京藏高速公路(重车方向)	4　AC-16	6　AC-20	8　AC-25	18	20　水稳碎石 +20　水稳砂砾 +19　水稳砂砾	19　二灰砂砾
京藏高速公路(轻车方向)	4　AC-16	5　AC-20	6　AC-25	15	20　水稳碎石 +19　水稳砂砾	19　二灰砂砾
沿海高速公路(唐山段)	4　AC-13	6　AC-20	8　AC-25	18	18　水稳碎石 +18　水稳碎石	18　二灰碎石
京秦高速公路(挖方段)	4　AC-16 I	5　AC-20 I	6　AC-30 I	15	19　水稳碎石 +18　水稳碎石	12　二灰碎石
京秦高速公路(填方段)	4　AC-16 I	5　AC-20 I	6　AC-30 I	15	19　水稳碎石 +18　水稳碎石	20　二灰碎石

续上表

名　称	面层和厚度(cm)				基层和厚度(cm)	底基层和厚度(cm)
	表	中	底	总厚		
保津高速公路	4　AC-16 Ⅰ	5　AC-30 Ⅰ	6　AC-30 Ⅱ	16	18　水稳碎石 +18　二灰碎石	20　石灰土
邢临高速公路(K0 +000 ~ K15 +600)	4　改性 AC	6　改性 AC	16　ATB-30	26	15 ~ 18　级配碎石或水泥稳定碎石 +16 ~ 18　水泥稳定砂砾	18　二灰土

调查表明，河北省高速公路沥青面层的厚度大致有三种：第一种为“4 +5 +6”，这种形式的组合是目前该省高速公路面层的主要结构形式；第二种为“4 +6 +8”，是重载交通的面层结构，在宣大、京张等高速公路的重车方向曾半幅使用过；第三种为“5 +5(或 5 +7)”结构，为该省早期高速公路的路面结构形式(京石、石太)。另外还有一种为“5 +6 +12(4 +5 +11)”，其在京津塘的应用一直作为成功的典范被学习和研究，但这种路面结构相对较厚，经济代价相对较高，且后期应用较少。然而通车 12 ~ 14 年的实践表明，该路质量良好，大家也一致公认：京津塘高速公路是我国高速公路中沥青路面最好的一条。

河北省早期修建的京津塘高速公路表面面层的矿料级配是 AC-13 Ⅰ 型。由于其矿料级配偏于密实，其级配范围的中值已接近于后来的 AC-16 Ⅰ 的中、高限区间，十多年来使用状况良好。随后修建的京石、石太以及唐津高速公路的表面层都采用了 LH-20 Ⅰ 型级配，该级配的缺点是抗滑能力不足。

对于 SMA-16，河北省自 1996 年和 1997 年铺筑试验路面取得成功之后，便于 1998 年开始大规模地铺筑保津高速公路的一期、二期工程；此间石黄高速公路也在同年上半年完成了多项 SMA-16 的试验路段，各线也相继铺筑了大量的 SMA-16 沥青表面层结构，1999 年又在京秦高速公路铺筑了 27km(双幅)的实体工程。到目前为止，SMA-16 铺筑的总长度已达到 105km(双幅)。SAC-16 是 1988 年我国研究开发的多碎石沥青混凝土，也是一种粗集料级配沥青混凝土。SAC 就其原意是要通过多碎石结构来试图达到既保持传统 Ⅰ 型密实级配沥青混凝土的优点，又适当地提高粉料成分，以求得密实、不透水，同时又具有 Ⅱ 型半密实级配沥青混凝土粗集料多，以粗碎石为骨架，以沥青胶砂来黏结骨架并填充其间隙，形成较粗糙的表面构造深度的目的。

SAC-16 的突出特点为：抗永久形变能力强(其动稳定度为传统沥青混凝土 AC-25 Ⅰ 型的 1.29 ~ 1.74 倍)、表面粗糙度好(TD > 0.8mm)。

早期设计中下面层的指导思想是提高路面的抗车辙能力[10]。设计者在满足规范要求中下面层有一层 Ⅰ 型沥青混合料的基础上，另一层采用 Ⅱ 型级配，而且采用较大粒径。随着人们对沥青路面早期破坏认识水平的不断提高，在施工实践中发现，较大的集料粒径很容易造成混合料的离析,而且有关研究结果也表明,混合料的抗车辙能力取决于其密实程度。因此中下面层是从粗到细,从Ⅱ型向Ⅰ型发展的。沥青面层绝对不进水是不可能的,但尽量减少进水是可以做到的。首先就沥青混凝土密级配而言,尚允许3% ~6%的空隙,当施工压实度达到96% ~97%时,又增加了3% ~4%的空隙。高等级沥青混凝土路面因沥青软化点较高,经行车碾压逐渐密实的过程较长,这样新建路面的实际孔隙率如大于7%,则属渗水结构,如小于7%,则属半渗水结构,想做到一点不渗水是不可能的。基于此,在河北省大部分地区年平均降水量为400 ~600mm的情况下,后来施工的高速公路三层或双层沥青混凝土路面全部采用了Ⅰ型密级配,如宣大、石黄、宝山、津保、京沪、京张、唐港等高速公路。从使用效果来看,这样做不但减少了渗水,而且加强了沥青路面本身的强度和热稳定性。

2.1.3 河北省高速公路沥青路面结构特征及病害调查

1. 河北省高速公路沥青路面结构特征

河北省高速公路建设可分四个阶段:

第一阶段:起步阶段(1989 ~1995年)

这一阶段集中修建了京津塘(河北段)、京石、石太高速公路。其中石太高速公路1995年通车,也是河北省第一条山区高速公路,目前已通车300km。

第一阶段路面结构的特点:(1)面层较薄,京石高速公路西半幅面层为“3 +5”,东半幅改为“3 +4 +5”;石太高速公路为“5 +7”;(2)基层厚度薄、强度弱,单层设置,京石高速公路、石太高速公路一期的二灰碎石为15cm,石太高速公路二期改为稳定碎石18cm;(3)底基层厚度较大,京石高速公路采用40cm石灰土(二灰土)、石太高速公路采用34cm石灰土[11]。

第二阶段:探索阶段(1996 ~1998年)

这一阶段修建了石安、保津一期、唐津一期等高速公路,目前通车里程已超过300km。

第二阶段路面结构的特点:(1)增加了层厚,调整了结构层,面层厚度增加为三层设置,一般为“4 +5 +6”;(2)基层分上下两层设置,通常上层为18 ~20cm水稳碎石,下层为20cm二灰碎石(砂砾);(3)底基层一般为单层设置,厚度多为20cm以下;(4)表面层采用进口沥青AH-90;(5)进行了试验探索,为了得到更高的表面抗滑、高温稳定等性能,在石安高速公路上对沥青混合料的级配进行了调整,保津、京秦高速公路一些路段使用了SMA面层,使路面病害得到控制,但个别路段的问题仍然不少。

第三阶段:稳定阶段(1998 ~2002年)

这一阶段修建了宣大、京沪、京秦、京张、石黄等高速公路,目前宣大、京张高速公路为重载交通高速公路,通车里程已超过900km。

第三阶段路面结构的特点:(1)沥青材料有两大变化,表面层采用 SBS 改性沥青,中下面层采用 AH-70;(2)重视水损害,加强基层顶面的防水层设计,面层采用密实型级配;(3)对重载交通路面进行专门设计,根据轻重车向分别设计路面面层、基层结构层厚度,用动稳定度控制混合料设计,使基层强度明显加大。

第四阶段:提高阶段(2003 年至今)

这一阶段修建了沿海高速、保阜、青红、张石等高速公路,通车里程已超过 2 800km。在这个阶段,沥青路面结构层厚度开始加大,部分高速公路开始采用复合基层。

表 2-3 为青红高速公路邯涉段路面结构,其采用复合基层路面结构,路面总厚度 79cm,沥青面层厚 13cm,柔性基层采用 ATB-25 厚 12cm,半刚性基层厚 36cm。

青红高速公路邯涉段路面结构　　表 2-3

层　位	厚度(cm)	材 料 类 型
上面层	5	中粒式 AC-16C + SBS 改性乳化黏层
中面层	8	粗粒式 AC-25C + SBS 改性乳化黏层
柔性基层	12	ATB-25 + SBS 改性沥青防水层
基层	18	水稳碎石
底基层	18	二灰碎石
垫层	18	二灰土

表 2-4 为张石高速公路路面结构。

张石高速公路路面结构　　表 2-4

层 位	厚度(cm)	材 料 类 型
上面层	4	AC-13F(SBR 沥青)
中面层	7	AC-25C(SBR 沥青)
柔性基层	12	ATB-30(90 号沥青)沥青碎石基层
基层	16	水泥粉煤灰稳定碎石
底基层	16	水泥粉煤灰稳定碎石
垫层	15	水泥粉煤灰稳定砂砾底基层

表 2-5 为保阜高速公路路面结构,具体为:4cm 厚细粒式改性沥青混凝土 + 黏层油 + 8cm 厚中粒式沥青混凝土中面层 + 黏层油 + 12cm 厚沥青 ATB-30 稳定碎石下面层 + 封层 + 透层 + 水泥稳定碎石基层。

2. 河北省高速公路沥青路面病害特征

(1)保津高速公路

保津高速公路是东北与华北、华中的连接线,也是内陆省份通往天津港的重要通道,河北段全长 105km,1999 年底全线通车。沥青路面上面层为 4cm AC-16 Ⅰ 型中粒式沥青混凝土(部分采用 SMA,SAC),中面层为 5cm AC-25 Ⅰ 型粗粒式沥青混凝土,下面层为

6cm AC-30Ⅱ型粗粒式沥青混凝土；上基层为18cm水泥稳定碎石，下基层为18cm二灰稳定级配碎石，底基层为20cm石灰土。

保阜高速公路路面结构 表2-5

层位	厚度(cm)	材料类型
上面层	4	AC-13C
中面层	8	AC-20C
柔性基层	12	ATB-30(90号沥青)沥青碎石基层
基层	—	水泥稳定碎石
底基层	—	水泥稳定碎石
垫层	—	水泥粉煤灰稳定砂砾底基层

保津高速公路位于华北平原中部，全线为填方路基，雨量较充沛，降水集中在7、8月份，水损坏情况相对较轻但也占很大比例。根据2004年11月份的病害调查结果，保津高速公路的各种病害比例如图2-1所示，其中水损坏的主要形式为唧浆及网裂沉陷。

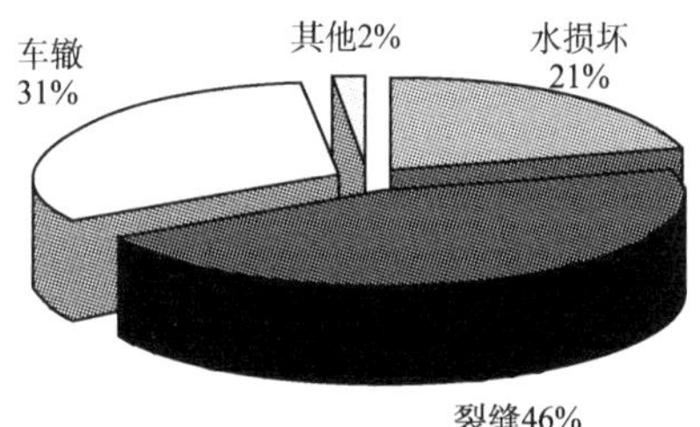

图2-1 保津高速病害比例示意图

(2)石安高速公路

石安高速公路是我国国道主干线京深公路的重要路段，是连接华北地区和中南部地区的重要干线，是国家和河北省"八五""九五"期间重点建设项目，主线全长216.05km。路面结构自上而下为：4cm多碎石中粒式沥青混凝土SLH-20(其中A标采用的是AC-16Ⅰ)+5cm粗粒式沥青混凝土(LH-30Ⅰ型)+6cm粗粒式沥青混凝土(LH-35Ⅱ型)+18～20cm水泥稳定级配碎石或二灰碎石基层+35～40cm石灰土或二灰砂底基层。

由于采用90号沥青，实际沥青用量较大，路面主要病害表现为车辙、泛油及不同程度的裂缝唧浆，其中水损坏主要表现为横向裂缝处伴有沉陷、唧浆及轻微的松散、龟裂、坑槽等现象，病害较为严重。在主线收费站附近有近3km的路面曾因严重的水损坏进行了基层挖补治理。

(3)石黄高速公路

石黄高速公路起于石家庄，途经衡水、沧州，东至黄骅港，是晋煤东运的主要通道，我国"三纵三横"国道主干线的重要组成部分。石家庄至沧州段全长187.08km，按平原微丘区高速公路标准设计。其中一期工程石家庄至辛集段于1998年12月建成通车，全长40.38km，路基全宽33.5m，路面宽21.5m，全封闭、全立交、双向四车道。经过5年多的运营，路面总体使用技术状况有了一定的衰减，尤其是K252+988～K261+118段南半幅(沧州方向)行车道路面病害现象较为严重。该段路面结构自上而下依次为：4cm SMA-16沥青玛蹄脂碎石上面层+5cm SAC-25多碎石粗粒式沥青混凝土中面层+6cm SAC-25

多碎石粗粒式沥青混凝土下面层 + 液体沥青透层油 + 20cm 水泥稳定级配碎石上基层 + 20cm 石灰、粉煤灰稳定级配碎石下基层 + 20cm 水泥、石灰稳定土底基层。

通过现场调查，该段路面主要病害类型为沉陷、唧浆、网裂、横向裂缝、修补损坏等。其中，行车道轮迹带挖补处沉陷、唧浆等病害现象较为突出［图 2-2a)］，多处小面积挖补连续出现［图 2-2b)］，且挖补部位经车轮作用又出现沉陷、推移等病害现象，降低了路面平整度，影响了行车的舒适性，对行车安全也构成一定的威胁。另外，填补材料与原路面结构的差异，加上车辆高速通过时连续的颠簸产生的强大冲击跳动作用，也加速了挖补部位的再次损坏，路面的"补中补"现象比较普遍［图 2-2c)］。从路面病害特征看，主要表现为路面的早期水损害，雨水通过路表渗入路面结构层内部，也进一步加剧了路面结构的破坏。随着石黄高速公路交通量的增加，重载车、超载车比例的提升，路面破损状况有逐步加重的趋势。

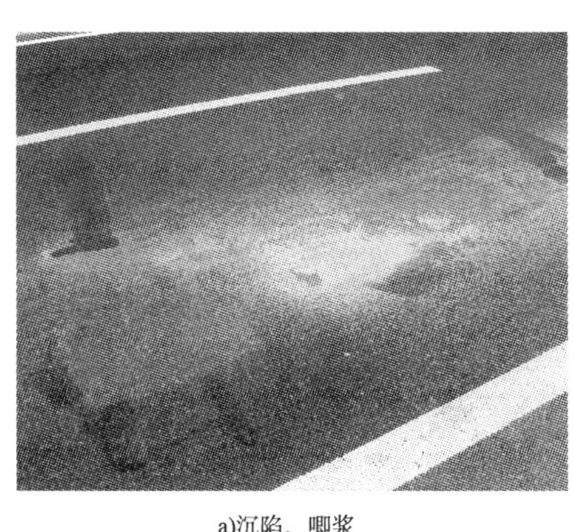

a)沉陷、唧浆

b)多处连续小面积挖补

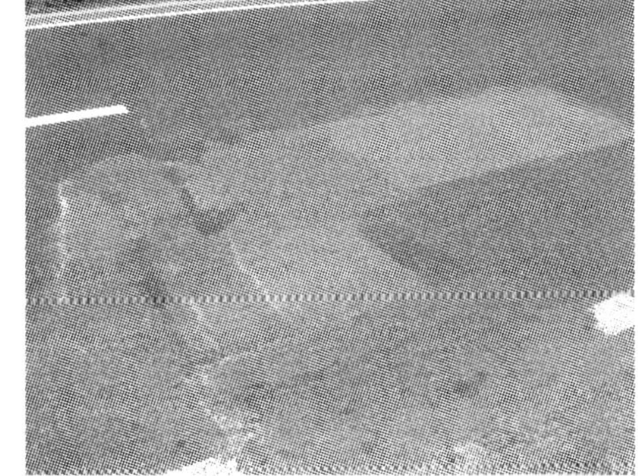

c)"补中补"

图 2-2　石黄高速公路某段水损坏现象

由以上几条高速公路病害情况来看,水损坏在河北省高速公路上表现程度和比例虽然不同,但严重影响行车的舒适度,给日常养护工作带来很大困难,对其治理需要大量的养护资金。

2.2 高速公路沥青路面罩面前病害调查

2.2.1 京秦高速公路路面结构概况

京秦高速公路宝坻至山海关段是国道主干线的重要组成部分,是华北地区连接东北三省最重要的经济干线,全长 199.31km,双向六车道,1999 年底全线建成通车。

京秦高速公路全线路面结构为:4cm 多碎石(调整)沥青混凝土 +5cm 粗粒式沥青混凝土 +6cm 粗粒式沥青混凝土 +19cm 水泥稳定碎石 +18cm 二灰碎石 +20cm 石灰土底基层,部分挖方段增设了 15cm 透水层,属于半刚性路面结构。

京秦高速公路沥青路面主要集中在 1998 年下半年至 1999 年上半年完成,路面表面层为 4cm(调整)多碎石密级配沥青混凝土(SAC-16);中面层为密级配粗粒式沥青混凝土(《公路沥青路面施工技术规范》(JTG F40—2004)中 AC-20 Ⅰ 型);底面层为粗粒式密级配沥青混凝土(AC-30 Ⅰ 型)。路面宽度为 1 450cm。

表面层摊铺宽度调整为 1 270cm。其中在 K185 +640 ~ K198 +600、K250 +000 ~ K263 +950 段表面层分别进行了两段双幅合计 27km 的 SMA 沥青玛蹄脂碎石路面试验段。沥青材料中下面层采用加德士 70 号重交通道路沥青,表面层采用了壳牌 SBS 改性沥青。骨料:中面层、底面层为石灰岩,表面层为玄武岩或安山岩类等。京秦高速公路沥青面层中各层沥青混合料矿料、基层混合料矿料级配、各结构层沥青混合料技术要求分别见表 2-6 ~ 表 2-8。

沥青面层中各结构层沥青混合料矿料级配表

(筛孔尺寸单位:mm,过筛质量所占比例:%)　　表 2-6

结构层次	混合料类型	37.5	31.5	26.5	19	16	13.2	9.5	4.75	2.36	1.18	0.6	0.3	0.15	0.075
上面层	SAC-16	—	—	—	100	95 ~ 100	75 ~ 90	57 ~ 71	35 ~ 45	28 ~ 37	21 ~ 29	15 ~ 24	10 ~ 18	8 ~ 15	5 ~ 9
上面层	SMA-16	—	—	—	100	95 ~ 100	85 ~ 95	60 ~ 75	20 ~ 28	16 ~ 24	14 ~ 18	12 ~ 16	12 ~ 15	10 ~ 12	8 ~ 10
中面层	AC-20 Ⅰ			100	95 ~ 100	75 ~ 90	62 ~ 80	52 ~ 72	38 ~ 58	28 ~ 46	20 ~ 34	15 ~ 27	10 ~ 20	6 ~ 14	4 ~ 8
下面层	AC-30 Ⅰ	100	95 ~ 100	79 ~ 92	66 ~ 82	59 ~ 77	52 ~ 72	43 ~ 63	32 ~ 52	25 ~ 42	18 ~ 32	13 ~ 25	8 ~ 18	5 ~ 13	3 ~ 7

基层混合料矿料级配表　　表 2-7

结构层次	混合料类型	通过下列各号筛孔(方孔,mm)的质量(%)							
		31.5	19	9.5	4.75	2.36	1.18	0.6	0.075
上基层	水泥稳定碎石	100	87~98	57~77	28~48	17~33	13~26	11~21	0~7
下基层	二灰稳定碎石	100	100~98	52~70	30~50	18~38	10~27	6~20	0~7

沥青面层中各结构层沥青混合料技术要求　　表 2-8

项目指标	结构层次		
	表面层	中面层	底面层
击实次数	两面各 75 次	两面各 75 次	两面各 75 次
稳定度(kN)	>7.5	>7.5	>5.0
流值(0.1mm)	20~50	20~40	20~40
空隙率(%)	3~5	3~6	4~10
沥表饱和度(%)	70~85	70~85	60~75
残留稳定度(%)	>80	>75	>75
矿料间隙率(%)	≥12.5	≥12.5	≥12.5
劈裂强度比(%)	>80	—	—
动稳定度(次/mm)(60℃,0.7MPa)	≥1 400	—	—
弯沉试验破坏应变(με)(-10℃,50mm/min)	≥2 500	—	—

2.2.2　京秦高速公路路面罩面前病害调查

截至 2006 年,京秦高速公路已通车 6 年。通车以来,使用过程中路面的使用性能随行车荷载的反复作用和各种环境因素的影响而逐年下降,路面总体状况有了一定的衰减,产生了不同程度的破坏。在 1999 年冬季和 2000 年春季,路面开始出现轻微的横向裂缝,随后相继出现了麻面、松散、沉陷、坑槽、纵向裂缝、轻微车辙、横向推移等路面早期破坏病害,到 2003 年,随着运营通车年限的增长,特别是高速公路渠化交通,在超重荷载的不断碾压作用下,中间行车道和外侧行车道上水损坏现象逐渐凸显,网裂、坑槽、唧浆等水损害病害逐渐显著,成为了京秦高速公路主要的路面病害形式,影响了路面的正常行车和路面视觉感观效果。根据 2003 年和 2004 年病害调查结果,京秦高速公路水损坏现象最为严重,占所有病害的 54%,其次是裂缝病害,占所有病害的 31%,车辙病害占 12%,其他病害占 3%。经过 2003 年和 2004 年对部分病害严重路段进行病害挖补处理后,为提高行车舒适性和安全性,在2005年和2006年对全线路面进行了彻底的路面病害维修以及全线的整体罩面工程。

1. 罩面前沥青路面裂缝状况及裂缝产生原因分析

(1)沥青路面裂缝状况

京秦高速公路1999年9月1日通车以来,从路表面裂缝情况看,2000年春季道路开始出现横向微小裂缝,特别是软土地基路段裂缝发生最多,发展最快。2002年统计数据表明平均路面(双幅)裂缝长2 112m/km,平原区平均1 342m/km,平原微丘区平均532 m/km,最窄裂缝0.2mm,最宽裂缝12mm,横缝合计长176 969m。并且在2001年,路面开始出现纵向裂缝,纵缝合计5 891m,其中,最长的纵缝连续长2 863m。在横向裂缝中,多数裂缝长5~10m,约占总量的60%,半幅贯通的裂缝平均距离为80~150m,密度最大的路段内92条/km,但在挖方段内平均1条/150m,面层结构为SMA路段平均裂缝距离为1条/80m。从总体情况看,地基土质为重黏土路段内裂缝较多,地基土质为砂土路基段内路面裂缝较少。几年来完成的路面裂缝修补长度分别为2000年65 329m,2001年130 425m,2002年182 860m,2003年238 765m,2004年267 896m,2005年286 879m。

(2)沥青路面出现裂缝原因分析

沥青路面出现裂缝的原因和裂缝出现的形式多种多样。影响路面产生裂缝的主要因素有:沥青质量、沥青混合料性质、基层材料性质、气候条件、交通量变化、通行车辆类型变化以及施工质量的影响等。

沥青路面出现裂缝的主要形式为:纵向裂缝、横向裂缝以及网裂、龟裂等不规则裂缝。

①横向裂缝

横向裂缝是沥青路面病害的常见病害之一,如图2-3所示。导致路面裂缝的原因多种多样,主要有温度变化、地基变形、半刚性基层材料自身原因造成的温度反射裂缝、行车荷载、疲劳裂缝等。

图2-3 横向裂缝

由于京秦高速公路地处华北平原地区，年极端气温低，急剧降温频繁，导致表面降温梯度大。在寒冷的天气中，上层的温度比下层的温度低，结构层因深度不同而收缩量不同，会引起路面的翘曲。当沥青上面层温缩产生的拉伸应力超过材料的抗拉强度时，就产生了横向裂缝。同时表面层直接受气候和环境因素的作用，材料容易老化，抗拉能力降低，空隙率越大，这种老化越严重。加上京秦高速公路是东北连接首都和华北地区的重要通道，交通量大，载重车辆所占比重大，在重交通荷载反复作用下，沥青层经受着拉－压－拉的疲劳过程，材料的性能进一步恶化。研究证明，当沥青路面遭受快速降温时，沥青层表面和底面的温差会使沥青面层产生一种类似正弦波的“温度波浪”，这种现象也会使沥青面层隆起，产生拉应力。由于在施工过程中必然存在着离析和不均匀性、压实度不足等现象，使得局部地段的面层材料和结构存在薄弱层，同时在交通荷载作用下，荷载应力与温度应力的叠加达到甚至超过局部薄弱地带的承载能力，裂缝就从上面层较为薄弱的地方开始产生。

当然，上面层的横向裂缝中，不能排除有半刚性基层温度或干缩裂缝的对应裂缝。由于此次钻芯的深度不够，芯样的面积不大，无法估计出半刚性基层对应裂缝所占的数量。但从基层顶面状况来看，在 143 个钻芯中只有极少数出现了基层顶面开裂现象。从横向裂缝处钻芯样看，20 个芯样中下断开的有 3 个，而下面层的破碎、中上面层完好的芯样几乎没有，可以排除横向裂缝为半刚性基层反射裂缝的结果。只有少数贯通裂缝可以理解为沥青层间黏结较好时的尖端应力奇异场的作用结果，也可以认为是半刚性基层反射裂缝的结果。

②纵向裂缝

沥青路面产生纵向裂缝主要有路基填筑质量、通车后地基的整体稳定性、路基填料本身原因等影响因素。纵向裂缝表现形式如图 2-4 所示。

图 2-4　纵向裂缝

a. K248 + 850 段在通车半年后即出现较为严重的纵向开裂，纵向裂缝宽达 3.5cm，裂缝两侧相邻高差达 1.5cm，纵向出现台阶，已严重影响行车舒适性。此段为挖方达 10 多米的深挖方段落，与填方段交界处为深沟，并设置暗涵以利排除对面山上的雨水，地理特征为典型的沟壑填筑路段。路基填料采用开山出来的炮渣材料，填料颗粒粒径较大，压实度不易控制，虽然采取开台阶等一系列施工措施，仍没有能够保证较高的施工质量。此为典型的路基损坏造成的沥青路面开裂现象。

b. K157 +800 段沥青路面在距路面边缘 2m 处同样在通车半年后即出现纵向开裂现象。路基填筑高度平均在 12m 左右，属于高填方路基段落，路基施工质量控制不严而造成路基失稳，从而引起路基的不均匀沉降，同样为路基损坏造成的沥青路面开裂。

c. 在 K117 +500 ~ K136 +000 段，路面的纵向裂缝较为普遍，最长的约 2.8km，其产生裂缝的主要原因是路基的变形。该段路基土质为重黏土，路基的填土高度平均为 2.8m ~3.2m，由于路基填方材料的不均匀性，影响了路基的整体性能。雨季两侧边沟积水的情况下，对外侧路基浸泡使黏土地基和路基相对长时间处于饱和状态，造成地基承载力下降，路基整体强度降低，在重车荷载的反复作用下，产生路面纵向开裂。此类裂缝的位置通常处于外侧行车带附近，在雨季后开始出现轻微裂缝，随着冬季温度的下降，在温度应力作用下裂缝继续发展，经过几年的行车碾压和温度变化，裂缝逐渐加宽并且贯通。

d. 通车 5 年后，在京秦高速公路上分别有几段在中间行车道上出现较为有规则的连续的纵向裂缝，平均长度在 2 ~ 3km。当沥青路面出现轻微裂缝或其他原因引起沥青表面的自由水进入路面基层，特别是半刚性基层时，水分不能及时排出，经过长时间的重车行车碾压，再加上半刚性基层施工时施工接缝处理不当，在基层的薄弱环节上就容易产生纵向裂缝，从而反射到沥青路面的表面层上，出现连续有规则的纵向裂缝。此类裂缝的发生需要较长时间的发展，一般在通车几年后才能反映出来。

从前面油石比状况的分析可以看出，由于动水压力导致的沥青迁移，致使局部地方面层油石比较小，沥青膜厚度较薄，抗水损坏和疲劳性能降低，加速了纵向裂缝产生的进程。

③不规则裂缝

高速公路沥青路面或早或迟都会出现局部小块的形变，形成网裂、龟裂、块裂等不规则裂缝，并且通常伴有盆状或槽状沉陷，表现形式如图 2-5 所示。

对于只集中在路面表层的纵向裂缝和网裂，开裂原因可以从以下两方面解释，其一是沥青上面层空隙率偏大，重载车辆高速行驶下的动水压力导致沥青上面层的松散、剥落，上面层承载能力降低，从而产生上面层的纵向裂缝和网裂。其二，从路面结构受力角度，行车荷载会在路表面产生拉应力，且上面层表面的轮隙间横向的拉应力随层间黏结状况的恶劣逐渐增大，使路面结构容易在上面层表面产生纵向裂缝。

另外一种由内向外产生的纵向裂缝和网裂，其产生的原因有两方面，一是当车辆行驶在层间黏结状况好的地方时，剪应力峰值在中下面层之间；二是层间黏结状况不好时，在与下一层不连续的层底会产生拉应力,同时剪应力在相应的不连续结构层底面集中。在中下面层不连续时,中面层底面承受的拉应力最大,使得层间黏结状况不好的中、下面层混合料处于拉应力的疲劳作用中,同时沥青面层的层底部位结构相对薄弱,导致沥青面层在中下层间断开。加上水和荷载的共同作用,中下面层混合料松散和剥落,病害由内向外发展。从芯样的破坏状况来看,路面的网裂多是由这种病害向下发展导致的,40%以上的网裂芯样出现了中下层的断开同时伴随松散和剥落。

图2-5 不规则裂缝

2.罩面前沥青路面水损坏病害及水损坏产生原因分析

京秦高速公路靠近渤海海岸线,气候湿润,年均降雨量比较大,在633.1~769.7mm之间;根据2003年底和2004年10月份的病害调查结果,京秦高速公路水损坏现象最为严重,主要表现为唧浆及松散,特别是在挖方段,大面积的松散随处可见。京秦高速公路的两段SMA试验段中水损坏的情况相对于普通的SAC路面来说要好得多。通过病害调查,SMA路段主要表现为裂缝处的唧浆。

(1)罩面前沥青路面水损坏病害的形式

在大量路面水损坏调查的基础上,总结高速公路的水损坏形式主要有:泛油、松散、唧浆、坑槽、网裂等,如图2-6所示。

①泛油

水损坏引起的泛油与一般泛油不同。一般泛油是指沥青面层中的自由沥青受热膨胀,直至沥青混凝土空隙无法容纳,溢出上泛到路表的现象,使得路表构造深度减小,抗滑性能降低。水损坏引起的泛油是由于路面结构存水后,在行车荷载反复作用产生的强大动水压力下造成沥青剥落,在汽车荷载的泵吸作用下沥青从下层向上层迁移而引起的,一般只发生在车道的轮迹带上。初期为小块的油斑,逐渐连通成带状。沥青迁移后会导致沥青内部混合料油膜损失,病害处的沥青量会逐渐减少,集料剥落,进一步造成沥青面层内部混合料的松散,泛油只是水损坏的初期表现。

a)泛油　b)麻面

c)松散(一)　d)松散(二)

e)点状坑槽　f)裂缝处唧浆

图2-6　水损害表现形式

②松散

松散是沥青与集料黏附性差导致的混合料水稳定性不足,集料由于丧失相互间的黏结而逐渐松垮并逐渐流失,表现为麻面或大小不一的坑洞。松散的发生往往是在某个水稳定性不足的沥青结构层整体性发生,尤其是表面层,长期暴露于自然环境中,并经受车辆荷载的反复作用,极易引发沥青剥落而松散。

③网裂

一般认为路面轮迹带产生的网裂是路面结构承载能力不足的标志,说明路面产生了荷载型的破坏。由于水损坏造成的网裂一般是由于水分通过空隙率大的上面层或别的途径进入路面结构层内,在荷载作用下造成了沥青面层内部混合料的剥落、松散,或基层混合料的冲刷、脱空,并从下向上作用导致沥青面层产生龟裂,进一步发展的结果就是坑洞和沉陷。

④唧浆

外界水不断渗入并积存于基层顶面,基层结合料在水的浸泡下形成泥浆或灰浆,在行车荷载的反复挤压和泵吸作用下,从裂隙中冒出来,这种现象称为唧浆。产生唧浆必须要有水进入和灰浆挤出的通道,唧浆现象中,水侵入路面结构内部的途径大多是路面上已经出现的裂缝,同时,强大的有压水通过沥青层的空隙也能穿透结构完整的沥青面层,基层顶面的泥浆也通过相同的途径被挤压到路表,其范围是所有沥青面层的透水处。松散严重而未产生裂缝的路面也有灰浆出现,就是通过这种方式造成的。

⑤坑槽

坑槽根据面积大小可以分为点状坑槽和块状坑槽,是沥青面层松散深度和面积不断加大,水损坏发展到后期产生的现象,是唧浆进一步发展的结果。

⑥沉陷

水损坏引起的沉陷一般与唧浆现象同步发生。随唧浆的发展,基层结合料不断地被溶蚀并挤压到路表,造成基层顶面的不断脱空,同时在有压水和有压浆体的作用下,沥青混合料更容易剥落、松散,沥青面层随着材料的流失不断下陷;沉陷变形过大导致沥青面层开裂,水侵入路面的途径更加通畅,使唧浆和剥落现象更加恶化,形成恶性循环。在沉陷位置钻芯取样时,有些芯样面层已经碎裂,有些上面层比较完整,但中下面层已经全部松散和剥落了。

⑦伴随裂缝的水损坏现象

裂缝打通了水分进入路面结构的通道,水分通过沥青面层内部空隙较大区域进入结构内部,甚至进入并储存在基层中,在荷载作用下导致路面唧浆,从而产生内部更大的损坏。在调查中发现,由于温度造成的横向裂缝是不可避免的,该类裂缝如未得到及时的处理,往往在行车道轮迹带部位出现沉陷、网裂、唧浆现象。

(2)水损坏成因分析

①空隙率与病害关系分析

空隙率是路面结构的重要参数,对路面性能影响较大。国外研究资料表明,沥青混合料的空隙率小于8%时,沥青层中的水在混合料内部以毛细水的形式存在,不容易造成水破坏,路面空隙率大于15%以后,水能够在空隙中自由流动,也不容易造成水破坏;当空隙率在8% ~15%范围内时,水易进入并滞留在混合料内,造成水损坏。

根据芯样的周边状况进行分类,对全线的空隙率进行汇总,见表2-9,研究不同路面破坏状况下的空隙率大小。

不同病害状况下的平均空隙率汇总(单位:%)　　表2-9

标段	病害状况	空隙率	标段	病害状况	空隙率	标段	病害状况	空隙率
9 标	沉陷	6.70	1 标	纵缝	5.85	1 标	无病害	5.33
10 标	沉陷	6.40	2 标	纵缝	3.97	3 标	无病害	6.24
11 标	沉陷	5.86	3 标	纵缝	5.30	5 标	无病害	3.66
平均		6.32	3 标	纵缝、唧浆	6.87	6-1 标	无病害	3.87
			4 标	纵缝	7.13	6-2 标	无病害	6.17
标段	病害状况	空隙率	5 标	纵缝	3.73	8 标	无病害	4.92
6-2 标	坑槽、唧浆	6.19	6-1 标	纵缝	4.76	10 标	无病害	6.38
11 标	网裂	7.21	6-1 标	纵缝、唧浆	4.34	12 标	无病害	5.56
12 标	网裂	7.68	7 标	纵缝	7.50	平均		5.27
3 标	网裂、车辙	7.11	8 标	纵缝	6.06			
4 标	网裂、唧浆	8.96	9 标	纵缝	7.84	标段	病害状况	空隙率
平均		7.43	10 标	纵缝	4.26	7 标	封层	7.53
			12 标	纵缝	6.81	9 标	铣刨	6.84
			平均		5.72	11 标	挖补	6.76
						平均		7.04

从表2-9中各种病害的空隙率状况可以看出,空隙率的状况直接影响到路面最终病害的发展状况,其中无病害处和只有纵缝处空隙率最小,平均值在6%以内。网裂及网裂、唧浆处周边的空隙率最大,平均值为7.43%;其次为沉陷处的空隙率,平均为6.32%。

至于铣刨、挖补、封层处,应该是病害比较严重而经过处理的路段。从空隙率状况看,这些路段在养护后空隙率依然很高,这也导致"补中补"现象必然会发生。

进一步分析不同层位的空隙率对道路病害的影响状况。从表2-10三层的空隙率状况来看,该路的上面层空隙率普遍偏大,其中病害严重路段的空隙率都大于7%,只有无病害和纵缝处的空隙率较小。无病害处和纵缝处的比较结果表明,无病害处的中下面层空隙率普遍较小,说明中下层混合料的密实程度对路面水损坏的影响很大。从不同病害处的空隙率状况来看,空隙率对路面病害的产生和发展有很大的影响。

不同病害状况下的各层空隙率状况(单位:%)　　表 2-10

标段	病害状况	上	中	下	标段	病害状况	上	中	下
9 标	沉陷	9.95	3.40	6.76	1 标	纵缝	7.03	5.86	4.66
10 标	沉陷	6.91	5.48	7.03	2 标	纵缝	6.21	3.05	2.65
11 标	沉陷	5.54	5.54	6.49	3 标	纵缝	5.49	5.27	5.14
平均		7.47	4.81	6.76	4 标	纵缝	8.49	5.79	7.08
					5 标	纵缝	3.79	3.67	
6-2 标	坑槽唧浆	9.39	5.08	4.11	6-1 标	纵缝	5.13	5.35	3.70
11 标	网裂	9.98	4.93	6.73	7 标	纵缝	7.95	6.48	8.06
12 标	网裂	9.93	6.14	6.25	8 标	纵缝	7.76	5.50	4.93
3 标	网裂、车辙	5.34	7.01	8.98	9 标	纵缝	9.91	6.67	4.24
4 标	网裂、唧浆	9.20	8.69	9.00	10 标	纵缝	6.00	3.03	3.74
平均		8.77	6.37	7.02	12 标	纵缝	9.71	6.71	4.59
					3 标	纵缝、唧浆	5.80	7.73	7.09
1 标	无病害	5.90	4.92	4.93	6-1 标	纵缝、唧浆	5.42	3.38	4.23
3 标	无病害	6.68	6.27	5.63	平均		6.82	5.27	5.01
5 标	无病害	4.57	2.77	3.65					
6-1 标	无病害	3.71	3.04	4.80	7 标	封层	8.96	6.99	7.00
6-2 标	无病害	9.27	5.45	3.78	11 标	挖补	9.10	4.79	6.40
8 标	无病害	6.38	4.58	3.79	9 标	铣刨	9.89	3.21	7.41
10 标	无病害	6.12	4.58	8.43	平均		9.32	5.00	6.94
12 标	无病害	6.67	5.83	3.51					
平均		6.16	4.68	4.81					

上面层的空隙率结果显示大于 8% 的透水空隙率并不多,同时从无病害处的上面层空隙率来看,无病害处的空隙率并不比病害严重处小多少,最为明显的差异是无病害处中下面层的空隙率较小。这说明沥青面层内部结构的密水性非常重要,在中下面层空隙率较小水分不能进去时,上面层近 7% 的空隙率并不能导致路面的水损坏。

在京秦高速公路上,由于没有采取全面的上面层底面的防排水措施,导致在上面层空隙率不太大的情况下,重载车辆在高速行驶时产生的较大动水压力使得水分进入沥青面层内部,由于沥青路面结构较厚,同时面层空隙率不大,水分不可能通过蒸发和径流的方式排出路面结构,只能储存在中下面层内部,在行车荷载作用下长期冲刷沥青面层的混合料,使得面层混合料变弱和剥落,导致路面病害的产生。

②油石比与病害关系分析

从上面层油石比状况来看,在不同路况下的油石比差异较大,无病害路段上面层测试的油石比比设计油石比(4.8~5.1)大,而纵缝和挖补处的油石比小于设计油石比,说明沥青面层尤其是上面层,在道路运营过程中存在沥青的迁移。其原因是在动水压力作用下,水分集聚在上面层内部,在大量的重车荷载作用下,这些集聚在面层内部的水变为有压水,有压水反复侵蚀沥青和集料,导致沥青膜的剥落。剥落的沥青膜在轮胎的真空吸力等因素作用下,移动到路面顶部,导致局部上面层的油石比偏大,油石比偏大的上面层除了局部地方能看见油斑外,由于其含油量大、整体性较好,看不出别的病害。在路面有裂缝等病害状况下,上面层空隙率较大,混合料中的沥青剥落出来后,直接被车轮带走,导致病害路段的贫油现象。同时由于油石比的降低,沥青路面的抗水损坏和抗疲劳性能减弱,致使病害的进一步发展。

应该说表面无病害处的路段已经处于路面病害的初始阶段,上面层油石比偏大后,局部的泛油和车辙现象将会产生。从路况调查中也发现京秦高速公路存在局部的泛油和车辙现象,但出现得较少,说明该高速公路的用油量不大,运营过程中沥青迁移现象还不算严重。但在纵缝和网裂等破坏处,被水剥落的沥青将被车轮带走,导致油石比普遍降低,贫油后将加快病害的发展。

③级配与病害关系分析

对不同路况处的整芯在抽提和燃烧后进行集料的筛分试验,还原的沥青混合料的级配见表2-11~表2-13。

上面层级配表(筛孔尺寸单位:mm,过筛质量所占比例:%)　　表2-11

路面状况	标段	19	16	13.2	9.5	4.75	2.36	1.18	0.6	0.3	0.15	0.075
纵缝	1	100.0	99.2	87.5	69.7	49.0	35.9	27.1	20.9	15.0	9.3	5.6
纵缝	2	100.0	98.8	89.8	75.3	51.7	37.9	27.9	21.4	15.5	10.2	6.6
纵缝	4	100.0	96.4	81.7	64.1	45.3	33.2	25.9	19.0	12.3	9.6	6.9
纵缝	6	100.0	97.7	87.7	68.9	44.0	30.0	23.1	18.3	14.2	11.3	7.7
纵缝	8	100.0	93.8	84.0	67.0	42.8	31.5	24.0	17.9	11.8	7.8	5.2
网裂	3	100.0	97.7	88.9	69.1	42.5	33.0	28.1	22.5	12.7	8.2	5.5
细缝	9	100.0	96.7	90.6	64.1	41.9	29.7	23.0	17.2	10.8	7.2	4.8
无病害	5	100.0	98.5	91.7	74.8	45.7	35.4	29.2	22.5	13.6	9.5	6.7
无病害	12	100.0	99.5	89.5	74.6	51.8	34.2	24.3	19.3	12.9	10.3	7.1
唧浆	7	100.0	95.8	80.0	75.2	47.9	31.7	29.4	23.3	16.1	11.0	7.1
挖补	11	100.0	99.0	94.8	65.9	45.8	32.1	19.0	12.9	6.4	4.0	2.4
上限		100.0	100.0	90.0	71.0	45.0	37.0	29.0	24.0	18.0	15.0	9.0
下限		100.0	95.0	75.0	57.0	35.0	28.0	21.0	15.0	10.0	8.0	5.0

中面层级配(筛孔尺寸单位:mm,过筛质量所占比例:%)　　表2-12

路面状况	标段	26.5	19	16	13.2	9.5	4.75	2.36	1.18	0.6	0.3	0.15	0.075
纵缝	1	100	100.0	95.5	85.9	66.5	52.7	38.5	32.3	25.6	15.6	9.2	6.1
纵缝	2	100	96.3	88.8	80.6	62.0	44.2	33.6	27.2	20.9	13.2	8.3	4.9
网裂	3	100	100.0	97.1	85.8	65.6	47.3	35.7	27.7	20.1	12.6	7.6	4.8
纵缝	4	100	100.0	96.2	86.3	63.4	42.4	34.1	28.5	22.8	15.6	9.8	6.0
无病害	5	100	96.2	91.9	88.1	76.7	46.7	36.8	32.4	26.4	15.8	9.6	6.6
纵缝	6	100	86.6	77.4	72.6	60.5	44.3	33.4	27.0	20.5	12.6	8.6	5.9
唧浆	7	100	99.2	98.2	90.5	69.6	45.2	33.9	28.0	21.3	11.9	7.2	4.5
纵缝	8	100	95.9	88.1	79.0	67.4	50.4	35.9	29.7	22.7	12.5	8.4	5.9
沉陷	9-1	100	87.7	82.0	75.6	62.5	45.8	36.1	30.2	24.5	18.3	12.9	7.4
微细缝	9-2	100	100.0	88.7	82.4	62.8	38.4	29.4	24.6	18.9	10.8	6.9	4.4
凹陷	10	100	96.9	89.8	82.7	64.8	45.7	36.8	30.4	23.7	17.1	12.0	6.6
整芯	11	100	96.0	90.4	78.3	61.3	40.1	28.7	20.5	15.1	10.9	7.6	4.9
无病害	12	100	93.8	89.7	79.4	64.8	50.8	40.2	30.9	21.2	13.3	8.4	5.3
上限		100	100	90	80	72	58	46	34	27	20	14	8
下限		100	95	75	62	52	38	28	20	15	10	6	4

下面层级配(筛孔尺寸单位:mm,过筛质量所占比例:%)　　表2-13

路面状况	标段	31.5	26.5	19	16	13.2	9.5	4.75	2.36	1.18	0.6	0.3	0.15	0.075
纵缝	1	100.0	100.0	88.3	75.3	71.0	58.5	47.9	36.5	29.3	24.0	17.6	10.8	7.3
纵缝	2	100.0	100.0	100.0	90.0	79.9	73.9	58.1	43.3	35.7	29.2	21.2	11.9	7.0
网裂	3	100.0	100.0	96.0	86.7	79.0	71.0	58.1	46.0	33.9	26.7	19.5	12.0	6.3
纵缝	4	100.0	100.0	98.7	86.0	77.0	70.9	57.4	39.1	30.0	23.9	17.8	12.3	8.2
无病害	5	100.0	100.0	94.8	81.6	72.5	65.7	58.1	46.0	32.3	23.8	16.9	11.9	8.5
纵缝	6	100.0	100.0	96.8	84.1	75.8	68.2	58.0	41.8	32.9	26.0	19.3	11.5	7.8
唧浆	7	100.0	100.0	95.5	82.5	73.6	65.0	55.1	40.7	27.2	21.7	16.3	9.8	6.7
纵缝	8	100.0	100.0	97.0	83.9	74.8	67.3	59.9	45.0	31.9	26.3	20.5	11.7	7.4
沉陷	9-1	100.0	90.1	72.0	65.9	55.9	42.7	31.7	24.6	20.9	16.8	12.4	8.8	5.1
网裂	9-2	100.0	90.4	86.2	75.7	68.4	54.3	39.1	32.1	27.2	20.3	11.1	6.4	4.1
凹陷	10	100.0	100.0	100.0	86.2	81.1	73.5	58.2	45.0	38.4	33.1	26.7	18.9	12.3
整芯	11	100.0	100.0	95.9	85.3	77.7	68.8	55.1	41.6	31.5	24.4	18.3	12.0	6.9
无病害	12	100.0	100.0	85.3	71.5	67.6	60.9	51.1	41.6	33.6	27.1	19.7	12.8	7.6
上限		100.0	100.0	92.0	82.0	77.0	72.0	63.0	52.0	42.0	32.0	25.0	18.0	13.0
下限		100.0	95.0	79.0	66.0	59.0	52.0	43.0	32.0	25.0	18.0	13.0	8.0	5.0

由于10标铺筑的是SMA上面层,级配没有列在表2-11中。从上面层的级配可以看出除网裂处细集料含量较大外,图2-7显示混合料的级配基本在设计的级配范围以内。

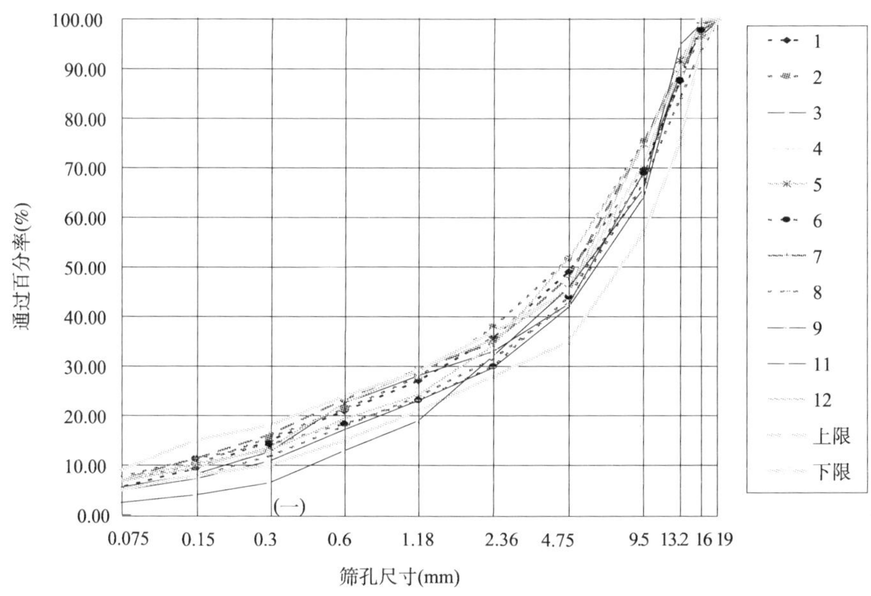

图2-7　上面层级配曲线

从图2-8中面层的筛分结果看出,中面层混合料在16和19筛孔处偏离了级配范围,级配有些偏细,其余的筛孔都在级配范围以内。

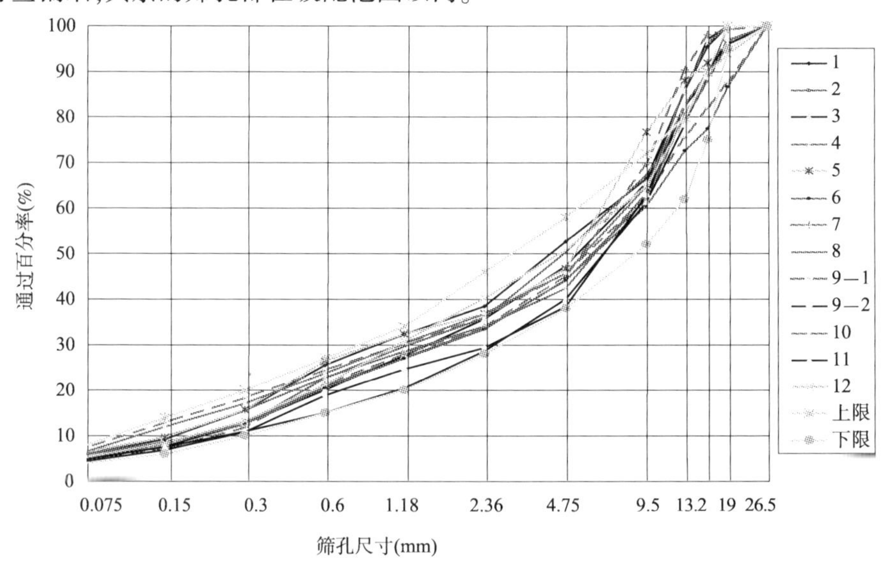

图2-8　中面层级配曲线

从图2-9下面层级配曲线图看出，唧浆和网裂处的级配曲线偏离了范围，有些偏细，其余的级配曲线均在范围内。

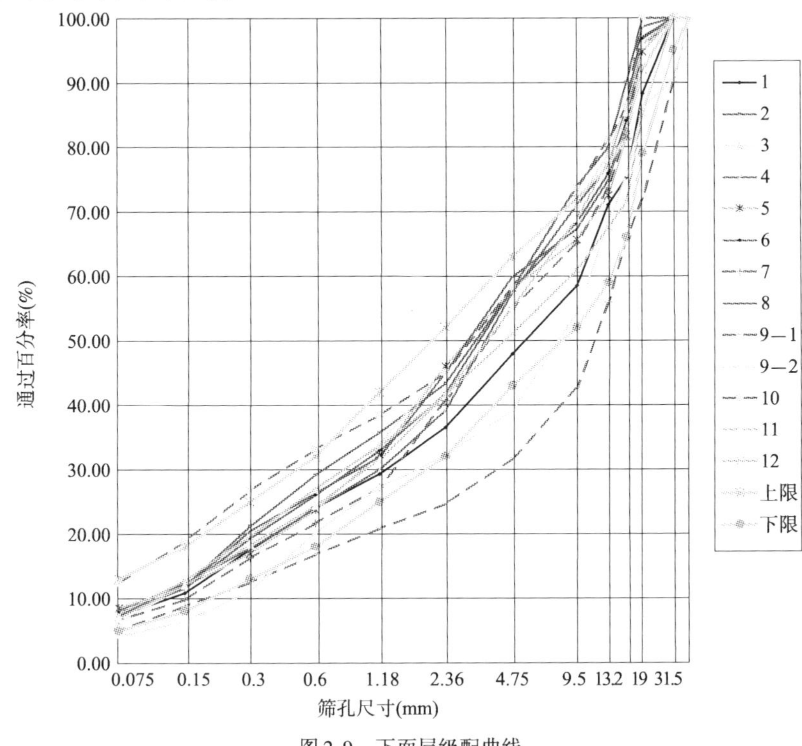

图2-9　下面层级配曲线

2.3　高速公路沥青路面罩面前结构承载能力调查

对高速公路半刚性基层沥青路面而言，路面弯沉值是体现路面强度的重要指标，是沥青路面使用性能评价体系中决定路面是否补强的重要参数。路面弯沉的大小不仅体现出路面强度状况及相对差异，还反映出结构层的病害弱点所在。图2-10为京秦高速公路(宝山段)主线部分路段路面弯沉检测结果。

按"检评方法"规定选择行车道进行路面结构强度性能的检评。京秦高速公路(宝山段)主线上行的结构强度系数SSI≥1.0占80.25%，其中处于良好及中等级的分别占9.84%及5.05%，而下行方向优、良率分别为82.9%和11.9%。从表2-14可以看出，上、下行方向路面结构代表弯沉值大于允许弯沉值的路段分别有39.3km和44.8km，分别占全路线的19.75%和22.51%。同时计算表明，路面结构代表弯沉值与允许弯沉值比值大于0.9、0.8的路段占到路线全长的44.7%和85.4%，说明京秦高速公路多数路段的路面结构已经达到或接近破坏状态。

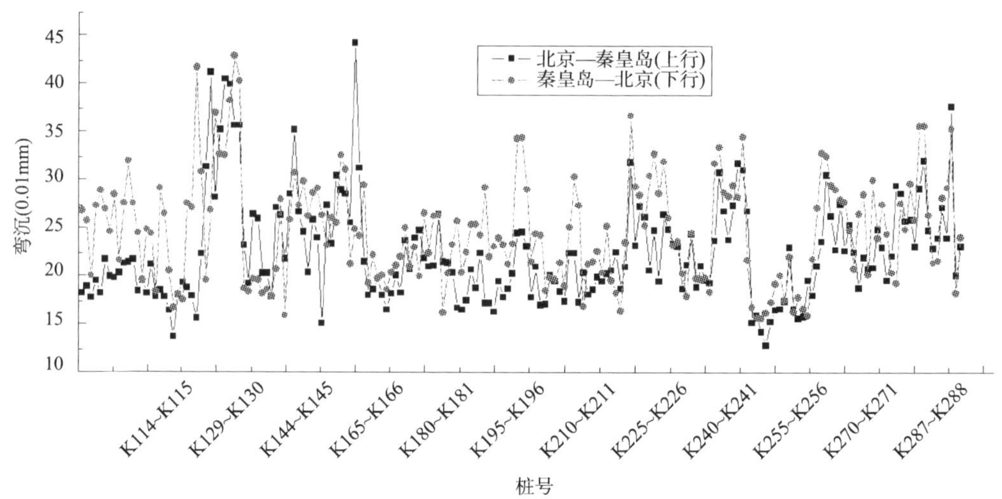

图 2-10　京秦高速公路(宝山段)主线部分路段路面弯沉检测结果

表 2-14 为京秦高速公路主线路段路面结构强度系数分析结果。

京秦高速公路主线路段路面结构强度系数分析　　表 2-14

方向 \ 评价等级		≥1.0 优	≥0.83,<1.0 良	≥0.66,<0.83 中	≥0.5,<0.66 次	<0.5 差	挖补段
京秦高速北京—秦皇岛(上行)	里程(km)	159.7	18.6	9.5	1.1	0.2	9.9
	百分比(%)	80.25	9.35	4.77	0.55	0.1	4.97
京秦高速秦皇岛—北京(下行)	里程(km)	154.2	22.2	8.5	1.0	0	13.1
	百分比(%)	77.49	11.16	4.27	0.5	0	6.58

2.4　京秦高速公路交通状况分析

京秦高速公路是国道主干线的重要组成部分,也是河北省公路网中的重要干线之一,是东北连接北京、天津、内蒙古地区和华北地区的重要通道,也是通往旅游胜地北戴河的主要路线。因此,它不仅是一条重要的经济干线,还是一条具有政治影响的高速公路。其交通量具有运输物资的载重车比例大,超载超限车辆较多,暑期客运交通量集中的特点。京秦高速公路设计预测平均日交通量见表 2-15,载重车占全部通行车辆的 80%。

京秦高速公路设计预测平均日交通量(单位:辆)　　表 2-15

路 段 名 称	2000 年	2010 年	2019 年
天津、唐山界—唐山市	22 676	39 283	57 022
唐山市—冀辽界	39 315	65 511	86 165

本书根据京秦高速公路历年收费站记录的车辆通行量统计表对河北的交通量状况进行分析。首先对京秦高速公路车型分类方法进行了总结。我国交通行业标准《收费公路车辆通行费车型分类》(JT/T 489—2003)于 2003 年 10 月 1 日起颁布执行。

2003 年年底以前的车型分类方法为：客车小于 12 座，货车载重小于 2t(含 2t)的属第一类；客车 13 ~ 19 座，货车载质量 2 ~ 5t(不含 5t)的属第二类；客车 20 ~ 49 座，货车载质量 5 ~ 11t(含 11t)的属第三类；客车超过 50 座的，货车载质量 11 ~ 18t(含 18t)的属第四类；货车载质量 18 ~ 25t(含 25t)的属第五类；大于 25t 的属第六类。

2005 年以后实行新规定的车型共分五类：客车小于 7 座，货车载质量小于 2t(含 2t)的属第一类；客车 8 ~ 19 座，货车载质量 2 ~ 5t(含 5t)的属第二类；客车 20 ~ 39 座，货车载质量 5 ~ 10t(含 10t)的属第三类；客车超过 40 座的，货车载质量 10 ~ 15t(含 15t)，以及 20ft 集装箱车属第四类；货车载质量超过 15t，40ft 集装箱车属第五类。

从以上两种分类方法可以看出，真正对路面结构计算存在影响的车型主要为 20 ~ 49 座及以上的客车和 5t 以上的货车，即按老分类法的三、四、五、六类车和新分类法的三、四、五类车。这几类车型的通行量实际上就是大客车及中型以上货车的通行量，这是沥青路面设计规范及国外一些地区进行交通等级划分的另一重要依据。京秦高速公路交通量统计见表 2-16、表 2-17 和图 2-11。

京秦高速公路交通量统计表(1999 ~ 2002 年)(单位：辆)　　表 2-16

方向	年份	小	中	大	重	T1	T2	T3	军免	合计
上行	1999	500 376	239 402	73 251	29 581	811	324	91	54 119	897 955
	2000	2 175 272	1 524 196	548 337	32 196	7 571	2 393	302	229 670	4 519 937
	2001	2 642 796	1 909 531	738 969	51 970	10 801	3 366	445	260 312	5 618 190
	2002	3 146 345	1 960 060	1 185 288	133 317	29 605	15 923	10 000	228 141	6 708 679
下行	1999	443 781	244 292	93 234	27 101	770	314	85	53 782	865 460
	2000	2 171 915	1 540 673	611 278	31 186	6 434	1 481	244	248 699	4 621 140
	2001	2 656 320	1 952 581	744 350	48 533	8 939	2 131	333	265 522	5 687 729
	2002	3 137 187	2 071 663	1 067 863	99 021	19 515	11 874	3 099	231 685	6 641 907

根据从各收费站车辆通行统计表提取了上述几类车型的年通行总量数。具体的计算方法为：首先统计每条高速公路每年上述车型进口与出口车辆总数(辆/年)，然后根据年总通行量平均分配到每天，得出上述车型日进口与出口通行量(辆/d)，最后根据公路车道数，考虑方向和车道分布系数分配到每车道上，得出大客车及中型以上货车交通量[辆/(d · 车道)](表 2-18)。

京秦高速公路交通量统计表(2003～2009年)(单位:辆) 表2-17

方向	年份	1类	2类	3类	4类	5类	军免	合计
上行	2003	536 671	1 266 443	2 427 785	826 853	439 276	184 649	5 681 677
	2004	3 210 869	1 559 614	1 095 687	202 396	84 514	195 288	6 348 368
	2005	6 058 399	968 979	1 537 884	917 205	1 039 443	—	10 521 910
	2006	6 179 567	988 358	1 568 642	935 549	1 060 232	—	10 732 348
	2007	6 240 951	1 218 895	1 664 962	1 146 616	1 466 836	18 401	11 756 661
	2008	6 740 227	1 316 407	1 798 159	1 238 345	1 584 183	19 873	12 697 194
	2009	7 279 445	1 421 720	1 942 012	1 337 413	1 710 918	21 462	13 712 970
下行	2003	496 918	1 172 632	2 247 949	765 605	406 737	170 971	5 260 812
	2004	4 466 478	727 423	1 281 974	582 793	397 318	184 734	7 640 720
	2005	5 800 654	1 087 367	1 431 243	1 140 269	841 254	303 883	10 604 670
	2006	5 954 196	1 006 483	737 191	1 207 767	1 350 101	490 402	10 746 140
	2007	6 430 532	1 087 002	796 166	1 304 388	1 458 109	529 634	11 605 831
	2008	6 944 975	1 173 962	859 859	1 408 739	1 574 758	572 004	12 534 297
	2009	7 500 573	1 267 879	928 648	1 521 438	1 700 739	617 765	13 537 041

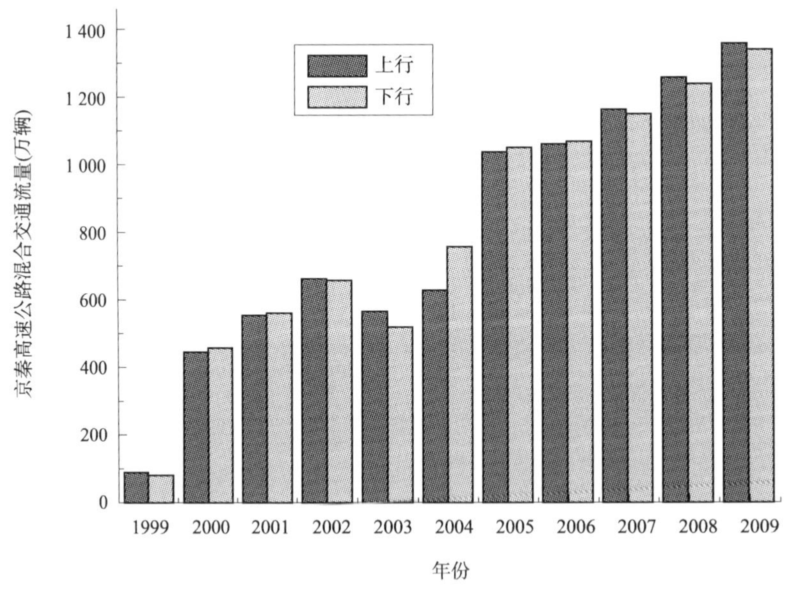

图2-11 京秦高速公路交通量统计表

京秦高速公路计重车辆各轴型流量超重分析年报表(2009 年)　　表 2-18

年份	各车型超重流量比例									
	二　轴		三　轴		四　轴		五　轴		六轴及以上	
	流量(辆)	比例(%)	流量(辆)	比例(%)	流量(辆)	比例(%)	流量(辆)	比例(%)	流量(辆)	比例(%)
2009	2 816 694	30.57	374 005	4.06	602 351	6.54	345 508	3.75	1 045 222	11.34
2008	353 516	3.84	212 707	2.31	357 834	3.88	431 528	4.68	1 367 731	14.84
2007	101 600	1.10	61 834	0.67	76 997	0.83	110 023	1.19	386 563	4.19
2006	55 487	0.60	31 038	0.34	37 567	0.41	45 349	0.49	119 005	1.29
2005	20 493	0.22	24 187	0.26	9 212	0.10	9 066	0.10	60 202	0.65
2004	39 744	0.43	21 997	0.24	13 029	0.14	6 075	0.07	77 798	0.84
合计	3 387 534		725 768		1 097 490		947 549		3 056 521	

按照轴载等效换算原则,进行轴载换算。对于沥青路面结构设计来说,更重要的不在于交通量的大小而是轴载的大小对路面结构疲劳的影响。由于小型车的轴载较小,对路面结构的疲劳破坏极小,一般在路面结构分析中不计其对路面结构的影响。因此,实际作用于路面上的车辆可归纳为中型载货车、大型载货车、大型客车、载货拖挂车及大中型拖拉机等五大类。路面结构设计使用的交通量是标准轴载的作用次数,因此,应将各种车型的不同轴载换算成 BZZ-100 标轴重的当量轴次(表 2-19、图 2-12)。

京秦高速公路历年当量轴次换算表($\times 10^6$)　　表 2-19

年份	1999	2000	2001	2002	2003	2004	2005	2006	2007	2008	2009
上行	0.78	4.69	6.25	9.56	29.04	19.24	32.29	32.93	39.12	42.25	45.63
下行	0.89	5.05	6.28	8.66	26.88	21.44	32.67	32.81	35.43	38.27	41.33

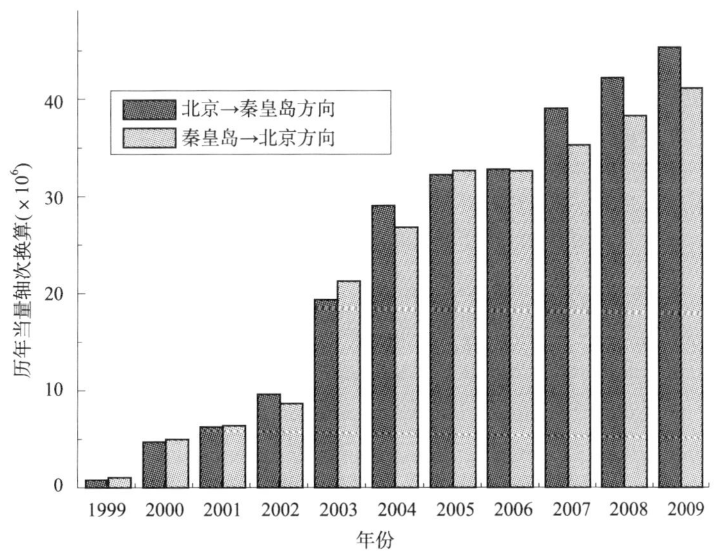

图 2-12　京秦高速公路历年当量轴次换算表

从表 2-19 和图 2-12 中可以看出,京秦高速公路历年当量轴次增长很快,到 2006 年中修罩面之前,京秦高速公路的累计当量轴次已经分别达到 102 万次,而罩面之后的累计当量轴次 154 万次。按我国现行沥青路面设计规范,京秦高速公路的交通属重交通等级。

2.5 本章小结

(1)京秦全线的空隙率偏大,由于没有设置有效的沥青面层结构内部的防排水措施,在重车高速行驶的动水压力作用下,水分进入面层内部,导致了面层内部的沥青结合料的剥落和沥青的迁移。在空隙率、水分和重车的高速行驶下导致沥青面层病害的产生。从设置层间防水的 11 标看,路面的病害主要集中在上面层,没有产生沥青面层结构的破坏,使得路面的预防性养护很容易开展。

(2)从空隙率分析结果来看,沥青路面病害的产生和局部空隙率偏大有直接关系。由于上面层的气候条件和受力条件都很恶劣,在局部空隙率较大的地方病害很容易产生。局部空隙率偏大成为水分进入沥青面层的通道,同时面层结构没有水分的排除通道,水分储存于沥青层内部,成为水损坏产生的导火索。

(3)全线的级配状况良好,偏离级配范围的并不多见,但也看出级配对路面破坏的影响是不可忽视的,偏离级配范围的路段都表现出了病害现象。

(4)京秦高速公路是国道主干线的重要组成部分,其交通量具有运输物资的载重车比例大,超载超限车辆较多,暑期客运交通量集中的特点。载重车占全部通行车辆的 80%。京秦高速公路历年当量轴次增长很快,到 2006 年中修罩面之前,京秦高速公路的累计当量轴次已经分别达到 102 万次,而罩面之后的累计当量轴次 154 万次。按我国现行沥青路面设计规范,京秦高速公路的交通属重交通等级。

第3章　高速公路罩面后结构状况检测方法研究

京秦高速公路宝山段挖方段原路面结构自上而下为:4cm 中粒式改性沥青混凝土上面层(SAC-16 Ⅰ型)、5cm 中粒式沥青混凝土中面层(AC-20 Ⅰ型)、6cm 粗粒式沥青混凝土下面层(AC-30 Ⅰ型)、19cm 水泥稳定级配碎石上基层、18cm 石灰粉煤灰稳定级配碎石下基层、12cm 水泥稳定砂砾底基层。填方段水泥稳定砂砾厚度为 20cm,其余各层路面结构同挖方段。2006 年全线路面中修罩面工程完成后,其(主要涉及基层挖补路段)路面结构发生较大变化,表层为新罩面的 4cm 沥青混凝土层,下部的路面结构基本分为两种情况:(1)铣刨原沥青混凝土上中层 9(4+5)cm,新铺 9cm AC-25 改性沥青混凝土面层;(2)铣刨原沥青混凝土全部面层 15(4+5+6)cm、水稳碎石上基层 19cm,新铺 15(8+7)cm AC-25 改性沥青混凝土面层、19cm ATB-25 沥青稳定碎石上基层,上基层由半刚性变为柔性。

高速公路罩面后的路面使用性能受罩面层厚度、罩面层材料类型、罩面前旧路处治方式、旧路面的开裂情况、累计当量轴次、气候特点、罩面后路面的养护措施等多种因素的影响,其变化规律将有所不同。要掌握罩面后高速公路路面性能变化规律,就必须对高速公路路面结构状况有全面的了解和掌握。

3.1　路面结构层厚度检测

3.1.1　检测原理

采用地质雷达检测公路面层厚度属于反射波探测法,其基本原理与探空雷达相似,即向地下发射一定强度的高频电磁脉冲波,电磁波在地下传播的过程中遇到不同电性物质分界面时,就会产生反射波,地质雷达会接收并记录这些反射信息。电磁波在特定介质中的传播速度是不变的,因此根据地质雷达记录上的地面反射波与地下反射波的时间差 Δt,即可据下式算出该界面的埋藏深度 H:

$$H=\frac{v\cdot\Delta t}{2} \tag{3-1}$$

对于公路面层检测而言,H 即为面层厚度,v 是电磁波在地下介质(面层)中的传播速度,相对于雷达所用的高频电磁波(900M ~2 500MHz)而言,公路面层所用的材料都是低损耗介质,其速度由下式表示:

$$v = \frac{C}{\sqrt{\varepsilon}} \tag{3-2}$$

式中：C——电磁波在大气中的传播速度，约为 30 万 km/s；

ε——面层的相对有效介电常数，它取决于构成面层的所有物质的介电常数。

反射信号的振幅与反射系数成正比，在以位移电流为主的低损耗介质中，反射系数可表示为：

$$\gamma = \frac{\sqrt{\varepsilon_1} - \sqrt{\varepsilon_2}}{\sqrt{\varepsilon_1} + \sqrt{\varepsilon_2}} \tag{3-3}$$

式中：ε_1、ε_2——分别为上、下介质的相对介电常数，对公路检测而言，ε_1 为面层的相对介电常数，ε_2 为基层的相对介电常数。

由式(3-3)可知，反射信号的强度主要取决于上、下介质的电性差，电性差越大，反射信号越强。对沥青混凝土面层而言，面层与基层（稳定层）存在明显的电性差，可以预期面层底部会有强反射出现。不同面层（上、中、下）之间所用材料也存在细微差别，因此也可以得到较弱的反射信息。

雷达波的穿透深度主要取决于地下介质的电性和波的频率。导电率越高，穿透深度越小；频率越高，穿透深度越小。反之亦然。对于公路检测而言，水泥混凝土面层导电率高于沥青面层的导电率，因此相同频率的雷达波在沥青面层中的穿透能力强于在水泥混凝土面层中的穿透能力。在实际检测工作中，对沥青面层一般采用 2 500MHz 天线测量，对于水泥混凝土面层 2 500MHz 天线一般难以穿透，只能用 900M ~ 1 000MHz 天线测量。

公路专用地质雷达都是在行进中以电磁波扫描的方式进行的。因此该项技术具有连续、无损、高效率的特点。

3.1.2 检测方法

项目检测采用美国 Penetradar 公司 IRIS 型路面雷达（图 3-1）。IRIS 由 Penetradar 地面透视雷达技术、实时的数据采集与处理系统、Windows XP Pro 环境下的 IRIS 软件以及内置的便携式平台附件组成，可扩展至同时使用 4 个高精度雷达（GPR）。其专业的设计便于设备的装配，模块化的硬件组合具有良好的扩展性能和稳定的现场测试效果。

IRIS 能在 100km/h 的行驶速度下“看透”高速公路的沥青及水泥混凝土路面和桥面结构，自动地收集并在硬盘上储存数字化雷达数据，以便后期显示和进一步的数据处理。

在路面结构层厚度正式检测前，针对不同的雷达天线频率和采集参数等进行了试验筛选。经试验后确定的主要采集参数如下：

（1）天线频率：100MHz；

（2）收发间距：80cm；

（3）记录点数：2 048 样点/扫描；

(4)记录长度:200ns;

(5)采样点距:17cm;

(6)叠加次数:3 次;

(7)扫描频率:64 次/s。

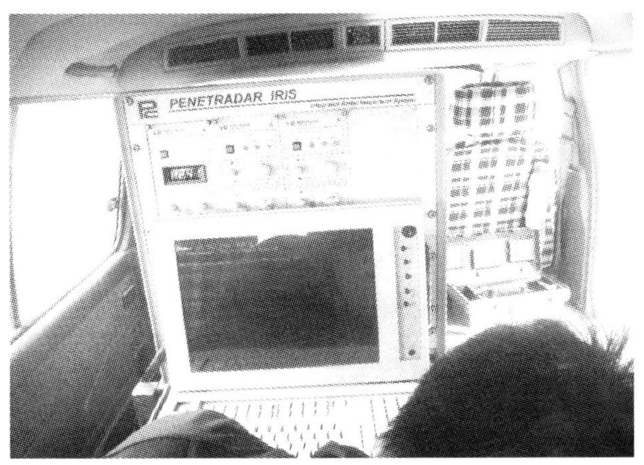

图 3-1　IRIS 型路面雷达

采集过程中由计算机控制计程轮进行采集,对行车及路面起伏所产生的误差,在室内数据处理时进行了平差。平差后采样点距在 0.293 ~ 0.294m 之间,因此,采样点位准确可靠。

检测之前,各标段工作人员均对里程桩号进行了精确的测量和标注,并派专人协助查对桩号,确保里程位置准确可靠,检测工作能够进展顺利。图 3-2 为现场采集照片。

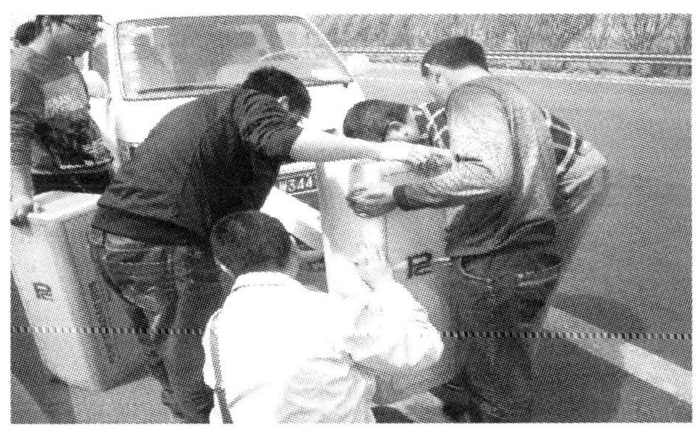

图 3-2　现场采集照片

为尽量减小检测厚度与实际厚度之间的差异,提高检测结果的准确性,在各标段选取有代表性的点进行取芯,用作速度标定的辅助参考资料。

用地质雷达检测京秦高速公路路面结构层厚度,主线每半幅沿行车道中心位置各平行布一条测线,匝道沿行车道中心线布一条测线,如图 3-3 所示。

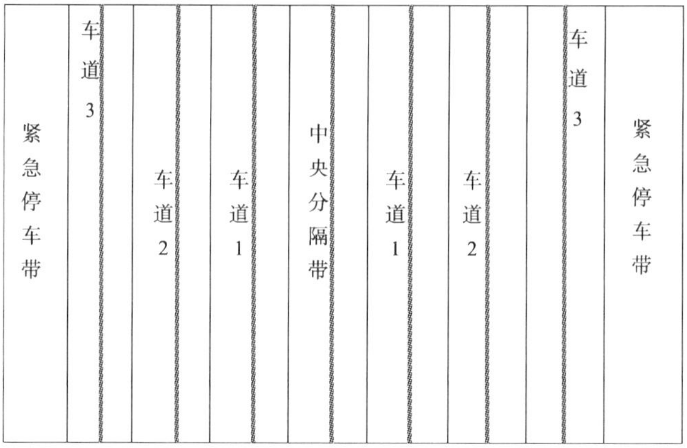

紧急停车带
车道3
车道2
车道1
中央分隔带
车道1
车道2
车道3
紧急停车带

图 3-3　公路主线雷达测线布置示意图

3.1.3　检测结果的可靠性

通过3个已有钻孔连一条地质雷达剖面,剖面长度约80m,用第一个钻孔的芯样厚度及雷达波传播时间标定速度,并根据雷达波传播时间计算第二、三个孔位的厚度。结果表明,第二、三个孔位的计算厚度与芯样实测厚度误差分别为0.95cm和-0.77cm,见表3-1。

取芯厚度与雷达测定厚度对比表　　表 3-1

芯样号	芯样厚度(cm)	雷达测定厚度(cm)	绝对误差(cm)	相对误差(cm)
1	19.5	21.04	1.54	7.9
2	19.0	19.95	0.95	5
3	19.0	18.23	-0.77	-4.1

综上所述,地质雷达对面层厚度的检测结果在具体点位上是足够精确的,对特定区段的评估是非常可靠的,完全可以取代现行的钻孔取芯手段。

3.1.4　数据处理

针对层位厚度检测的特殊性,雷达资料室内数据处理工作主要包括以下几个方面:

(1)预处理工作:包括文件格式转换、方向调整、分割和合并等。

(2)零点校正:由于采集时天线与地面不能直接耦合,利用地面反射波的起点作为零点,解决由于天线距地面的高度引起的时间误差。

(3)数字滤波:根据频率差异消除部分干扰波。

(4)反褶积:提高记录纵向分辨率,达到提高检测精度的目的。

(5)动校正:消除发射天线与接收天线之间的距离对有效波走时的影响。

(6)偏移处理:将自激自收剖面上的同相轴恢复到原来的正确位置,剖面面貌变得清晰,达到提高解释精度的目的。

(7)时深转换:利用标定点速度参数将时间剖面转换为深度剖面。

(8)生成 10m 段评估数据表。

由于取芯标定的点有限,而各路段的施工时间又存在差异,所以,对部分路段可能会存在因时深转换速度不准而导致的计算厚度较实际厚度偏薄或偏厚的现象,这种现象是客观存在的。图 3-4 为京秦高速公路(宝山段)主线雷达检测图。

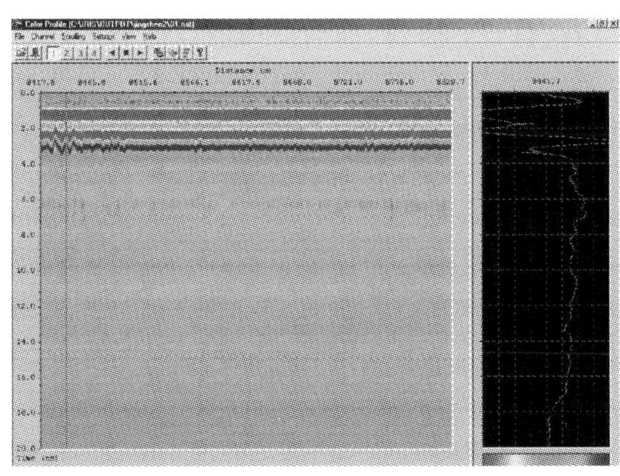

图 3-4　京秦高速公路(宝山段)主线雷达检测图

按每米不少于 4 个样点进行检测取样,提供 10m 长度段厚度评估表。因篇幅所限,此处仅列出部分数据。

检测结果表明:京秦高速公路(宝山段)主线 K105 ~ K149(北京→秦皇岛方向)、K149 ~ K127(秦皇岛→北京方向)的面层代表厚度分别为 17.48cm 和 18.05cm。因京秦高速公路主线在 2006 年新罩面 4cm 沥青混凝土层,除局部处理路段外,沥青混凝土结构层厚度达到 19cm。此次检测为外侧行车道,因路面横坡及多年的车辆荷载作用,造成所检测得到的面层代表厚度偏低。

此外,部分路段路面结构层厚度变异性较大,局部厚度达 35cm。究其原因,主要是由于高速公路的罩面及多次病害处理造成的。具体检测厚度见表 3-2 及表 3-3。

京秦高速公路雷达检测厚度 100m 评价数据(北京→秦皇岛方向)(单位:cm)　表 3-2

起 止 桩 号	最大值	最小值	平均值	标准差	变异系数	代表厚度
K105 +000 ~ K105 +100	26.00	14.90	18.90	4.51	1.43	16.31
K105 +100 ~ K105 +200	26.30	15.30	21.16	3.82	1.21	18.97
K105 +200 ~ K105 +300	25.40	18.30	22.63	2.23	0.71	21.35
K105 +300 ~ K105 +400	23.60	17.10	20.61	2.11	0.67	19.40

续上表

起 止 桩 号	最大值	最小值	平均值	标准差	变异系数	代表厚度
K105 +400 ~ K105 +500	25.70	18.90	22.92	2.19	0.69	21.66
K105 +500 ~ K105 +600	25.70	15.40	22.22	3.30	1.04	20.32
K105 +600 ~ K105 +700	24.70	16.20	21.05	2.61	0.82	19.55
K105 +700 ~ K105 +800	25.10	18.10	22.91	1.95	0.62	21.79
K105 +800 ~ K105 +900	24.60	15.20	21.77	2.60	0.82	20.28
K105 +900 ~ K106 +000	25.10	15.10	21.23	3.24	1.02	19.37
K106 +000 ~ K106 +100	25.40	18.40	20.98	2.62	0.83	19.48
K106 +100 ~ K106 +200	29.70	14.70	21.67	4.24	1.34	19.24
K106 +200 ~ K106 +300	24.20	21.90	23.04	0.80	0.25	22.58
K106 +300 ~ K106 +400	23.90	17.00	21.55	2.64	0.83	20.04
K106 +400 ~ K106 +500	23.30	15.30	18.72	2.57	0.81	17.24
K106 +500 ~ K106 +600	25.00	15.30	21.29	3.90	1.23	19.05
K106 +600 ~ K106 +700	24.60	14.30	18.74	3.78	1.19	16.57
K106 +700 ~ K106 +800	23.70	14.70	19.83	3.82	1.21	17.64
K106 +800 ~ K106 +900	25.40	17.60	21.99	2.37	0.75	20.63
K106 +900 ~ K107 +000	25.10	16.10	21.61	2.30	0.73	20.29
K107 +000 ~ K107 +100	23.80	14.80	20.55	2.79	0.88	18.95
K107 +100 ~ K107 +200	30.40	16.90	22.45	3.95	1.25	20.18
K107 +200 ~ K107 +300	24.80	15.30	20.90	3.59	1.14	18.84
K107 +300 ~ K107 +400	24.50	16.20	21.08	2.64	0.83	19.57
K107 +400 ~ K107 +500	25.20	14.70	18.77	4.19	1.32	16.37
K107 +500 ~ K107 +600	24.60	15.30	20.71	3.59	1.13	18.65
K107 +600 ~ K107 +700	24.60	14.70	19.75	3.76	1.19	17.59
K107 +700 ~ K107 +800	25.20	19.60	22.53	1.54	0.49	21.64
K107 +800 ~ K107 +900	25.20	15.60	21.25	4.07	1.29	18.91
K107 +900 ~ K108 +000	25.60	16.40	21.53	2.93	0.93	19.85
K108 +000 ~ K108 +100	25.30	15.30	19.29	3.97	1.25	17.01
K108 +100 ~ K108 +200	25.60	21.40	23.70	1.60	0.51	22.78
K108 +200 ~ K108 +300	23.80	15.40	20.21	3.30	1.04	18.32

续上表

起止桩号	最大值	最小值	平均值	标准差	变异系数	代表厚度
K108 +300 ~ K108 +400	25.30	15.10	20.80	4.13	1.31	18.43
K108 +400 ~ K108 +500	24.20	15.40	22.13	2.69	0.85	20.59
K108 +500 ~ K108 +600	25.00	15.20	21.35	2.96	0.94	19.65
K108 +600 ~ K108 +700	25.30	16.20	21.31	3.05	0.97	19.56
K108 +700 ~ K108 +800	23.40	14.90	19.68	2.68	0.85	18.14
K108 +800 ~ K108 +900	25.30	15.40	20.46	3.53	1.12	18.43
K108 +900 ~ K109 +000	28.20	15.60	21.05	3.90	1.23	18.81
K109 +000 ~ K109 +100	24.70	14.80	18.84	4.08	1.29	16.50

京秦高速公路雷达检测厚度 100m 评价数据(秦皇岛→北京方向)(单位:cm)　表 3-3

起止桩号	最大值	最小值	平均值	标准差	变异系数	代表厚度
K149 +000 ~ K148 +900	20.20	16.70	18.25	1.10	0.35	17.62
K148 +900 ~ K148 +800	20.10	17.10	18.52	1.14	0.36	17.87
K148 +800 ~ K148 +700	20.60	16.30	17.72	1.35	0.43	16.95
K148 +700 ~ K148 +600	20.10	15.10	17.45	1.42	0.45	16.64
K148 +600 ~ K148 +500	20.60	16.70	18.51	1.18	0.37	17.83
K148 +500 ~ K148 +400	20.90	16.90	18.64	1.39	0.44	17.84
K148 +400 ~ K148 +300	23.50	17.90	20.16	1.58	0.50	19.26
K148 +300 ~ K148 +200	23.20	13.00	19.29	3.15	0.99	17.49
K148 +200 ~ K148 +100	23.40	15.20	19.70	2.60	0.82	18.21
K148 +100 ~ K148 +000	24.30	15.00	20.11	2.97	0.94	18.41
K148 +000 ~ K147 +900	22.00	11.80	18.52	3.53	1.12	16.50
K147 +900 ~ K147 +800	22.40	16.80	19.79	1.81	0.57	18.76
K147 +800 ~ K147 +700	28.90	12.70	19.35	4.48	1.42	16.79
K147 +700 ~ K147 +600	22.60	18.10	20.74	1.50	0.47	19.88
K147 +600 ~ K147 +500	21.60	15.40	19.39	2.21	0.70	18.12
K147 +500 ~ K147 +400	20.50	13.10	16.25	3.24	1.02	14.40
K147 +400 ~ K147 +300	19.70	11.60	15.97	2.99	0.94	14.26
K147 +300 ~ K147 +200	23.00	13.80	19.79	2.84	0.90	18.17
K147 +200 ~ K147 +100	23.70	13.30	19.87	3.46	1.09	17.89
K147 +100 ~ K147 +000	23.00	14.00	20.39	2.65	0.84	18.87

续上表

起止桩号	最大值	最小值	平均值	标准差	变异系数	代表厚度
K147+000~K146+900	22.80	12.80	18.23	4.32	1.37	15.76
K146+900~K146+800	23.00	13.50	19.95	3.22	1.02	18.11
K146+800~K146+700	22.60	19.00	21.04	1.34	0.42	20.27
K146+700~K146+600	23.20	13.40	19.64	3.54	1.12	17.62
K146+600~K146+500	29.00	14.50	21.54	3.64	1.15	19.46
K146+500~K146+400	22.50	13.70	16.71	3.57	1.13	14.67
K146+400~K146+300	22.80	12.20	17.80	3.82	1.21	15.61
K146+300~K146+200	23.00	14.40	18.90	3.05	0.96	17.16
K146+200~K146+100	22.50	13.40	19.07	3.91	1.24	16.83
K146+100~K146+000	22.70	13.70	21.39	2.77	0.87	19.81
K146+000~K145+900	22.80	13.40	18.88	3.76	1.19	16.73
K145+900~K145+800	23.10	13.30	19.03	3.99	1.26	16.74
K145+800~K145+700	23.30	13.40	18.05	3.59	1.14	15.99
K145+700~K145+600	22.60	13.40	18.14	3.30	1.04	16.25
K145+600~K145+500	29.50	12.50	19.67	5.07	1.60	16.77
K145+500~K145+400	22.60	12.70	18.08	3.64	1.15	16.00
K145+400~K145+300	22.00	13.80	17.41	2.75	0.87	15.84
K145+300~K145+200	35.70	16.60	21.89	5.35	1.69	18.83
K145+200~K145+100	32.70	15.30	21.13	4.73	1.50	18.42
K145+100~K145+000	23.60	14.10	19.53	3.43	1.08	17.57

3.2 高速公路沥青路面隐含裂缝检测

各结构层出现开裂一般以垂直断裂为主,倾斜开裂也存在,但所占比例较小。如果结构层中的裂缝面接近水平,则演变为水平裂缝,而水平裂缝大多表现为层间脱空,属于层内发育的很少。层间脱空在平面上的展布范围一般较大,用探地雷达比较容易检测到。为此这里重点讨论采用探地雷达检测垂直或接近垂直的隐含裂缝问题。

3.2.1 检测方法

采用探地雷达检测公路结构层中隐含裂缝,正确的检测方法是取得成功的关键。通常探地雷达被用于公路或高等级公路检测时,主要是用来检测公路结构层的厚度或路基沉陷、层间脱空、基层破碎等病害。因厚度检测的点距一般不要求太密，且上述几种病害的横向范围一般也较大，所以，通常将探地雷达检测点距设定为 0.5 ~ 1.0m，上述几类病害在雷达检测剖面上总会有明显的异常反映。而对于公路结构层开裂，在垂直于裂缝走向的方向上，裂缝的横向尺度很小，常见的裂缝宽度一般都不会超过 1cm，宽度在 3mm 以下的裂缝最为常见。若采用与上述相同的点距进行检测，则裂缝很容易被漏掉，在检测剖面上就很难发现或判定由裂缝引起的异常。所以，采用探地雷达检测公路结构层中的隐含裂缝，点距的选取最为关键。另外，根据结构层的厚度和相应的裂缝发育深度，选择合适的天线频率也很重要。国内高速公路结构层总厚度一般不超过 1m，选用主频为 500MHz 左右的雷达天线较为合适。

在进行路面检测时，沥青碎石面层或水泥稳定碎石层对雷达信号的衰减较大。当雷达天线的两个极板在横向上没有跨越或覆盖裂缝，而是完全偏离裂缝时进行触发扫描并记录，则来自裂缝的雷达回波信号就很微弱，由裂缝引起的异常就很难被识别。可见，为了对裂缝进行有效检测，必须保证当雷达天线的收、发极板在垂直方向上覆盖裂缝时进行多次触发扫描并记录。设天线收、发极板间距为 L，相对于裂缝，当天线从位置“1”移动到位置“2”时，移动了一个收、发间距 L，在此期间触发扫描并记录，就能得到对裂缝异常的有效记录。

对于 500MHz 的雷达天线，收、发极板间距为 20cm，为达到对地下可探测深度范围内微裂缝的回波信号记录不少于 3 道，采样点距就不能大于 6.67cm(20/3)。为增加对裂缝异常识别的可靠性，在实际检测时可采用 5cm 的采样点距。实际上，500MHz 屏蔽天线为蝶型极板天线，极板中心距为 20cm，它对地下裂缝的实际覆盖范围与天线的外形尺寸基本相当，约为 30cm。若采用 5cm 的采样点距，则对裂缝的实际记录道数一般不少于 6 道。所以，在实际雷达检测剖面上，裂缝异常显示非常明显。

3.2.2　裂缝的判别

均匀层状介质中的垂直裂缝，雷达波响应特征与单一均匀介质中的情况有一定区别。所以，熟悉并研究均匀层状介质中的垂直裂缝对雷达波场的响应特征，对实际检测和辨别公路结构层中的裂缝非常重要。

由于裂缝一般都为空气所充填，当雷达天线覆盖裂缝时，除能记录到来自裂缝顶端较强的一次散射波外，还能记录到由低于裂缝顶端的各结构层分界面形成的能量较强的二次散射波。由于空气与其他介质分界面对雷达信号的散射或反射较强，对信号频率衰减较少，使得裂缝异常在雷达检测剖面上表现为明显的高频多次波。垂直裂缝的异常散射双曲线两翼表现为左右对称的燕尾状；向左倾斜的裂缝的异常反映为：倾向一侧散射能量较强，另一侧较弱。当倾角较大时，甚至只能看到一翼，这是直观判别隐含裂缝倾向和倾角相对大小的有效方法。

路面隐含裂缝评价方法参照《公路技术状况评定标准》(JTG H20—2007),对于每种裂缝类型量测其损坏面积(沥青路面损坏类型和权重见表3-4)。路面损坏状况是用路面损坏状况指数(*PCI*)和路面破损率 *DR* 来表征。*PCI* 和 *DR* 具体计算方法如下[13]:

$$PCI = 100 - a_0 DR^{a_1} \tag{3-4}$$

$$DR = 100 \times \frac{\sum_{i=1}^{i_0} w_i A_i}{A} \tag{3-5}$$

式中:*PCI*——路面损坏状况指数;

DR——路面破损率,为各种裂缝折合面积之和与路面调查面积之比(%);

A_i——第 i 类路面损坏的面积(m^2);

A——调查的路面面积,调查路段长度与有效路面宽度之积(m^2);

w_i——第 i 类路面损坏的权重,沥青路面按《公路技术状况评定标准》(JTG H20—2007)表6.2.1-2取值;

a_0——模型参数,沥青路面采用15.00;

a_1——模型参数,沥青路面采用0.412;

i——考虑损坏程度(轻、中、重)的第 i 项路面损坏类型;

i_0——包含损坏程度(轻、中、重)的路面损坏类型总数,沥青路面取21。

沥青路面损坏类型和权重 表3-4

<table>
<tr><th colspan="2">破坏类型</th><th>程度</th><th>权重 w_i</th><th>计量单位</th></tr>
<tr><td rowspan="8">裂缝类</td><td rowspan="3">龟裂</td><td>轻</td><td>0.6</td><td rowspan="3">面积 m^2</td></tr>
<tr><td>中</td><td>0.8</td></tr>
<tr><td>重</td><td>1.0</td></tr>
<tr><td rowspan="2">块状裂缝</td><td>轻</td><td>0.6</td><td rowspan="2">面积 m^2</td></tr>
<tr><td>重</td><td>0.8</td></tr>
<tr><td rowspan="2">纵向裂缝</td><td>轻</td><td>0.6</td><td rowspan="2">长度 m(影响宽度:0.2m)</td></tr>
<tr><td>重</td><td>1.0</td></tr>
<tr><td>横向裂缝</td><td>轻</td><td>0.6</td><td>长度 m(影响宽度:0.2m)</td></tr>
</table>

京秦高速公路(宝山段)主线路面结构隐含裂缝雷达测试如图3-5及图3-6所示。隐含裂缝与弯沉值的对应关系如图3-7所示。

从图3-7中可以看出,路面的隐含病害对路面结构性能造成很大的影响,对于隐含裂缝较严重的路段,沥青路面弯沉值明显增大。部分裂缝在后期对路面跟踪调查中已经显现,图3-8为反射裂缝照片。

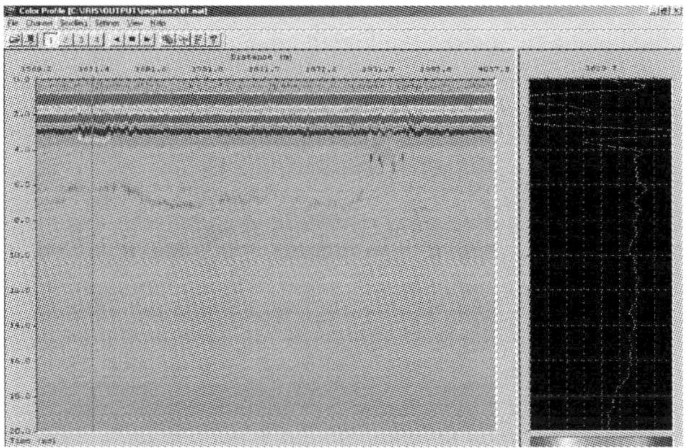

图 3-5　京秦高速公路 K137 + 775 沥青路面隐含裂缝雷达测试图

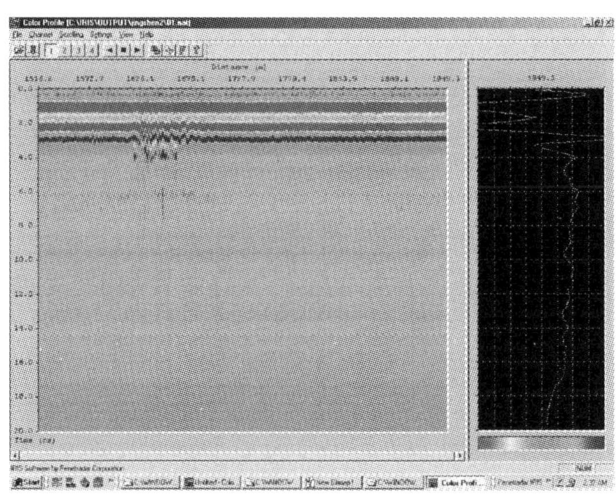

图 3-6　京秦高速公路 K137 + 776 沥青路面隐含裂缝雷达测试图

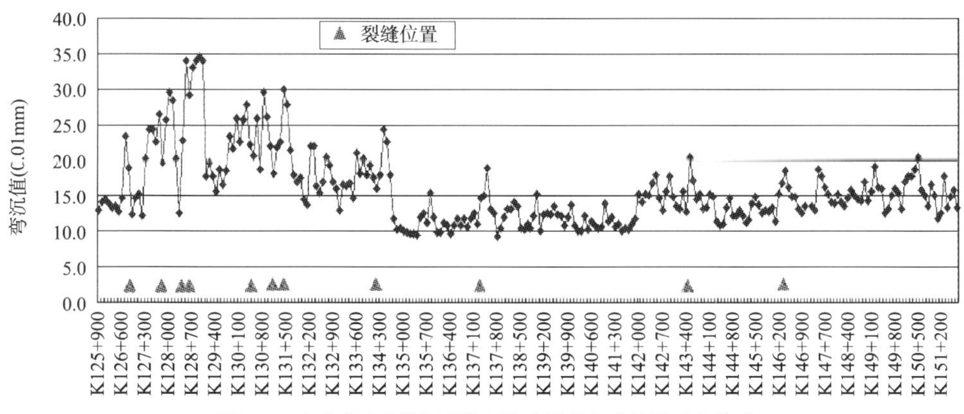

图 3-7　京秦高速公路沥青路面隐含裂缝与弯沉值对应关系

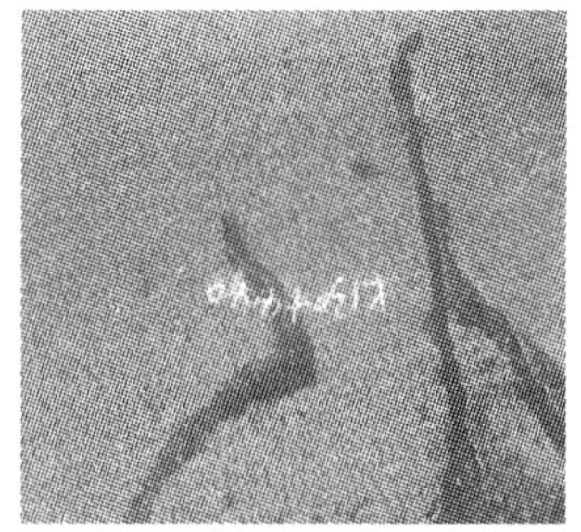
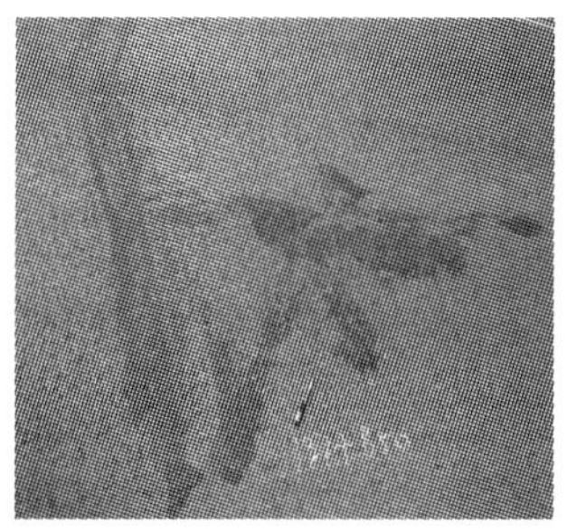

图 3-8　京秦高速公路路面反射裂缝

3.3　路面结构层模量检测与反演技术

路面各层材料及土基的弹性模量是评价结构承载能力、预估剩余寿命的最基本参数。如何快速方便地评价路面的弹性模量一直是学术界研究的课题,也是路面结构评价与分析的重点。

3.3.1　路面模量反算问题的基本思想及原理

弯沉是路面结构总体刚度的评价指标,而从一定意义上讲,弯沉盆则是路面各层刚度的体现,根据路表荷载的圆锥型扩展假定及图 3-9 可以发现:

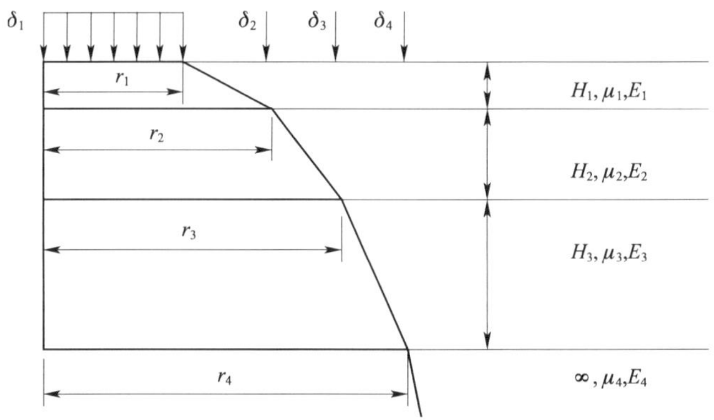

图 3-9　FWD 荷载扩展示意图

(1)距离荷载作用中心 r_4 处的弯沉 δ_4 以及距荷载中心更远处的路面弯沉值只与第四层结构的压缩有关,前三层结构在 r_4 及更远的位置在锥型区域以外,不受外加荷载的影响,所以对较远位置处的弯沉不做贡献[14]。

(2)荷载中心处的弯沉(中央弯沉)δ_1 以及距离荷载中心 r_1 以内的路表弯沉是各结

构层共同作用的结果。

(3)距离荷载中心 r_3 处的弯沉 δ_3 仅仅是三、四层共同作用的结果;r_2 处的弯沉 δ_2 是二、三、四层共同作用的结果。

可见,在荷载作用下的路表弯沉盆,在体现路面总体刚度的同时,也体现了路面结构各层刚度。应用弹性层状体系理论计算程序,根据路面的结构参数可以确定路面的弯沉盆数值。反过来,根据路面的弯沉盆数值和已知的路面结构参数,也可以推求未知的路面结构参数,这是一般模量反演问题的基本思想。

3.3.2　路面弯沉数据的测试

由于路面弯沉检测的设备类型及产品型号繁多且每种设备都有其自身的技术特点和局限性,因此,对代表性弯沉检测设备进行综合评价是十分有必要的。美国联邦公路合作研究计划(NCHRP)10－27 项目对 15 种常用的路面弯沉检测设备进行了系统分析和综合评价,得出的结论是:动力弯沉检测设备优于静力弯沉检测设备。其中 FWD(Falling Weight Electrometer)与其他弯沉检测设备相比又具有测速快、精度高(弯沉分辨率达 1μm),且能较好地模拟实际行车荷载对路面的动力作用等优点,尤其是 FWD 能够准确测定较完整的弯沉盆信息,能为路面结构层模量反算提供必要的基础。Dynatest FWD 的系统构成如图 3-10 所示,其承载板半径为 15cm,根据不同的研究需要配置有不同数量的位移传感器。该试验配置了 9 个位移传感器,其布置方案为 0cm、20cm、30cm、45cm、60cm、90cm、120cm、150cm、200cm,各传感器对应弯沉用 $D(0)$、$D(20)$、…、$D(200)$ 来表征。

a)Dynatest FWD 落锤式弯沉仪

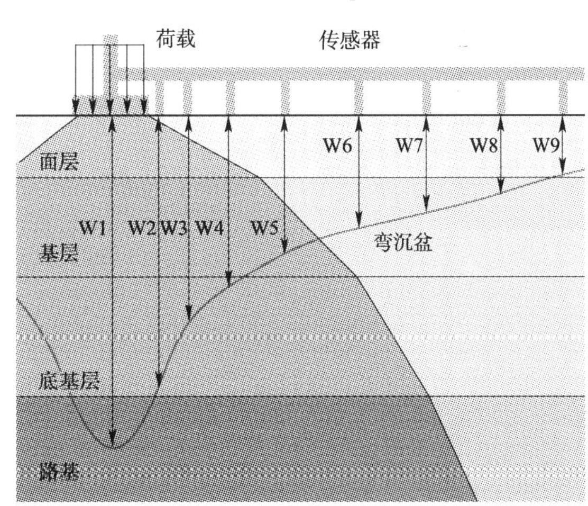

b)弯沉盆形状示意图

图 3-10　Dynatest FWD 的系统构成

3.3.3 路面结构层模量反算方法的发展

路面模量反演是在路面结构几何特征、除模量以外的材料特征(如泊松比、密度等)、荷载、路面反应等参数已知的情况下通过不同的途径反求模量值的过程。

路面模量反算是一个相当复杂而且困难的问题,不论是采用线性或非线性,亦或考虑静载或动载等力学分析模型计算路面结构的模量,最终都可以归结为非线性最优化问题。也就是如何采用有效的优化算法和数据处理方法寻求最优的路面结构层力学参数集合,使得 FWD 的实测弯沉盆与力学计算的理论弯沉盆达到最佳的拟合。

美国在模量反算方面进行了大量的研究,早在 1973 年美国得克萨斯州运输学院的 Scrivner F. H. 等人就根据 Burmister 双层体系解,采用分析法首次提出了 FWD 弯沉盆反算模量的方法,并编制了反算的诺谟图。1977 年犹他大学的 Yih Hou 在他的博士论文中首次采用近似公式求偏导数的方法进行多层体系解的路面模量反算。1979 年得克萨斯州运输学院的 Lytton R. L. 等人采用当量层方法提出了具有刚性下卧层的模量反算方法,并编制了反算程序。20 世纪 80 年代后期,美国佛罗里达大学的 Ruth B. E. 等分析了 Dynaflect 弯沉与各层模量的关系,提出了一组四层体系的刚度参数预估公式。同时,1978 年丹麦工程大学的 Ullidtz P. 根据 Odemark N. 假设用当量层的方法反算了路面模量[15]。

3.3.4 基于 Modulus5.0 的路面结构层模量反算

京秦高速公路现场实测中的测点路面结构形式为直接罩面类型。分别通过地质雷达测得各结构层厚度,同时采用落锤式弯沉仪进行检测,检测数据见表 3-5、表 3-6。

京秦高速结构层厚度检测结果(单位:cm) 表 3-5

桩 号	各 结 构 层 厚 度						
	罩面	上面层	中面层	下面层	上基层	下基层	底基层
K149 +000	4.2	3.7	5.2	5.2	17.7	18.6	16.8
K148 +900	3.7	3.6	5.8	4.6	17.9	17.1	18.4
K148 +800	4.1	3.7	3.2	6.1	19.2	15.8	19.3
K148 +700	4.0	3.6	3.4	5.9	16.6	18.5	17.2
K148 +600	3.8	3.4	4.3	5.7	18.1	16.3	18.2
K148 +500	4.0	4.1	5.9	4.2	20.4	18.8	21.1
K148 +400	3.9	3.6	4.8	5.7	22.6	17.3	21.0
K148 +300	4.0	3.5	5.1	5.4	22.2	17.9	16.9
K148 +200	3.8	3.5	4.4	6.8	18.8	16.5	17.1
K148 +100	3.8	3.5	4.8	5.5	19.0	18.1	19.6

续上表

桩　号	各　结　构　层　厚　度						
	罩面	上面层	中面层	下面层	上基层	下基层	底基层
K148 +000	4.0	4.1	4.2	4.8	20.2	17.1	17.0
K147 +900	3.9	4.0	5.5	5.9	18.8	18.1	19.6
K147 +800	4.0	3.4	4.7	5.4	21.5	16.8	19.9
K147 +700	3.8	3.4	4.4	6.0	22.6	17.4	18.5
K147 +600	4.1	3.7	4.8	5.0	18.4	18.2	18.9
K147 +500	4.0	4.0	5.4	6.6	21.0	20.2	17.4
K147 +400	4.0	3.8	5.1	5.1	21.8	17.3	21.4
K147 +300	3.8	3.4	4.8	5.3	18.9	17.8	19.6
K147 +200	4.2	2.5	4.6	5.4	20.9	20.8	20.2
K147 +100	3.9	3.4	5.1	5.7	21.1	18.4	16.8
K147 +000	4.1	3.8	5.1	5.5	19.8	17.7	17.8
K146 +900	3.7	3.9	4.7	6.2	21.7	21.9	16.5
K146 +800	4.1	3.7	5.1	5.9	22.6	18.5	18.9

FWD 实测数据(单位:cm)　　表 3-6

桩　号	传感器 1	传感器 2	传感器 3	传感器 4	传感器 5	传感器 6	传感器 7	传感器 8	传感器 9
K149 +000	27.4	14.8	15.3	13.7	12.7	11.3	9.6	8.0	6.6
K148 +900	27.2	19.4	17.3	15.2	14.0	10.8	8.6	7.2	5.8
K148 +800	25.4	15.9	14.1	13.8	13.6	6.4	5.2	4.0	3.0
K148 +700	25.8	15.3	14.3	13.2	12.7	10.9	9.3	7.7	6.3
K148 +600	23.4	18.0	31.4	15.9	12.9	10.2	8.6	7.1	5.8
K148 +500	23.7	18.1	16.7	15.6	11.7	13.4	12.0	10.8	9.0
K148 +400	31.1	23.7	21.9	20.5	19.4	17.5	15.7	14.1	11.8
K148 +300	25.4	19.4	17.9	16.7	15.9	14.3	12.9	11.5	9.6
K148 +200	24.6	18.8	17.3	16.2	15.3	13.9	12.4	11.2	9.3
K148 +100	19.8	15.1	13.9	13.0	12.3	11.1	10.0	9.0	7.5
K148 +000	30.2	23.1	21.3	19.9	18.9	17.0	15.3	13.7	11.5
K147 +900	29.9	22.8	21.0	19.7	18.7	16.8	15.1	13.6	11.3
K147 +800	27.9	21.3	19.7	18.4	17.5	15.8	14.1	12.7	10.6
K147 +700	28.3	21.6	19.9	18.6	17.7	16	14.3	12.9	10.7

续上表

桩　号	传感器1	传感器2	传感器3	传感器4	传感器5	传感器6	传感器7	传感器8	传感器9
K147 +600	25.7	19.6	18.1	16.9	16.0	14.5	13.0	11.7	9.7
K147 +500	24.1	18.4	17.0	15.9	15.1	13.6	12.2	11.0	9.1
K147 +400	23.2	17.7	16.3	15.3	14.5	13.1	11.7	10.6	8.8
K147 +300	27.7	21.2	19.5	18.2	17.3	15.6	14.0	12.6	10.5
K147 +200	27.0	20.6	19.0	17.8	16.8	15.2	13.6	12.3	10.2
K147 +100	19.8	15.1	13.9	13.0	12.4	11.2	10.0	9.0	7.5
K147 +000	27.1	20.7	19.1	17.9	16.9	15.3	13.7	12.3	10.3
K146 +900	25.9	19.8	18.2	17.0	16.2	14.6	13.1	11.8	9.8
K146 +800	22.8	17.4	16.0	15.0	14.2	12.8	11.5	10.4	8.6

在落锤式弯沉仪检测数据的基础上,采用Modulus5.0反算沥青路面模量(如图3-11),模量反算时依据《公路沥青路面设计规范》(JTJ D50—2006)的相关规定,将路面结构以弹性层状体系来处理,沥青面层泊松比取0.35,基层取0.25,土基取0.40。按照3δ原则删除掉一些异常数据后,分析路面弯沉盆参数与结构层模量之间的对应关系。本次利用Modulus5.0软件(如图3-11)进行各结构层回弹模量反算,反算结果见表3-7。

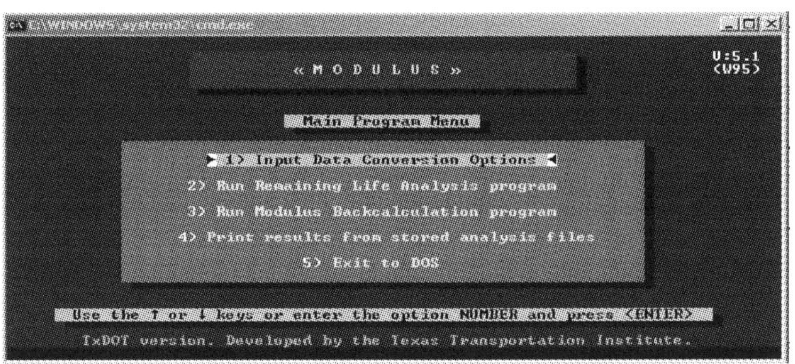

图3-11　Modulus界面

各结构层模量反算结果(单位:MPa)　　表3-7

桩　号	各结构层模量						
	罩面	上面层	中面层	下面层	上基层	下基层	底基层
K149 +000	1 470	1 184	1 144	1 118	2 124	2 232	2 016
K148 +900	1 295	1 152	1 276	989	2 148	2 052	2 208
K148 +800	1 435	1 184	704	1 312	2 304	1 896	2 316
K148 +700	1 400	1 152	748	1 269	1 992	2 220	2 064

续上表

桩　号	各　结　构　层　模　量						
	罩面	上面层	中面层	下面层	上基层	下基层	底基层
K148 +600	1 330	1 088	946	1 226	2 172	1 956	2 184
K148 +500	1 400	1 312	1 298	903	2 448	2 256	2 532
K148 +400	1 365	1 152	1 056	1 226	2 712	2 076	2 520
K148 +300	1 400	1 120	1 122	1 161	2 664	2 148	2 028
K148 +200	1 330	1 120	968	1 462	2 256	1 980	2 052
K148 +100	1 330	1 120	1 056	1 183	2 280	2 172	2 352
K148 +000	1 400	1 312	924	1 032	2 424	2 052	2 040
K147 +900	1 365	1 280	1 210	1 269	2 256	2 172	2 352
K147 +800	1 400	1 088	1 034	1 161	2 580	2 016	2 388
K147 +700	1 330	1 088	968	1 290	2 712	2 088	2 220
K147 +600	1 435	1 184	1 056	1 075	2 208	2 184	2 268
K147 +500	1 400	1 280	1 188	1 419	2 520	2 424	2 088
K147 +400	1 400	1 216	1 122	1 097	2 616	2 076	2 568
K147 +300	1 330	1 088	1 056	1 140	2 268	2 136	2 352
K147 +200	1 470	800	1 012	1 161	2 508	2 496	2 424
K147 +100	1 365	1 088	1 122	1 226	2 532	2 208	2 016
K147 +000	1 435	1 216	1 122	1 183	2 376	2 124	2 136
K146 +900	1 295	1 248	1 034	1 333	2 604	2 628	1 980
K146 +800	1 435	1 184	1 122	1 269	2 712	2 220	2 268

3.4　路面结构层间状态检测

路面结构层间状况是确定既有路面结构可靠性状态的关键因素,正确测定路面层间结合状态是维修方案制定的关键。

我国现行的半刚性基层沥青路面设计规范以层状弹性体系为基础,设计时假定道路各结构层之间的接触面完全连续。弹性层状理论力学计算结果也表明,层间连续状态下的路面层底拉应力和路表弯沉等值均显著小于层间滑动状态。沥青层施工工序不连续、不洒黏层油时,虽然钻孔试件是连在一起的,但并不是一个整体,因为两层之间是大量的点点接触。在洒黏层油的情况下,由于黏层油的品质、洒布量、施工质量及其他环境因素等控制不严,均可导致层间抗剪能力差,从而导致路面破损。同时工程实践也证明,沥青混凝土面层与水泥稳定基层之间,以及沥青混凝土各层之间的层间界面黏结比较薄弱,处于完全滑动与完全连续的中间状态,层与层之间通过接触传递应力。这样,沥青路面的实际工作状态与设计理论工作状态不相符合,这直接影响到路面结构可靠性状态的预估。

3.4.1 室内试验法

钻孔芯样代表着沥青混凝土路面的真实状态,通过对其层间抗剪能力的评价,可以评价整个路面的层间抗剪性能。层间黏结能力评价的试验方法为层间剪切试验。国内外对此研究较多,提出的各种试验方法的区别主要表现在荷载模式、试件成型方法、试件尺寸与形状、加载速率等方面。试验方法有参照土工试验的直剪试验、参照桥面铺装试验方法的拉拔试验、参照金属材料性能试验的压缩抗拉试验、斜剪试验等。

3.4.2 层间接触推断法

东南大学的黄宝涛、廖公云等人采用分形理论和层间接触理论,对半刚性基层沥青路面层间接触状态进行微观分析,在此基础上建立了路面结构的层间接触模型,根据级配分形维数值的公式计算了沥青面层、半刚性基层层间接触临界值的大小。其分析结果显示:在其他条件保持恒定的情况下,当层间有效接触面积大于临界值时,微观无数大小不同的接触点将处于弹性状态,宏观上路面结构表现出弹性性质;当层间有效接触面积小于临界值时,微观无数大小不同的接触点将处于塑性状态,宏观上路面开始发生塑性损伤变形。同时,他们提出了依据级配计算路面结构层间接触状态值的方法,可以纠正我国道路结构设计规范里基于线弹性层状理论,假设层间接触完全连续或完全光滑而与工程实践存在明显偏差的情况,从而更清晰地分析路面微观结构与宏观路用性能之间的关系。

3.4.3 黏结系数法

哈尔滨工业大学冯德成、宋宇等人在已有研究基础上,提出应用层间黏结系数 K 来评价路面层间结合状态。他们从理论模型和试验模型两个角度充分论证了其可行性,并通过试验手段,建立不同试验组合,模拟实际路面典型结构对层间黏结系数 K 值进行测定,根据试验结果结合理论分析,从而为现行规范半刚性基层沥青路面按层间完全连续验算设计指标计算提出了修正范围。

京秦高速公路(宝山段)主线部分路段路面基面层间结合情况评价结果如表 3-8 及图 3-12 所示。

从基面层层间滑动系数来看,基面层间接触整体性较好。

基面层间接触状态(层间黏结系数、滑动系数)**汇总表**(北京→秦皇岛方向外侧行车道,100m)

表 3-8

桩　号	传感器 1	传感器 2	传感器 3	传感器 4	传感器 5	传感器 6	传感器 7	传感器 8	传感器 9	层间滑动系数
K101 +000 ~ K101 +100	18.0	13.8	12.7	11.9	11.3	10.2	9.1	8.2	6.8	0.116 5
K101 +100 ~ K101 +200	38.7	29.5	27.2	25.5	24.2	21.8	19.6	17.6	14.7	0.116 2
K101 +200 ~ K101 +300	30.2	23.1	21.3	19.9	18.9	17.0	15.3	13.7	11.5	0.116 4
K101 +300 ~ K101 +400	28.1	21.5	19.8	18.5	17.6	15.9	14.2	12.8	10.7	0.116 3
K101 +400 ~ K101 +500	22.3	17.1	15.7	14.7	14.0	12.6	11.3	10.2	8.5	0.116 4
K101 +500 ~ K101 +600	11.9	9.1	8.4	7.8	7.4	6.7	6.0	5.4	4.5	0.116 6
K101 +600 ~ K101 +700	15.6	11.9	11.0	10.3	9.7	8.8	7.9	7.1	5.9	0.116 6
K101 +700 ~ K101 +800	12.7	9.7	9.0	8.4	8.0	7.2	6.5	5.8	4.8	0.116 3
K101 +800 ~ K101 +900	12.3	9.4	8.7	8.1	7.7	7.0	6.2	5.6	4.7	0.116 4
K101 +900 ~ K102 +000	19.8	15.1	13.9	13.0	12.3	11.1	10.0	9.0	7.5	0.116 2
K102 +000 ~ K102 +100	30.2	23.1	21.3	19.9	18.9	17.0	15.3	13.7	11.5	0.115 9
K102 +100 ~ K102 +200	29.9	22.8	21.0	19.7	18.7	16.8	15.1	13.6	11.3	0.116 5
K102 +200 ~ K102 +300	27.9	21.3	19.7	18.4	17.5	15.8	14.1	12.7	10.6	0.116 5
K102 +300 ~ K102 +400	28.3	21.6	19.9	18.6	17.7	16.0	14.3	12.9	10.7	0.115 8
K102 +400 ~ K102 +500	25.7	19.6	18.1	16.9	16.0	14.5	13.0	11.7	9.7	0.116 1
K102 +500 ~ K102 +600	24.1	18.4	17.0	15.9	15.1	13.6	12.2	11.0	9.1	0.115 9
K102 +600 ~ K102 +700	23.2	17.7	16.3	15.3	14.5	13.1	11.7	10.6	8.8	0.112 9
K102 +700 ~ K102 +800	27.7	21.2	19.5	18.2	17.3	15.6	14.0	12.6	10.5	0.113 9
K102 +800 ~ K102 +900	27.0	20.6	19.0	17.8	16.8	15.2	13.6	12.3	10.2	0.115 1
K102 +900 ~ K103 +000	19.8	15.1	13.9	13.0	12.4	11.2	10.0	9.0	7.5	0.116 1
K103 +000 ~ K103 +100	27.1	20.7	19.1	17.9	16.9	15.3	13.7	12.3	10.3	0.116 0
K103 +100 ~ K103 +200	25.9	19.8	18.2	17.0	16.2	14.6	13.1	11.8	9.8	0.116 4
K103 +200 ~ K103 +300	22.8	17.4	16.0	15.0	14.2	12.8	11.5	10.4	8.6	0.116 2
K103 +300 ~ K103 +400	24.0	18.3	16.9	15.8	15.0	13.5	12.1	10.9	9.1	0.115 9

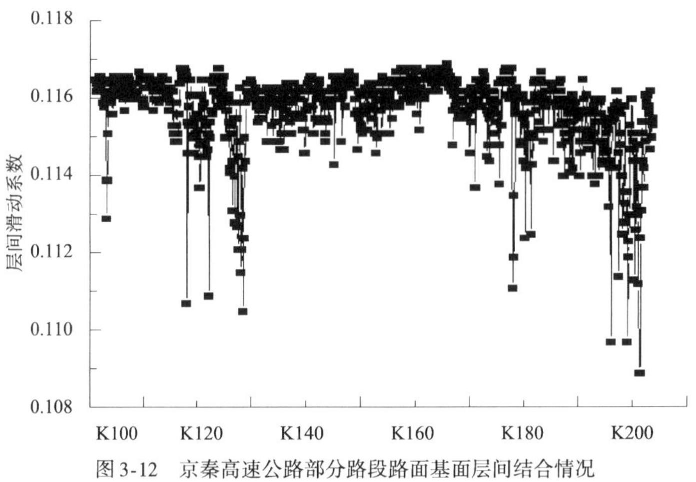

图3-12　京秦高速公路部分路段路面基面层间结合情况

3.5　高速公路罩面结构承载能力评价

沥青路面结构极限承载力的计算结果,与路面结构的力学参数、荷载形式及采取的计算方法均有重要的关系。

为了解京秦高速公路病害比较严重路段的路基结构承载能力,课题组对部分代表性路段进行了检测。

路基结构承载力检测方法采用SWS-2型工程勘察与工程检测仪。

1. 检测原理

多道瞬态面波法是利用瑞利面波在地下地层传播过程中,其振幅随深度衰减,能量基本限制在一个波长范围内,某一面波波长的一半即为地层深度(半波长解释法)。即同一波长的面波的传播特性反映地质条件在水平方向的变化情况,不同波长的面波的传播特性反映不同深度的地质情况。在地面通过锤击、落重或炸药震源,产生一定频率范围的瑞利面波,再通过振幅谱分析和相位谱分析,把记录中不同频率的瑞利波分离开来,从而得到v_R-f曲线或v_R-λ曲线,通过解释处理,可获得地层深度与面波速度的分布。

2. 检测设备特点

SWS型工程勘探与检测系统是一种高性能、多功能的勘探与检测仪器。其中瞬态多道面波勘探、高密度地震映像和水域深层剖面技术具有自主知识产权并处于世界领先地位。

SWS系统可进行数字化采集,地层物性彩色显示,地质成果直观形象,岩土评价定量化,可适应复杂地质条件下勘察工作的需要,深受用户的欢迎。几年来在国内外数百项大中型工程中广泛应用,已产生巨大的社会效益和经济效益。

SWS系统主机为整机密封方式,采用工控级主板,仪器信噪比高,抗干扰能力强,能适应恶劣环境。

新型的 SWS-7S 仪器具有伪随机叠加采集功能，采用伪随机叠加技术，以连续冲击叠加采集方式代替炸药，摆脱炸药震源施工的困难，可使地震波记录实现高分辨效果，同时使地震反射波勘探深度方便地达到 600～700m，使面波勘探深度方便地达到 30～60m；该仪器系统用于地震波三分量测井，不用传统的叩板敲击法即可以获得纵横波测井双参数，测井深度以往对 70m 以上的深孔很困难，采用该技术后，易于获得深井（大于 100m）的测井资料，信噪比高。

3. 检测结果分析

对京秦高速公路一些已经出现网裂、路面破损等较严重病害的路段，为了了解路基情况，进一步为维修工作提供资料，采用瑞雷波法评价路基质量，要求探测路面结构以下是否有软弱层（低速介质）存在，进行了路基软弱区及结构承载能力检测。检测结果如图 3-13 及图 3-14 所示。

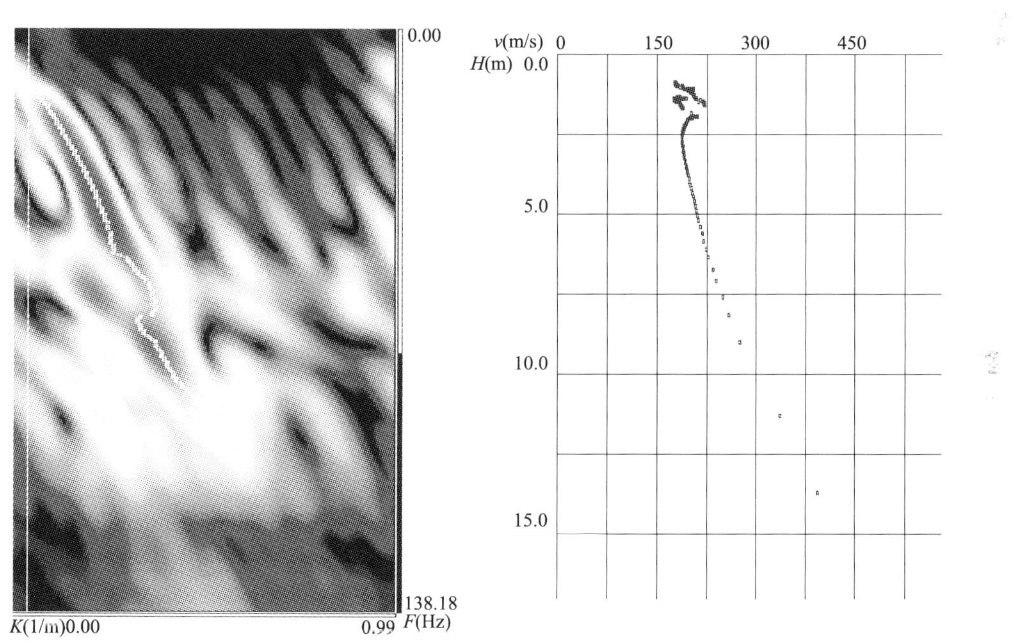

图 3-13　京秦高速公路上行 K170＋000 瑞雷波测试结果

对测量的波形记录进行处理，得到瑞雷波 v_R-H 频散曲线，v_R 随深度的变化可以分出不同的速度层。根据观测的瑞雷波速度来计算横波速度，而横波速度的大小直接反映了路基的“软”、“硬”程度，并且与介质的物理力学参数密切相关。根据已有的路基土横波波速与路基承载力之间的关系，获得了京秦高速公路所抽检路段的路基承载力。部分路段数值见表 3-9。

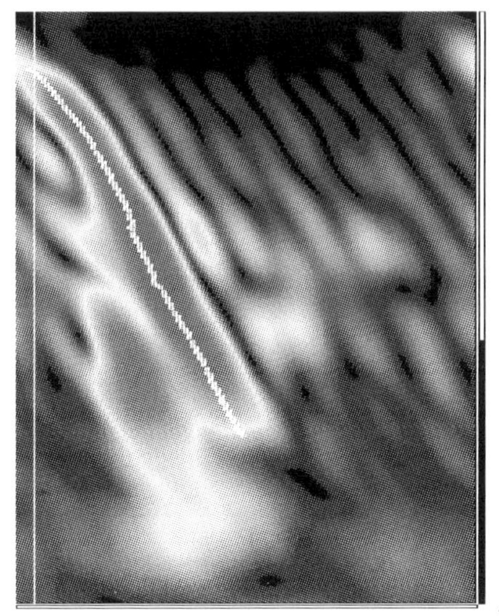

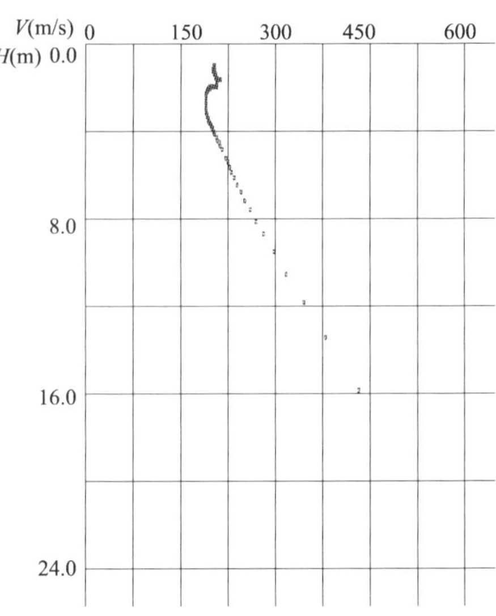

图 3-14　京秦高速公路上行 K273 + 375 瑞雷波测试结果

京秦高速公路路基软弱区及结构承载力检测结果　　表 3-9

桩　号	结构承载力(动弹性模量,MPa)					
	深度 H(m)					
	0 ~ 1	1 ~ 2	2 ~ 3	3 ~ 4	4 ~ 5	5 ~ 6
K165 + 10	430	402	428	430	431	432
K165 + 20	480	406	407	406	415	395
K165 + 40	395	416	400	401	419	430
K165 + 60	439	428	394	393	412	373
K165 + 70	446	387	376	394	399	365
K165 + 90	385	356	374	377	347	338
K170 + 000	422	422	389	401	416	397
K273 + 375	420	415	400	386	370	362
K273 + 400	440	399	392	403	404	391
K273 + 430	429	387	380	376	397	371
K273 + 460	430	380	377	379	390	353
K273 + 480	377	358	337	337	340	358
K273 + 500	321	342	341	341	362	362
K273 + 600	385	324	358	372	379	379

续上表

桩　号	结构承载力(动弹性模量,MPa)					
	深度 H(m)					
	0 ~ 1	1 ~ 2	2 ~ 3	3 ~ 4	4 ~ 5	5 ~ 6
K273 + 650	391	379	376	397	379	345
K273 + 700	425	40	390	377	378	349
K273 + 900	431	392	385	382	393	375
K273 + 935	448	406	392	397	427	443
K274 + 080	444	460	411	411	431	377
K274 + 120	430	435	409	412	425	427
K274 + 200	436	408	407	407	419	416
K274 + 250	459	460	448	450	453	442

从表 3-9 可以看出,京秦高速公路该部分路段路基整体强度尚能满足要求,但与路况好的路段相比较差。从检测结果能看出路面损坏与路基有直接关系。对于京秦高速公路路基建设情况应进一步进行更加全面的调查,以确保高速公路的畅通、耐用。

3.6　本章小结

(1)京秦高速公路(宝山段)主线 K105 ~ K149(沈阳方向)、K149 ~ K127(北京方向)的面层代表厚度分别为 17.48cm 和 18.05cm。因京秦高速公路主线在 2006 年新罩面 4cm 沥青混凝土层,除局部处理路段外,沥青混凝土结构层达到 19cm。由于此次检测为外侧行车道,因路面横坡及多年的车辆荷载作用,造成所检测得到的面层代表厚度偏低。此外,部分路段路面结构层厚度变异性较大,局部厚度达 35cm,究其原因,主要是由于高速公路的罩面及多次病害处理造成的。

(2)研究并熟悉均匀层状介质中的垂直裂缝对雷达波场的响应特征,这对实际检测和辨别公路结构层中的裂缝非常重要。路面的隐含病害对路面结构性能造成很大的影响,对于隐含裂缝较严重的路段,沥青路面弯沉值明显增大。部分裂缝在后期对路面跟踪调查中已经显现。

(3)路面各层材料及土基的弹性模量是评价结构承载能力、预估剩余寿命的最基本参数。在落锤式弯沉仪检测数据的基础上,采用 Modulus5.0 反算沥青路面模量,模量反算时依据《公路沥青路面设计规范》(JTG D50—2006)的相关规定,将路面结构以弹性层状体系来处理,沥青面层的泊松比取 0.35,基层取 0.25,土基取 0.40。按照 3δ 原则删除掉一些异常数据后,分析路面弯沉盆参数与结构层模量之间的对应关系。从各结构层模量反算结果来看,各结构层材料模量变化较大,这也是造成罩面后路面结构弯沉值变化的重要原因。

(4)对京秦高速公路一些已经出现网裂、路面破损等病害较严重的路段,采用瑞雷波法评价路基质量,进行了路基软弱区结构承载能力检测。京秦高速公路部分路段路基整体强度尚能满足要求,但与路况好的路段相比仍较差。从检测结果看出路面损坏与路基有直接关系。因此,应对京秦高速公路路基建设情况进一步进行更加全面的调查,以确保高速公路的畅通、耐用。

第4章　高速公路罩面后沥青路面检测数据特性分析

4.1　罩面后沥青路面使用性能检测指标

路面检测数据是路面使用性能评价和预测的前提,也是路面养护管理决策的基础。多年来国内外路面管理系统的应用实践表明,路面管理系统的推广实施情况,路面养护管理决策的科学与否,路面基础数据的采集情况都是保证高速公路正常运营非常重要的因素。根据对公路路面的功能性能、结构性能、安全性能的综合分析确定,路面检测主要包括路面平整度检测、路面破损检测、路面弯沉检测和路面抗滑能力检测等方面。对于高速公路而言,路面平整度检测和路面破损检测最为关键。

4.1.1　路面弯沉检测

弯沉是反映路基路面综合承载能力的指标,弯沉值越大,承载能力就越小,反之则越大。路面弯沉检测的目的是检测发现路面结构承载力不足的路段,确定路面的使用寿命,分析路面结构损坏的原因,为制订路面养护维修计划提供依据。弯沉检测属于无破损路面结构承载力检测方法,路面表面在荷载作用下的弯沉值,可以反映路面结构的承载能力。

路面弯沉检测技术主要经历了静态弯沉测试和动态弯沉测试两个阶段。静态弯沉测试常用的仪器是贝克曼梁弯沉仪和自动弯沉仪,测试速度慢、精度低;动态弯沉测试主要采用稳态弯沉仪、激光弯沉仪和落锤式弯沉仪(FWD),测试精度高,能够满足快速连续和动态测试的要求。目前落锤式弯沉仪(FWD)是国内外高等级公路和机场最常用的路面强度无损弯沉检测设备,它能够较好地模拟行车荷载的作用,对路面的加载方式很接近路面受行车荷载作用的实际情况,并且能快速、安全、准确地采集到大量路面在荷载作用下的变形信息。

对于我国公路半刚性基层沥青路面的结构承载能力,可根据弯沉测试的结果,采用路面结构强度系数(SSI)作为评价指标。

$$SSI = \frac{l_R}{l_0} \tag{4-1}$$

式中：l_R——路面允许弯沉(mm)；

l_0——路面实测弯沉(mm)。

本次数据采集，路面结构强度检测设备采用连续式路面自动弯沉仪，对双幅外侧行车道进行连续检测。检测工作开始前，采用标准设备，对自动弯沉仪进行技术标定、校核，校核工作完成后，开始路面检测。

测定时速为3.5km/h，检测步距约7m，左右各测定一次(左右各有一个测点)，连续采样，以每百米为计算区间，得到实测弯沉值，数据处理采用3δ原则剔除异常数据，并取97.7%的保证率来计算代表弯沉值。

4.1.2 路面平整度检测

平整度是路面施工质量与服务水平的重要指标之一。它是指以规定的标准量规，间断或连续地量测道路表面的凹凸情况，即不平整度的指标。路面平整度从行车舒适性、车速、车辆运行经济性和道路养护等多方面直接影响路面的行驶质量和服务水平，是路面质量及养护管理的重要参考指标。

路面平整度的检测技术主要有断面类检测和反应类检测两类。断面类检测是直接沿行驶车辆的轮迹量测路表面高程，得到路表实际纵断面，通过数学分析后以综合统计量作为其平整度指标。断面类平整度检测的主要方法有水准测量、梁式断面仪测量、惯性断面仪测量、纵断面分析仪测量等；反应类检测是在测试车上安装传感器和显示器，传感和累积车辆悬挂系统的累积位移，其测定值为悬挂系统的累积位移量。

本次检测采用ZCD2000平整度检测车，对车道进行连续检测，检测速度为50km/h。并连续采样，数据按每百米计算评测数据。

4.1.3 路面破损检测

路面破损状况是用以确定道路路面维修与否的主要依据，也是导致路面行驶质量和服务水平下降的重要因素。根据调查，我国高速公路半刚性基层沥青路面破损现象以裂缝和车辙为主，约占全部破损量的80%。

由于路面破损所表现出来的形态和特征多样，而破损的原因也是多样的，因此路面破损检测在整个路面检测中是难度和误差最大的一项。路面破损检测的方法有人工检测和自动检测两种，传统的人工检测方法工作量大、成本高、效率低，仅适用于一般的国、省道干线公路，对于车速高、流量大的高速公路而言，则应在条件允许的情况下尽可能采用自动检测设备，提高工作效率。

我国《高速公路养护质量检评方法(试行)》中推荐采用路面破损率(DR)或坏板率来表征高速公路路面破损状况，采用路面损坏状况指数(PCI)进行路面破损状况评估。

$$DR_a = 100\frac{\sum_i w_i A_i}{A} \tag{4-2}$$

式中：DR_a——沥青混凝土路面破损率；

A_i——沥青混凝土路面破损中，第 i 类破损的调查面积；

A——沥青混凝土路面破损中，调查面积总和；

w_i——沥青混凝土路面破损中第 i 类破损权重。

本次数据采集采用人工目测与丈量的方法。纵、横缝量测其长度，裂缝面积用其长度乘以 0.3m 计算，开裂率即为裂缝面积除以该路段总面积。块、网裂和其他损坏则量测其实际面积，路面的车辙变形不计入在此。

4.1.4　路面抗滑能力检测

路面的抗滑能力是指车辆轮胎受制动时沿路表面滑移所产生的抗滑力，主要通过测定道路表面的摩擦系数来确定。车辆轮胎和路面的摩擦系数与路面类型、轮胎种类、轮胎磨损程度、胎压、车速及路面潮湿状况等多种因素有关。路面的抗滑能力检测的主要方法有制动距离法、锁轮拖车法、偏转轮拖车法、摆式仪法等，目前常用的测试仪器是英国 TRRL(The Transport and Road Research Laboratory)开发的横向力系数常规检测仪(SCRIM，Sideway Force Coefficient Routine Investigation Machine)，这也是我国《高速公路养护质量检评方法(试行)》中推荐的路面抗滑能力检测方法。SCRIM 是一种高速高效检测设备，能够在 50～90km/h 的测速条件下对路面摩擦系数数据进行高密度采集，可以满足高速公路快速、大规模的不间断交通测试的要求[16]。

在实际应用中，SCRIM 摩擦系数测试车所测试的横向力系数 SFC(Sideway Force Coefficient)是路面纵向和横向摩擦系数的综合反映，能够较好表征车辆轮胎受制动时路面所产生的抗滑力。

$$SFC = \frac{F}{SF} \tag{4-3}$$

式中：F——垂直力，SCRIM 采用 2 000N；

SF——横向力(N)。

本次数据采集路面抗滑性能检测设备采用摩擦系数测试车，由自动测试系统对车道进行连续检测，检测速度为 50km/h，并连续采样，数据按每百米计算评测数据。

4.1.5　车辙检测

车辙是路面质量检测和养护管理中的一项重要指标。长期以来由于中国缺少相应高效的检测技术和仪器，而国外的车辙检测仪器价格一般高达数百万元，因此该指标一直未能列入规范中的必检项目。中国高速公路的飞速发展对高速公路的性能提出了更高的要求，迫切需要对车辙给出客观的检测方法，从而科学地指导路面的养护工作。

目前，国内已引进了多台车辙检测仪，其横向布置的传感器有 3 个、5 个或 9 个等。如果在横向范围内探头数量少，车辙精度难于保证，现通过分析多传感器车辙检测原理，提出了一种基于31路激光位移传感器的路面车辙检测方法，并给出了车辙计算公式。该方法采用TCP/IP协议进行数据的高速实时传输，可以测量横向3.750mm宽度范围内的车辙分布，提高了车辙检测结果的可信度，可满足高速公路车辙养护检测需要。

该数据采集激光断面仪检测车辙深度的方法，其工作原理是通过激光器、转动装置、光电放大器、整形器等仪器，当光点打在路面时，反射激光即给时钟信号记录时间脉冲，在视距图上得到时间坐标。当发光器和激光器转动且激光点对路面扫描时，到达不同的位置，得到不同的脉冲时间。当路面有凹陷，这一点的光点跌入坑中，落差即为车辙深度。光点经历车辙深度的光时差与光点的增长部分相等。因而

$$RU = c_0 \times (t_2 - t_1) \tag{4-4}$$

式中：RU——车辙深度(mm)；

t_1——光点至车辙顶部或凹陷顶部A1的时间(ns)；

t_2——光点至车辙底部或凹陷底部A2的时间(ns)；

c_0——激光速度，$c_0 = 299.79\text{mm}/\text{ns}$。

故光点从A1落到A2时，光长增加，在时距上反映光时从t_1到t_2，从斜直线上凹陷。显然时距图上的凹陷部分，只要在仪器中输出波形上读出记录t，即可根据上式算出车辙深度。

左、右侧平均车辙深度指左、右轮迹在该20m内各断面最大值的平均值。在对较长的路段进行评定时，均取该20m内左、右平均车辙深度中的较大值作为该段的平均车辙深度。路段平均车辙深度指该评定路段(一般是1km)每20m平均车辙深度的平均值。最大值指该路段每20m平均车辙深度的最大值。最小值指该路段每20m平均车辙深度的最小值。

4.2 罩面后沥青路面使用性能检测结果分析

4.2.1 沥青路面使用性能检测结果

2009年3月，路面使用性能检测数据见表4-1、表4-2。

京沈高速公路路面使用性能检测数据(北京→秦皇岛)　　表4-1

桩　号	路面状况指数	行驶质量指数	路面结构强度指数	抗滑性能指数	路面养护质量指数
	PCI	*RQI*	*PSSI*	*SRI*	*PQI*
K124 ~ K125	82.4	94.8	45.4	90.20	80.13
K125 ~ K126	76.7	96.1	75.1	66.00	82.06
K126 ~ K127	71.3	94.8	82.5	66.73	81.31
K127 ~ K128	72.3	94.5	76.6	73.78	81.08

续上表

桩　号	路面状况指数	行驶质量指数	路面结构强度指数	抗滑性能指数	路面养护质量指数
	PCI	RQI	PSSI	SRI	PQI
K128 ~ K129	73.7	94.3	89.7	74.73	84.24
K129 ~ K130	40.8	93.5	47.3	69.50	63.41
K130 ~ K131	39.0	93.6	58.7	75.01	65.64
K131 ~ K132	67.0	93.8	66.6	66.72	76.27
K132 ~ K133	58.9	94.7	79.4	69.05	76.55
K133 ~ K134	71.2	92.6	70.8	63.25	77.80
K134 ~ K135	73.3	90.0	57.4	66.54	75.30
K135 ~ K136	62.1	92.9	49.3	75.52	71.65
K136 ~ K137	72.8	94.8	45.3	73.02	75.02
K137 ~ K138	78.0	96.3	57.3	71.83	79.65
K138 ~ K139	64.4	94.9	51.8	65.63	72.68
K139 ~ K140	60.7	95.2	59.1	68.74	73.28
K140 ~ K141	84.3	95.3	78.8	69.11	85.55
K141 ~ K142	74.3	94.3	44.8	68.49	74.83
K142 ~ K143	72.4	95.7	64.6	69.13	78.68
K143 ~ K144	61.1	96.3	35.7	66.83	68.91

京沈高速公路路面使用性能检测数据(秦皇岛→北京)　　表 4-2

桩　号	路面状况指数	行驶质量指数	路面结构强度指数	抗滑性能指数	路面养护质量指数
	PCI	RQI	PSSI	SRI	PQI
K144 ~ K143	74.4	96.6	60.2	77.62	79.62
K143 ~ K142	68.3	95.6	49.7	81.69	75.46
K142 ~ K141	65.5	95.4	38.5	84.00	72.43
K141 ~ K140	78.7	94.7	37.9	85.21	76.79
K140 ~ K139	74.0	94.4	68.4	82.74	80.91
K139 ~ K138	73.5	94.7	78.0	79.44	82.40
K138 ~ K137	69.6	95.0	49.5	72.32	74.77
K137 ~ K136	71.3	95.1	60.6	77.62	78.11

续上表

桩　号	路面状况指数	行驶质量指数	路面结构强度指数	抗滑性能指数	路面养护质量指数
	PCI	*RQI*	*PSSI*	*SRI*	*PQI*
K136 ~ K135	69.4	93.8	58.7	84.32	77.33
K135 ~ K134	59.2	93.5	64.4	84.98	74.82
K134 ~ K133	70.5	95.1	83.0	62.03	80.78
K133 ~ K132	68.7	94.6	79.9	70.84	80.19
K132 ~ K131	66.9	93.8	83.9	75.59	80.56
K131 ~ K130	68.7	94.5	86.9	84.13	82.88
K130 ~ K129	67.8	93.6	73.4	85.23	79.67
K129 ~ K128	72.7	94.1	83.9	86.54	83.78
K128 ~ K127	80.6	96.2	99.4	70.68	88.83
K127 ~ K126	77.6	95.2	93.6	84.40	87.64
K126 ~ K125	73.9	96.4	91.9	66.01	84.59
K125 ~ K124	77.8	96.3	97.8	70.65	87.55

4.2.2　沥青路面使用性能数据统计特性

路面性能参数的大小是路面材料、各结构层厚度和刚度、路基土类型和状态、温度和湿度、交通状况及路面龄期等因素综合作用的反映。由于影响变量众多，可以预料各测点性能参数测定值会有较大的变异。路面可靠性分析中设计和施工参数的随机性是用随机变量的概率分布模型来描述的。测定大量路面数据，统计分析路面性能参数的概率分布及变异水平，将为路面性能的概率化预测、评价及可靠性分析提供有价值的前期基本参考依据。为了适应确定各参数的概率分布模型和变异水平的要求，分析时编制了同时适应大小子样的 MinTab 电算程序，采用 χ2 检验、K-S 检验和 W 检验等 3 种拟合检验方法，根据样本的统计量来推断总体是否服从正态、对数正态、威布尔或伽马分布。

本书对京秦高速公路 K124 ~ K144 共长 20km 的路况普查数据进行分析，分析时本研究首先将全程测定数据点绘成断面图，如图 4-1 ~ 图 4-4 所示。

研究依托数千个现场测定数据，对京秦高速公路沥青混凝土路面各单项性能参数(路面裂缝率、车辙深度、弯沉、摩擦系数、平整度以及各路面性能综合评价参数)的概率特性进行了统计分析，部分统计分析结果见表 4-3 ~ 表 4-7 及图 4-5 ~ 图 4-20。图中 *N* 为样本容量。

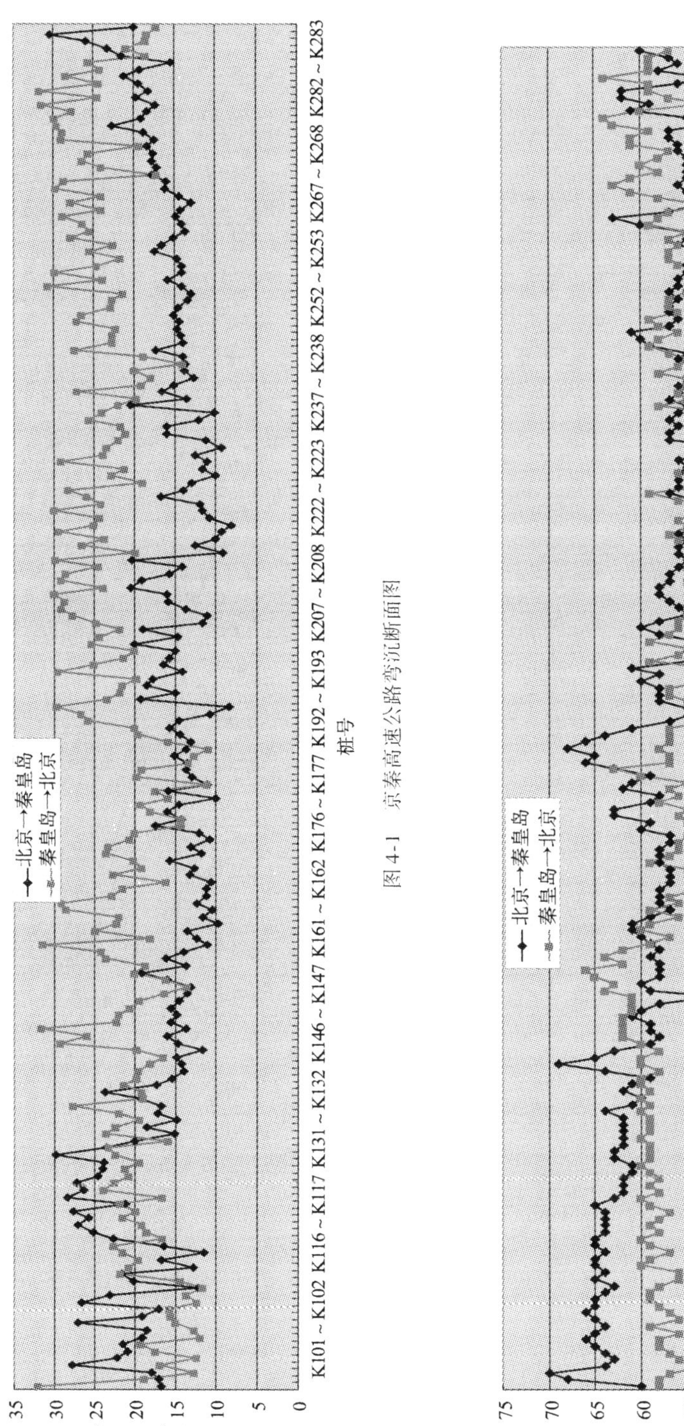

图 4-1　京秦高速公路弯沉断面图

图 4-2　京秦高速公路横向力系数（SFC）断面图

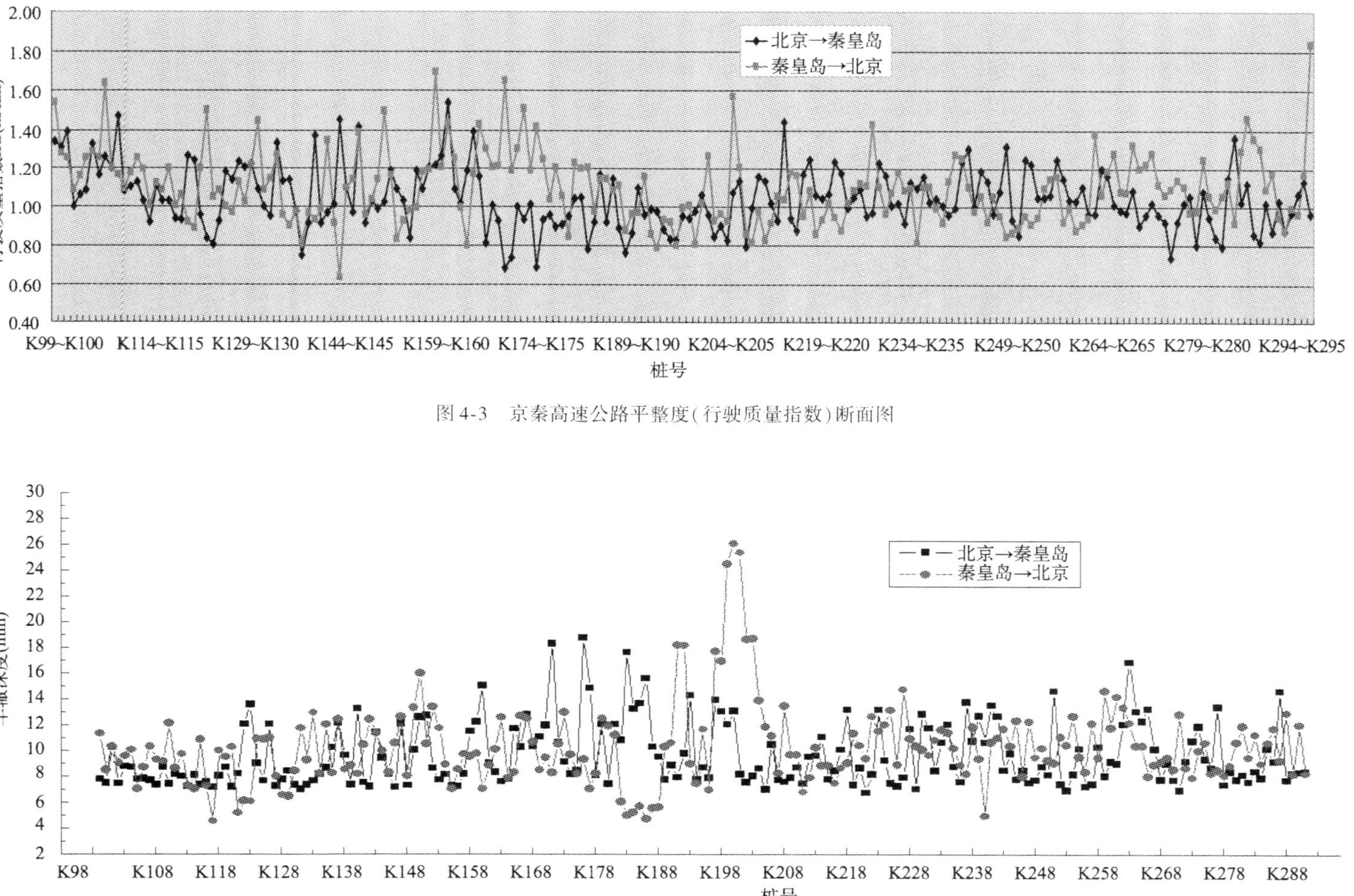

图 4-3　京秦高速公路平整度（行驶质量指数）断面图

图 4-4　京秦高速公路平均车辙深度断面图

京秦高速公路路面弯沉参数统计分析　　表 4-3

路段名称	样本容量	均值(0.01mm)	标准差(0.01mm)	正态分布检验			指数对数正态分布		
				AD 值	P 值	检验结果	AD 值	P 值	检验结果
京秦高速公路(北京→秦皇岛)	1 903	19.96	6.348	47.194	<0.005	否	0.745	0.052	是
京秦高速公路(秦皇岛→北京)	1 903	22.6	9.676	2.980	<0.005	否	0.580	0.129	是

京秦高速公路面车辙参数统计分析　　表 4-4

路段名称	样本容量	均值(mm)	标准差(mm)	正态分布检验			指数对数正态分布		
				AD 值	P 值	检验结果	AD 值	P 值	检验结果
京秦高速公路(北京→秦皇岛)内侧车道车辙	974	1.945	0.992 5	0.892	0.022	否	0.745	0.052	是
京秦高速公路(北京→秦皇岛)超车道车辙	1 006	2.513	1.579	1.474	<0.005	否	0.610	0.112	是
京秦高速公路(秦皇岛→北京)内侧车道车辙	837	1.988	1.219	1.272	<0.005	否	0.169	0.535	是
京秦高速公路(秦皇岛→北京)超车道车辙	1 146	2.254	1.293	1.184	<0.005	否	0.589	0.123	是

京秦高速公路路面 ***SFC*** 参数统计分析　　表 4-5

路段名称	样本容量	均值	标准差	正态分布检验			指数对数正态分布		
				AD 值	P 值	检验结果	AD 值	P 值	检验结果
北京→秦皇岛行车道	198	57.57	5.072	0.5088	0.197	是	0.629	0.1	是
北京→秦皇岛超车道	200	58.94	3.911	0.538	0.165	是	0.657	0.085	是
秦皇岛→北京行车道	198	60.73	6.833	0.665	0.082	是	1.066	0.008	否
秦皇岛→北京超车道	200	57.36	3.880	0.555	0.151	是	0.940	0.018	否

京秦高速公路路面平整度参数 ***IRI*** 统计分析　　表 4-6

路段名称	样本容量	均值(m/km)	标准差(m/km)	正态分布检验			指数对数正态分布		
				AD 值	P 值	检验结果	AD 值	P 值	检验结果
北京→秦皇岛行车道	967	1.057	0.353 3	1.021	0.051	是	1.430	<0.005	否
北京→秦皇岛超车道	1 019	1.029	0.285 2	0.664	0.082	是	1.802	<0.005	否
秦皇岛→北京行车道	937	1.069	0.327 6	0.196	0.889	是	2.506	<0.005	否
秦皇岛→北京超车道	1 049	1.122	0.394 1	0.512	0.193	是	4.231	<0.005	否

京秦高速公路路面破损参数统计分析 表4-7

路段名称	样本容量	均值	标准差	正态分布检验			指数对数正态分布		
				*AD*值	*P*值	检验结果	*AD*值	*P*值	检验结果
北京→秦皇岛行车道	203	93.42	6.398	9.832	<0.005	否	0.515	—	是
秦皇岛→北京行车道	198	93.51	7.366	12.170	<0.005	否	0.25	—	是

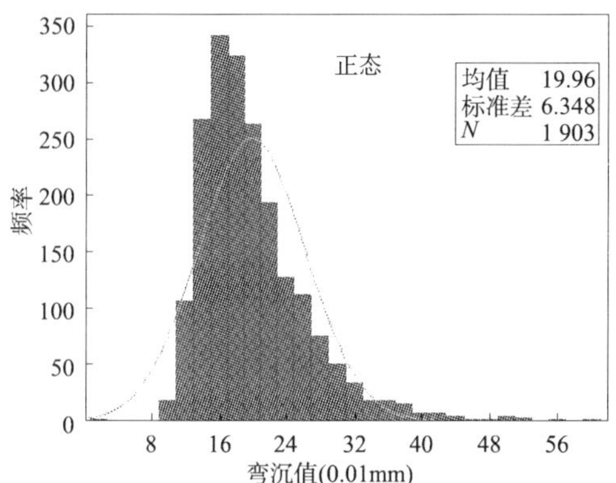

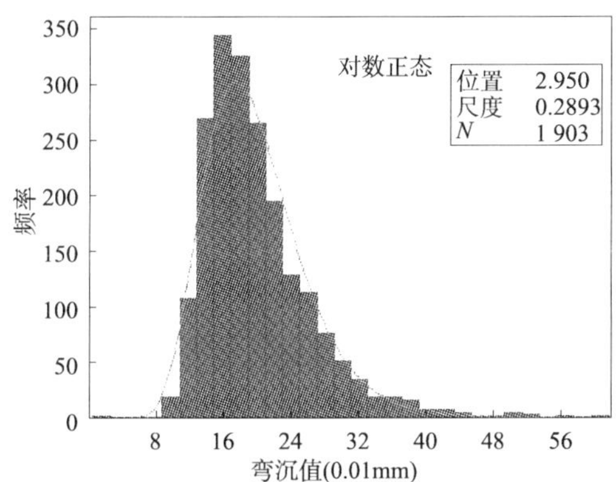

图4-5 京秦高速公路(北京→秦皇岛)弯沉参对数正态和正态分布拟合

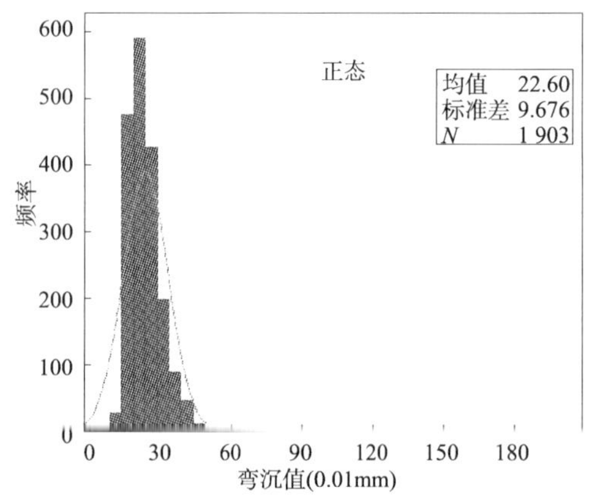

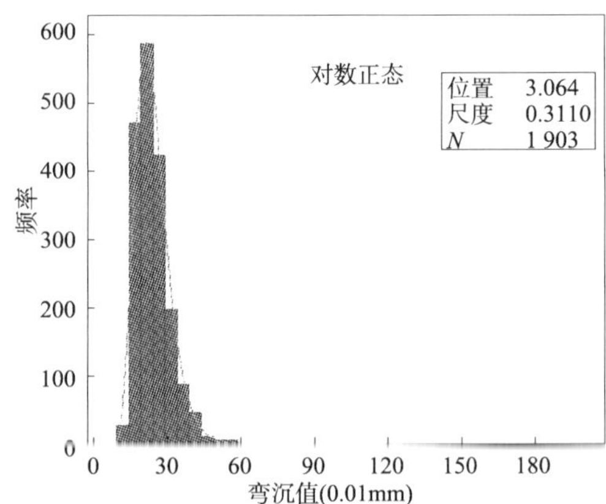

图4-6 京秦高速公路(秦皇岛→北京)弯沉参数对数正态和正态分布拟合

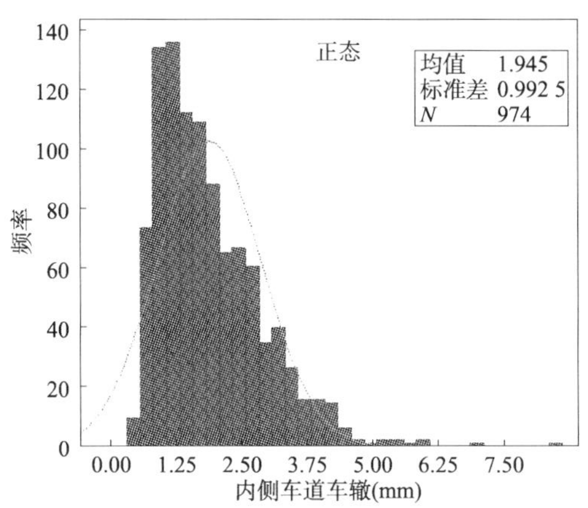

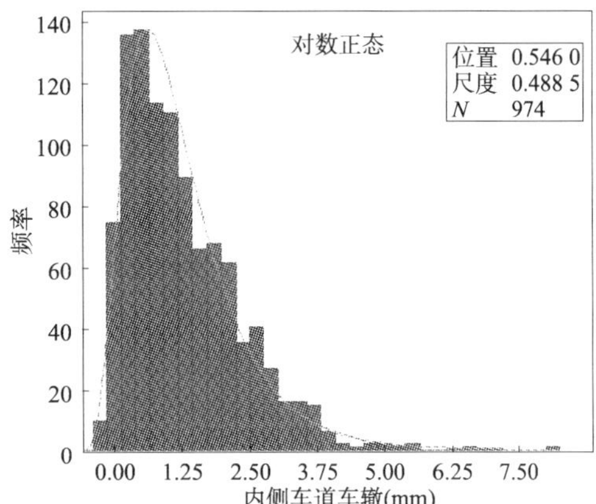

图4-7　京秦高速公路(北京→秦皇岛)内侧车道车辙对数正态和正态分布拟合

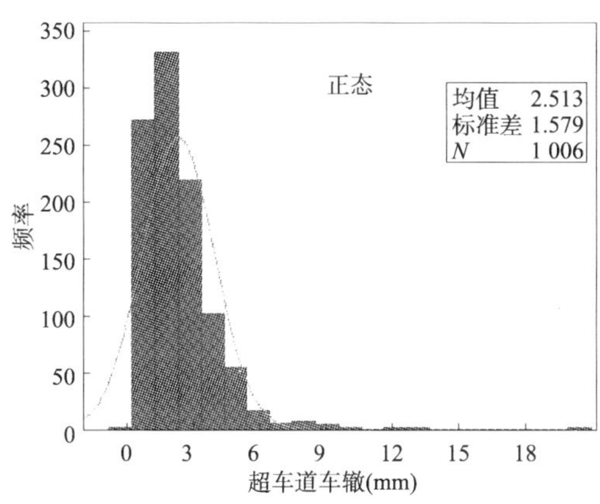

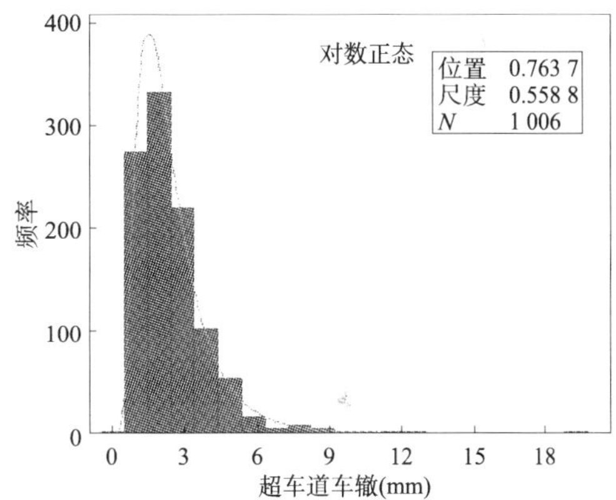

图4-8　京秦高速公路(北京→秦皇岛)超车道车辙对数正态和正态分布拟合

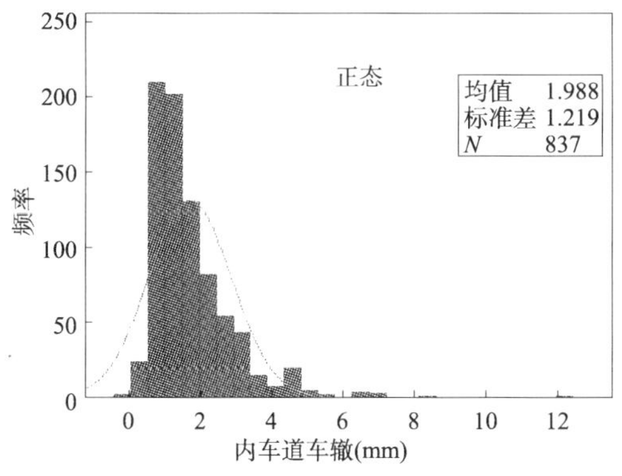

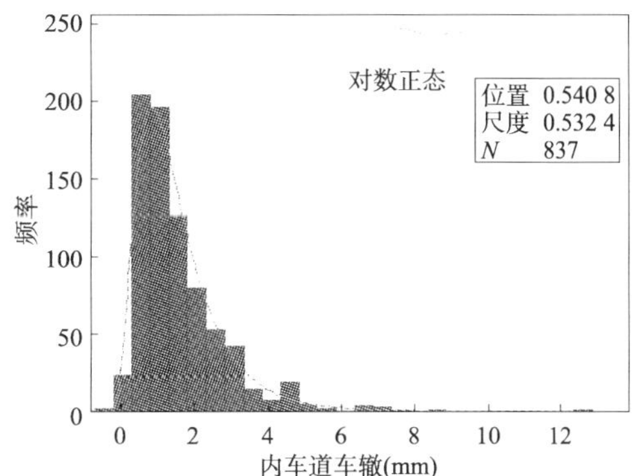

图4-9　京秦高速公路(秦皇岛→北京)内侧车道车辙对数正态和正态分布拟合

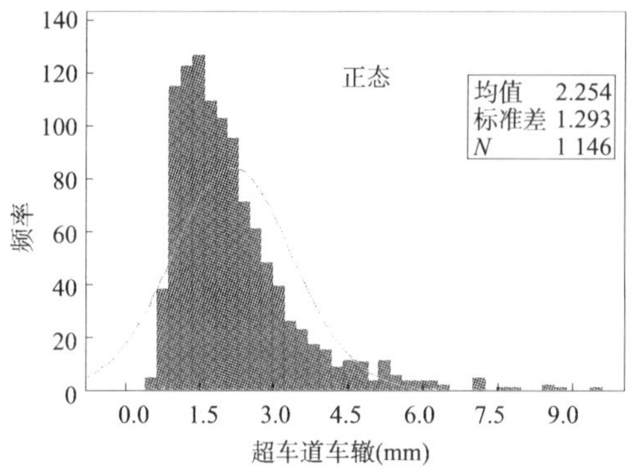

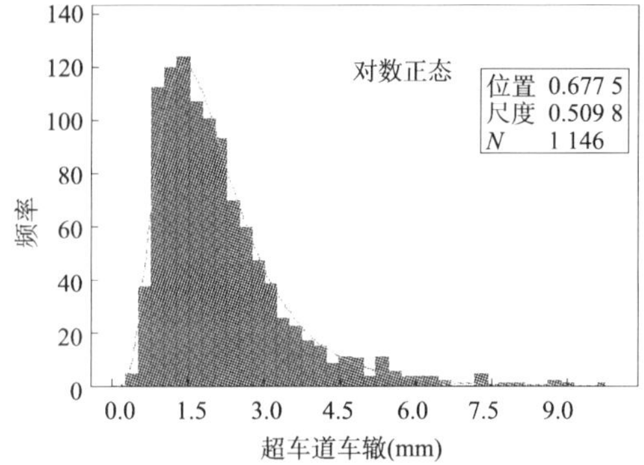

图 4-10　京秦高速公路(秦皇岛→北京)超车道车辙对数正态和正态分布拟合

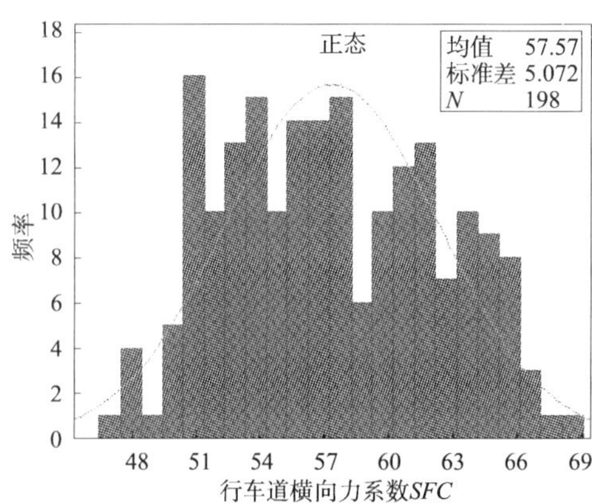

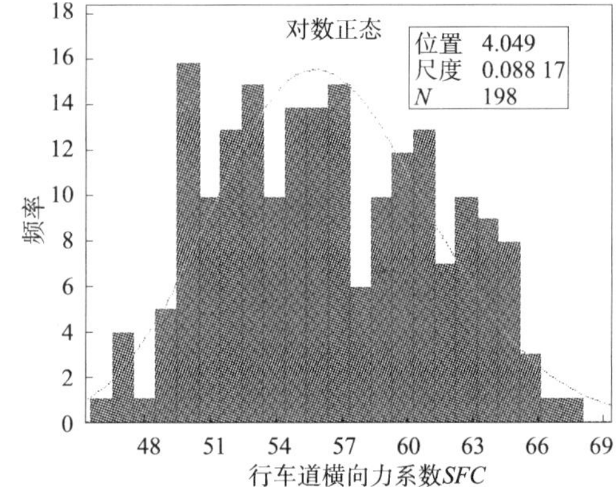

图 4-11　京秦高速公路(北京→秦皇岛)行车道横向力系数 *SFC* 对数正态和正态分布拟合

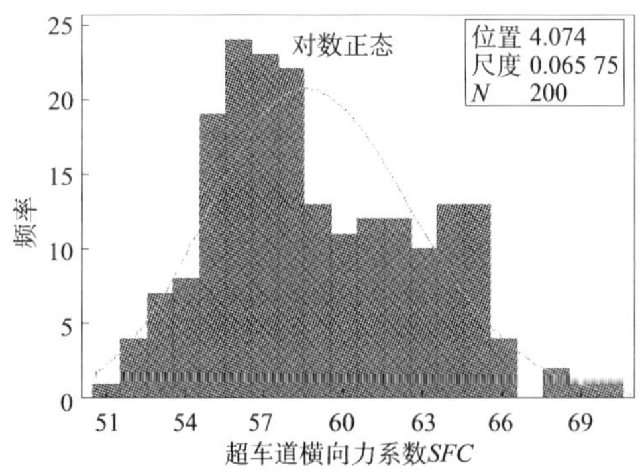

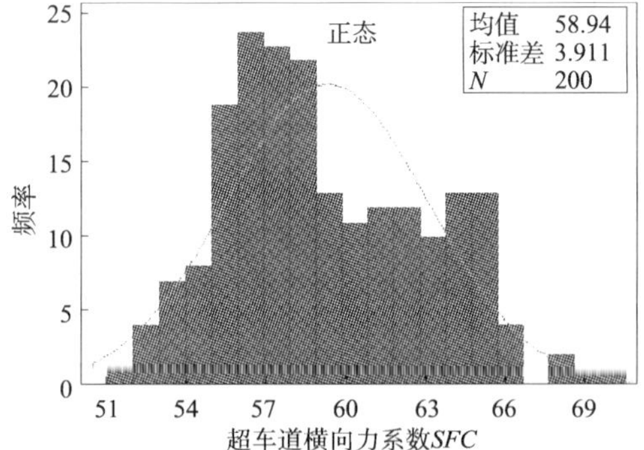

图 4-12　京秦高速公路(北京→秦皇岛)超车道横向力系数 *SFC* 对数正态和正态分布拟合

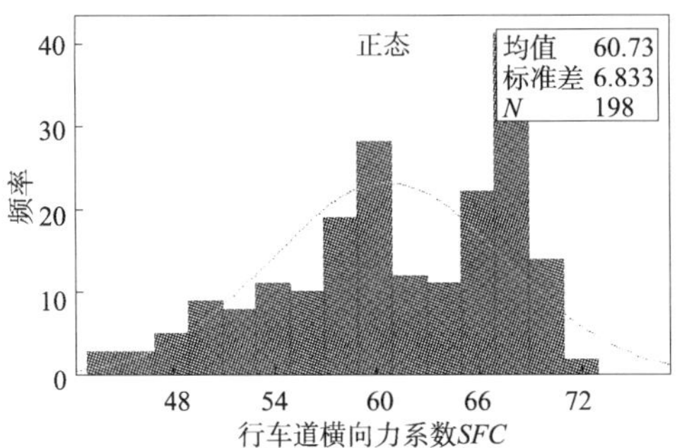

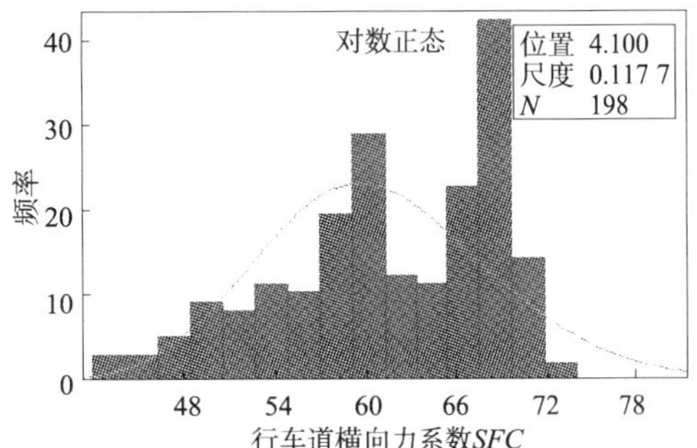

图 4-13　京秦高速公路(秦皇岛→北京)行车道横向力系数 *SFC* 对数正态和正态分布拟合

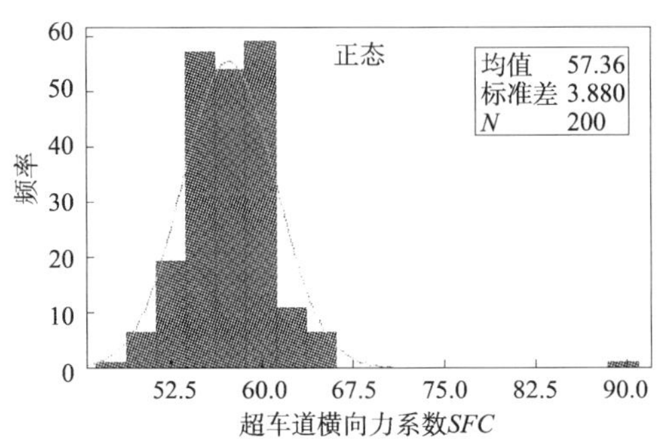

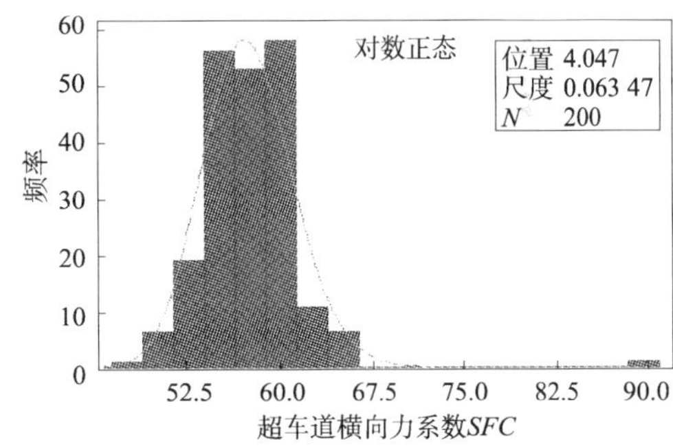

图 4-14　京秦高速公路(秦皇岛→北京)超车道横向力系数 *SFC* 对数正态和正态分布拟合

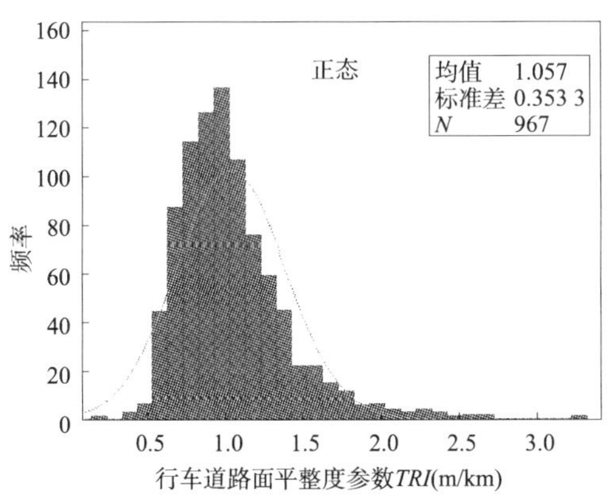

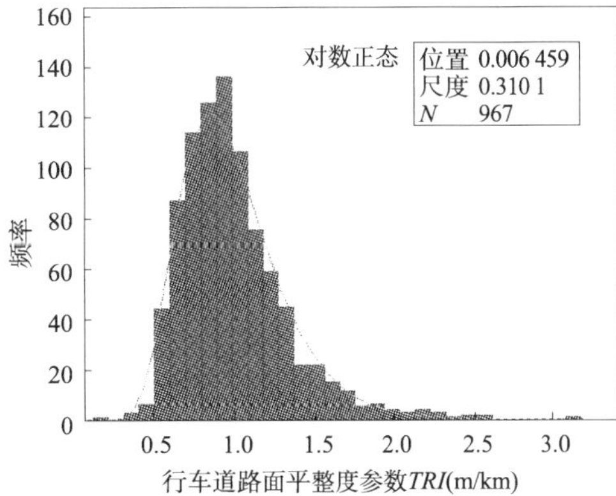

图 4-15　京秦高速公路(北京→秦皇岛)行车道路面平整度参数 *IRI* 对数正态和正态分布拟合

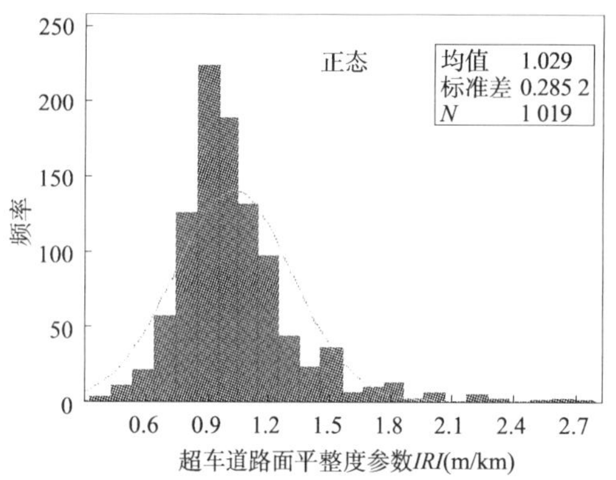

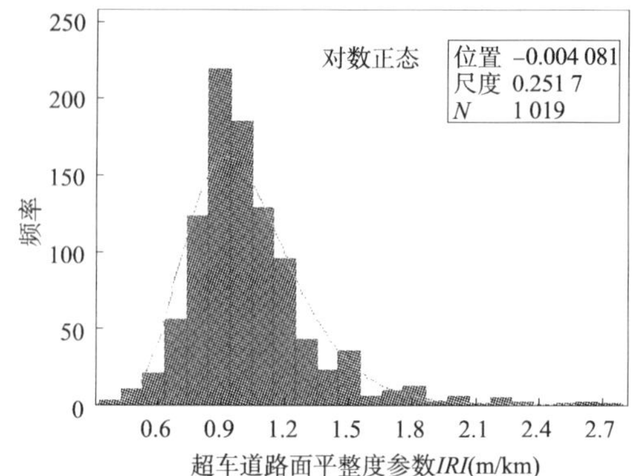

图4-16　京秦高速公路(北京→秦皇岛)超车道路面平整度参数 *IRI* 对数正态和正态分布拟合

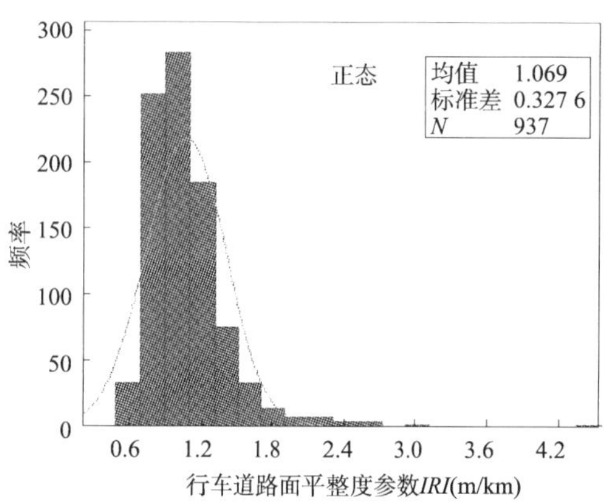

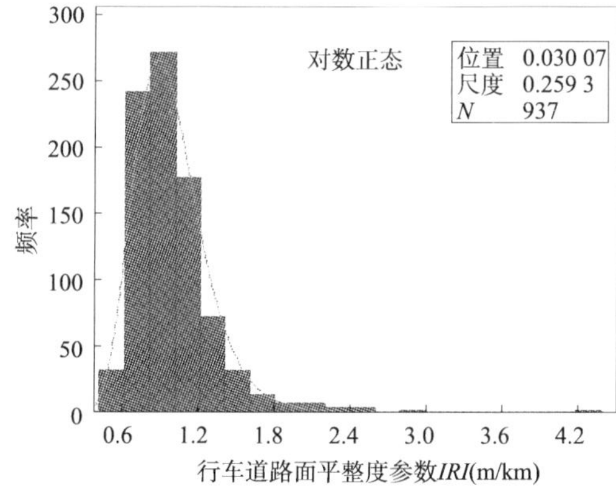

图4-17　京秦高速公路(秦皇岛→北京)行车道路面平整度参数 *IRI* 对数正态和正态分布拟合

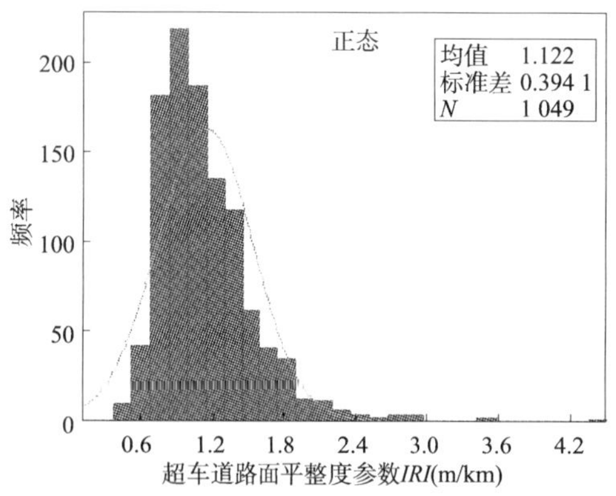

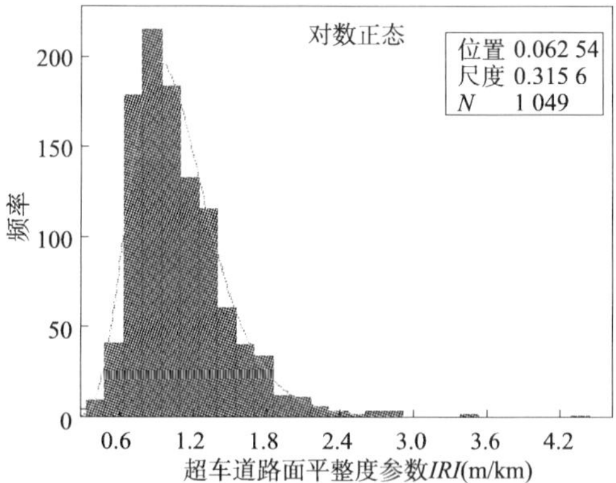

图4-18　京秦高速公路(秦皇岛→北京)超车道路面平整度参数 *IRI* 对数正态和正态分布拟合

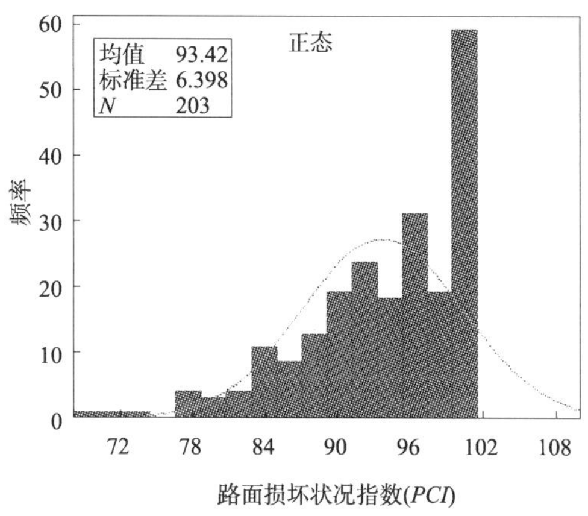

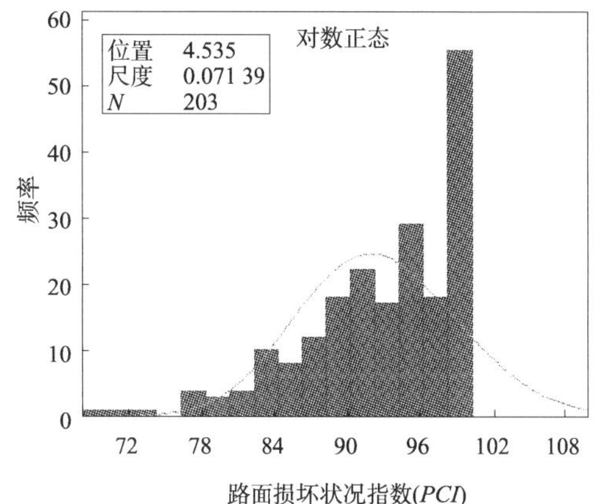

图 4-19　京秦高速公路(北京→秦皇岛)路面损坏状况指数 *PCI* 对数正态和正态分布拟合

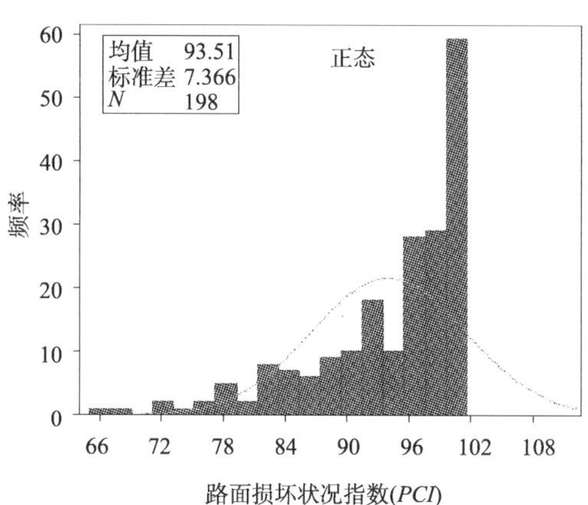

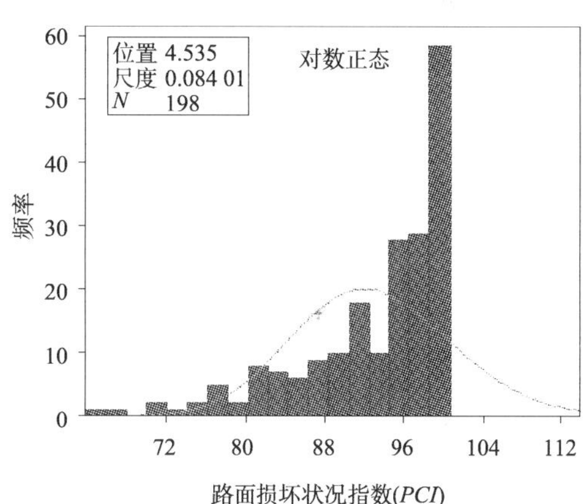

图 4-20　京秦高速公路(秦皇岛→北京)路面损坏状况指数 *PCI* 对数正态和正态分布拟合

具体分析结果如下：

(1)路面平整度参数 *IRI* 基本服从对数正态分布,变异系数范围为 0.27 ~ 0.47。

(2)路面横向力系数基本服从正态分布,变异系数范围为 0.037 ~ 0.09。

(3)路面弯沉值基本服从对数正态分布,变异系数范围为 0.25 ~ 0.57。

(4)路面车辙深度基本服从对数正态分布,部分样本亦服从正态分布,其变异系数范围为 0.56 ~ 0.83。

在检验分析中发现,横向力系数基本呈正态分布,本研究认为,这和京秦高速公路路面抗滑性能衰减过快以及该参数本身与强度极限无关的物理性质有关。

4.3 基于集对论的单路段沥青路面使用性能综合评价

4.3.1 沥青路面集对变权评价方法

(1) 集对论的基本概念

集对论创立了一个能刻画集对中两个集合同异反既确定又不确定程度的联系度表达式 $\mu = a + bi + cj$,并借助这个联系度的运算与分析来从量的角度了解、把握集对中两个集合的联系、可变与转化。

联系度表达式在集对分析中有着重要地位,它在实际应用中可有多种途径加以确定。

联系度表达式中,μ 为联系度,a、b、c 分别为同一度、差异度、对立度,i、j 分别为不确定度与对立度。通常情况下,a、b、c 可定量刻画,而 i、j 一般起标示作用,表征数值项的属性。特定情况下,i、j 也可量化,此时,规定取值 j 取 -1,以示 j 所在项与 a 在数值上相反,i 在 $[-1,1]$ 区间视不同情况不确定取值,而 μ 则转化为联系数。

在联系度表达式中,a、b、c 与 i、j 是在两个层面上对事物的不同刻画。a、b、c 处于宏观的层次;i、j 处于微观的层次,也是对潜在与可能趋势的刻画。集对分析具有层次性,$a + bi + cj$ 可以拓展成 $(a_1 + a_2 + \cdots, + a_n) + (b_1 + b_2 + \cdots + b_n)i + (c_1 + c_2 + \cdots c_n)j$ 形式,由此实现对时间延续、空间扩展等四维动态及其不确定过程的刻画与剖析[17]。

集对论认为同与反、确定与不确定,既是对立的,又都统一在一个数学表达式中;当 b 在 i 的作用下分解分别益于 a 和 c 时,可改变 a 与 c 的比值大小,体现出量变与质变关系;利用联系度作确定性的结论将受到不确定性的否定,而不确定性又通过否定自身在一定条件下转化为确定,从而实现理论与实践的统一。

(2)联系数的确定

设评价系统的评价对象空间 Z 为路面质量,对 Z 中每一路面的质量状况进行评价,就要测量路面质量评价时所用到的各个指标值,主要有外观、平整度、车辙、弯沉等指标,可用 I_1、I_2、…、I_m 表示。则 Z 的评价集用(C_1、C_2、…、C_k)表示,C_k($1 \leqslant k \leqslant K$)表示质量等级。对每个指标的测量值以数字形式出现,质量评价标准可用表 4-8 的形式表达出来,它是路面质量评价指标单因素质量等级划分表。表 4-8 中 S_{ij} 为不同类别的分类限值。

集对分析法有别于隶属度法,它是一种"宽域式"的函数结构,能提高信息的利用率,保证综合结果的可信性。确定准确的联系度是路面使用性能类别判定结果可信的关键。具体构造方法如下:当待评价指标处于评价级别范围内时,则认为是同一,联系度为 1,若待评价指标处于相隔的级别中,则认为是对立,联系度为 -1,若待评价指标处于相邻的评价级别中,其确定方法如式(4-5) ~ 式(4-8):

路面质量单指标等级划分表　　表 4-8

指标	C_1	C_2	C_3	…	C_k
I_1	$S_{10}-S_{11}$	$S_{11}-S_{12}$	$S_{12}-S_{13}$	…	$S_{1k-1}-S_{1k}$
I_2	$S_{20}-S_{21}$	$S_{21}-S_{22}$	$S_{22}-S_{23}$	…	$S_{2k-1}-S_{2k}$
I_3	$S_{30}-S_{31}$	$S_{31}-S_{32}$	$S_{32}-S_{33}$	…	$S_{3k-1}-S_{3k}$
…					
I_m	$S_{m0}-S_{m1}$	$S_{m1}-S_{m2}$	$S_{m2}-S_{m3}$	…	$S_{mk-1}-S_{mk}$

①当指标 j 属于越大越优，路面性能评价指标处于 $C_1=\{优\}$时：

$$\mu_{i1}=\begin{cases}1 & x\in[S_{i(0)},S_{i(1)})\\ 1+\dfrac{2(x-S_{i(1)})}{(S_{i(1)}-S_{i(2)})} & x\in[S_{i(1)},S_{i(2)})\\ -1 & x\in[S_{i(2)},S_{i(5)}]\end{cases} \tag{4-5}$$

②路面性能评价指标处于 $C_2=\{良\}$时：

$$\mu_{i2}=\begin{cases}1+\dfrac{2(x-S_1)}{(S_{i(1)}-S_{i(0)})} & x\in[S_{i(0)},S_{i(1)})\\ 1 & x\in[S_{i(1)},S_{i(2)})\\ 1+\dfrac{2(x-S_{i(2)})}{(S_{i(2)}-S_{i(3)})} & x\in[S_{i(2)},S_{i(3)})\\ -1 & x\in[S_{i(3)},S_{i(5)}]\end{cases} \tag{4-6}$$

③路面性能评价指标处于 $C_3=\{中\}$时：

$$\mu_{i3}=\begin{cases}-1 & x\in[S_{i(0)},S_{i(1)})\text{或}x\in[S_{i(4)},S_{i(5)}]\\ 1+\dfrac{2(x-S_{i(2)})}{(S_{i(2)}-S_{i(1)})} & x\in[S_{i(1)},S_{i(2)})\\ 1 & x\in[S_{i(2)},S_{i(3)})\\ 1+\dfrac{2(x-S_{i(3)})}{(S_{i(3)}-S_{i(4)})} & x\in[S_{i(3)},S_{i(4)})\end{cases} \tag{4-7}$$

④μ_{i4}的确定形式与μ_{i3}相同。

⑤路面性能评价指标处于 $C_3=\{差\}$时：

$$\mu_{i5}=\begin{cases}-1 & x\in[S_{i(0)},S_{i(3)})\\ 1+\dfrac{2(x-S_{i(4)})}{(S_{i(4)}-S_{i(3)})} & x\subset[S_{i(3)},S_{i(4)})\\ 1 & x\in[S_{i(4)},S_{i(5)}]\end{cases} \tag{4-8}$$

(3)路面性能级别的判定

由上述方法求得各个指标的联系度后，采用式(4-9)确定总联系度：

$$\left.\begin{aligned}\mu_j^0 &= \sum_{i=1}^{m}(\mu_{ij}\cdot w_i^0)\\ \mu_j &= \sum_{i=1}^{m}(\mu_{ij}\cdot w_i)\end{aligned}\right\} \tag{4-9}$$

式中：w_i^0、w_i——第 i 个指标的常权和变权权重；

μ_j^0、μ_j——分别为各个路面性能指标在常权和变权时对于第 j 个级别的总联系度。

因路面使用性能评价类别 C_1、C_2、C_3、C_4、C_5依次为优、良、中、次、差。若

$$\mu_p = \max\{\mu_j\}, 1 \leqslant j \leqslant k, p \in [1, 2, \cdots, k] \tag{4-10}$$

则认为该路面使用性能属于 C_p类。

(4)指标权重的确定

对于路面使用性能来讲，路面综合评价需要根据各指标状态来确定其权重，即权重大小随着指标状态而变化，只有这样才符合路面使用性能的特点，才能确定路面性能实际状态和趋向，可作为养护管理的有效信息。也就是说，变权评价应该能够反映评价过程中的激励与惩罚机制。

为此，定义 $w_0 = (w_1^{(0)}, w_2^{(0)}, \cdots, w_m^{(0)}) \in (0, 1]^m$ 为常权向量，满足：$\sum_{j=1}^{m} w_j^{(0)} = 1$；则根据相关文献，变权的公理化公式可定义为式(4-11)：

$$w_i(X) = \frac{w_i^0 S_i(x)}{\sum_{j=1}^{m} w_j^0 S_j(x)} \qquad (i = 1, 2, 3\cdots, m) \tag{4-11}$$

其中 $S_j(x)$由式(4-12)确定：

$$S(x_j) = \begin{cases} \dfrac{c_2 - c_1}{\lambda - \mu}\mu \ln\dfrac{\mu}{x_j} + c_2 & (0 < x_j \leqslant \mu) \\ -\dfrac{c_2 - c_1}{\lambda - \mu}x_j + \dfrac{c_2\lambda - c_1\mu}{\lambda - \mu} & (\mu < x_j \leqslant \lambda) \\ C + \dfrac{c_2 - c_1}{2(\lambda - \mu)(\alpha - \lambda)}(\alpha - x_j)^2 & (\lambda < x_j \leqslant \alpha) \\ C & (\alpha < x_j \leqslant \beta) \\ K(1 - \beta)\ln\dfrac{1 - \beta}{1 - x_j} + C & (\beta < x_j \leqslant 1) \end{cases} \tag{4-12}$$

其中 $S(x_j)$是局部惩罚—激励型状态变权函数，$0 < \mu < \lambda < \alpha < \beta < 1, 0 < C < c_1 < c_2 < 1$，$\alpha$ 为惩罚水平，β 为激励水平。C、c_1 和 c_2 为评价策略，K 为调整系数[18]。

此类变权主要有以下三方面特点：

(1)各指标的评价值 $x_i \in (0, 1)$，如不满足，可经过归一化处理进行转换。激励策略 β 靠近 1，即$(\beta, 1)$区间很窄，处于该区间的状态将迅速受到强激励；

(2)惩罚策略 α 与激励策略 β 很近，即合格区$[\alpha, \beta]$很窄，在此区间的状态既不受到

激励，也不受到惩罚；

(3)受到惩罚的区间$(0,\alpha)$较宽，而且分为三个阶段，即初惩罚阶段(λ,α)、强惩罚阶段$(\mu,\lambda]$和否决阶段$(0,\mu]$。初惩罚阶段受到的惩罚很弱，在强惩罚阶段受到的惩罚很强烈，在否决阶段由于子目标评价值太低却占有很大的权重，使得整体目标的综合评价值急剧下降，当低于或等于规定的否决值，整个目标将被否决。

这些特点与路面性能各评价指标反映路面使用性能的规律相一致。

4.3.2　变权评价模型的应用

以《公路沥青路面养护技术规范》(JTJ 073.2—2001)为依据，设$I_1=\{$行驶质量指数$RQI\}$，$I_2=\{$路面状况指数$PCI\}$，$I_3=\{$路面强度系数$SSI\}$，$I_4=\{$横向力系数$SFC\}$。$C_1=\{$优$\}$；$C_2=\{$良$\}$；$C_3=\{$中$\}$；$C_4=\{$次$\}$，$C_5=\{$差$\}$。则建立沥青路面质量单项指标划分表见表4-9。

沥青路面性能评价单项指标划分表　　表4-9

	C_1	C_2	C_3	C_4	C_5
I_1	8.5~10	7.0~8.5	5.5~7.0	4.0~5.5	0~4.0
I_2	85~100	70~85	55~70	40~55	0~40
I_3	1.4~1.5	1.0~1.2	0.8~1.0	0.6~0.8	0.4~0.6
I_4	0.5~0.7	0.4~0.5	0.3~0.4	0.4~0.3	0~0.2

高速公路沥青路面使用性能各个评价指标的实测值x_i、权重w_i^0和变权综合评价结果见表4-10、表4-11，取$\mu=0.4$，$\lambda=0.6$，$\alpha=0.8$，$\beta=0.9$，$C=0.2$，$c_1=0.3$，$c_2=0.5$，$K=1.5$，代入式(4-12)得，状态变权函数为式(4-13)：

$$S(x_j)=\begin{cases}0.4\ln(0.4/x_j)+0.5 & (0<x_j\leqslant 0.4)\\ -x_j+0.9 & (0.4<x_j\leqslant 0.6)\\ 1.8-4x_j+2.5x_j^2 & (0.6<x_j\leqslant 0.8)\\ 0.2 & (0.8<x_j\leqslant 0.9)\\ 0.15\ln[0.1/(1-x_j)] & (0.9<x_j<1)\end{cases}\tag{4-13}$$

路段一沥青路面性能评价变权评价结果　　表4-10

	I_1	I_2	I_3	I_4
x	96.32	90.54	1.33	0.45
w^0	0.3	0.3	0.3	0.1
$S(x_j)$	0.55	0.28	0.62	0.43
$w^0S(x_j)$	0.165	0.084	0.186	0.043
$w(x_j)$	0.35	0.18	0.39	0.09

路段二沥青路面性能评价变权评价结果　　表 4-11

	I_1	I_2	I_3	I_4
x	96.40	89.67	1.38	0.46
w^0	0.3	0.3	0.3	0.1
$S(x_j)$	0.38	0.25	0.78	0.42
$w^0S(x_j)$	0.114	0.075	0.234	0.042
$w(x_j)$	0.25	0.16	0.50	0.09

从表 4-10、表 4-11 可以看出，路段一沥青路面行驶质量指数 *RQI* 相当好，因此受了强激励；而路段二沥青路面强度系数较差，此指标受到强惩罚，所以权重值也相对变大。也就是说当沥青路面使用性能四个指标中某个指标特别突出时，其路面整体性能在一定程度上会受到影响，这样可以更好地反映路面实际状况。

由式(4-5)～式(4-8)和表 4-1、表 4-2 中的两路段沥青路面使用性能的实测数据可以计算出单个指标的联系数，计算结果见式(4-14)、式(4-15)。

(路段一)：

$$\mu=(\mu_{ik})_{4\times5}=\begin{array}{c} \begin{matrix} C_1 & C_2 & C_3 & C_4 & C_5 \end{matrix} \\ \left|\begin{matrix} 1.0 & 0.26 & -1.0 & -1.0 & -1.0 \\ 1.0 & -0.26 & -1.0 & -1.0 & -1.0 \\ 1.0 & 0.13 & -1.0 & -1.0 & -1.0 \\ 0.12 & 1.0 & -0.12 & -1.0 & -1.0 \end{matrix}\right| \begin{matrix} I_1 \\ I_2 \\ I_3 \\ I_4 \end{matrix} \end{array} \tag{4-14}$$

(路段二)：

$$\mu=(\mu_{ik})_{4\times5}=\begin{array}{c} \begin{matrix} C_1 & C_2 & C_3 & C_4 & C_5 \end{matrix} \\ \left|\begin{matrix} 1.0 & 0.38 & -1.0 & -1.0 & -1.0 \\ -1.0 & -0.28 & -1.0 & -1.0 & -1.0 \\ 1.0 & -0.2 & -1.0 & -1.0 & -1.0 \\ 0.26 & 1.0 & -0.26 & -1.0 & -1.0 \end{matrix}\right| \begin{matrix} I_1 \\ I_2 \\ I_3 \\ I_4 \end{matrix} \end{array} \tag{4-15}$$

由式(4-10)、式(4-11)和式(4-5)可计算得：

(路段一)：

$$\mu_i=\begin{array}{c} \begin{matrix} C_1 & C_2 & C_3 & C_4 & C_5 \end{matrix} \\ \begin{bmatrix} 0.91 & 0.14 & -0.91 & -1.0 & -1.0 \\ 0.93 & 0.10 & -0.93 & -1.01 & -1.01 \end{bmatrix} \begin{matrix} \mu_i^0 \\ \mu_i \end{matrix} \end{array} \tag{4-16}$$

(路段二)：

$$\mu_i=\begin{array}{c} \begin{matrix} C_1 & C_2 & C_3 & C_4 & C_5 \end{matrix} \\ \begin{bmatrix} 0.33 & 0.07 & -0.93 & -1.0 & -1.0 \\ 0.43 & -0.02 & -0.93 & -1.0 & -1.0 \end{bmatrix} \begin{matrix} \mu_i^0 \\ \mu_i \end{matrix} \end{array} \tag{4-17}$$

由式(4-16)、式(4-17)计算结果,采用式(4-10)最大联系数准则,进行评价。如果采用常权评价,则可知路段一、路段二的路面性能均为优,采用变权评价则可知路段一、路段二的公路沥青路面性能仍均为优,评价结果变化较小,从单项评价指标来看,路段一路面性能评价指标除路面强度系数接近良外,其他指标均处良以上,且因行驶质量指数受到强激励,路面性能评价结果整体有所提高。而路段二路面性能单项指标的情况为路面行使质量指数和横向力指数为良,路面状况指数和路面强度系数均为优,常权评价时,因为横向力系数指标值权重较小,强度系数指标的影响部分被中和,评价结果过于乐观。采用变权评价后,由于其此指标受到强惩罚,突出了这项指标的影响,所以评价结果与常权评价结果相比变化较大。通过与现场路面状况得实际调查,发现采用变权分析计算与实际路面状况更为接近。

4.4　基于模糊随机法的多路段沥青路面使用性能整体评价

由以上分布可以看出,路面性能参数具有较大的变异性和随机性,因此在评定比较路段的路面使用性能时,不能仅仅以单个数据进行评判,而应该以一个样本为单位,考察在达到规定评定标准条件的概率,由此来评定路况的达标标准,或评价某路况指标的水平。这一确定概率,就是所谓建立在一定概率基础上的路用性能评定标准。而《公路养护质量检查评定标准》(JTJ 075—2001)对公路养护质量的评定是以好路率为依据的。显而易见,合格率、好路率本身并没有考虑各评定参数作为随机变量的概率分布特性和变异性。对某个指标而言,两个合格率相同的评定对象,由于各自概率分布模型不同,该指标达到设计、验收或评定标准的概率就会不同,有时工程质量或路况水平可能会相差很大。因此可以看出,基于概率分析的路面评价标准考虑了路况数据的概率分布形式和变异性,更显科学、全面和先进。

4.4.1　模糊随机风险的定义

定义 1　设论域 $X=\{x_1,x_2,\cdots,x_n\}$,x_i 表示不利事件,如经济损失,路面性能损坏程度等,$p(x_i)$为事件 x_i 发生的概率。概率分布为 $P=\{p(x_i)\mid x_i\in X\}$,称 $p(x_i)$为概率风险。

定义 2　设论域 X 的一个模糊子集是指 X 到区间$[0,1]$的一个映射:

$$A:U\rightarrow[0,1]$$

$$u\rightarrow\mu_A(\mu)$$

μ_A 称为 A 的隶属函数,$\mu_A(x)$表示元素 x 属于 A 的程度,称为 x 对 A 的隶属度。

定义 3　设 x 为在论域 X 中取值的变量,A 为 X 上的模糊子集,则命题“x 是 A”给出了对变量 x 取值的一个弹性限制,记为 $R(A)$,或称为确定了变量 x 取值的一个可能性分布，记为 π_x。变量 x 取值 u 的可能性 $\pi_x(u)$ 规定为 A 的隶属函数 μ_A 在 u 的值 $\mu_A(\mu)$，$u\in X$ 为任意的，即有 $\pi_x(u)=\mu_A(u)$，π_x 称为 x 的可能性分布函数。

可能性分布函数 π_x 与隶属函数 μ_A 在数值上是相等的，但意义不同。μ_A 表示论域中元素对 A 的隶属程度，而 π_x 则描述命题"x 是 A"是否可能，可能的程度多大。

所谓概率 $p(x_i)$ 是指事件 x_i 出现的频率，当独立随机抽样次数趋于无穷时的一个极限值。而可能性 $\pi(x_i)$ 是指 x_i 使某一事实成立的程度，它可以跟随机抽样实验无关。

定义 4 设 $X=\{x\}$ 为不利事件空间，$P=\{p\}$ 为概率论域，$\pi_x(p)$ 为 x 发生的概率是 p 的可能性，称 $\pi_x(p)$ 为可能性风险或模糊风险。

定义 5 设 $X=\{x_1,x_2,\cdots,x_n\}$ 为事件空间，$P=\{p_k\}$ 为事件 x_i 发生的概率论域，$i=1,2,\cdots,n$，$k=1,2,\cdots,n$。$\pi(x_i)=\{\pi_k\}$ 为 x_i 发生的概率为 p_k 的可能性论域，则称 $F_i=\sum_{k=1}^{l}\pi_k p_k$ 为事件 x_i 的模糊随机风险。

4.4.2 模糊随机风险模型

应用信息分配方法可在不完备数据集的基础上构造计算模糊随机风险的模型[106]。

设 $X=\{x_1,x_2,\cdots,x_n\}$ 为不利事件的样本点集。给定起点 x_0 和区间宽度 h，定义频率直方图的区间为 $[x_0+mh,x_0+(m+1)h]$，m 为整数。区间选左闭右开，则用于估计概率密度的直方图的定义为：

$$P=\frac{n_i}{nh}\qquad(n_i\ \text{为每个区间的}\ x_i\ \text{的个数})$$

但只有当 n 足够大时直方图才是有用的工具，否则，得到的概率风险估计值就会太粗糙。而用信息分配法扩展直方图方法而得到的风险估计，当 n 较小时更合理。

取各区间的中点值形成一个离散论域 $U=\{u_j|j=1,2,\cdots m\}$，u_j 称为控制点。

然后令 $P=\{p_k|k=1,2,\cdots n+1\}=\left\{\frac{0}{n},\frac{1}{n},\frac{2}{n},\cdots,\frac{n}{n}\right\}$ 为概率论域。

令区间 I_j 的可能性分布为 $\pi_{I_j}(p_k)$，$k=1,2,\cdots,n+1$。从信息分配理论的观点看，样本点 x_i 可将其量值为 q_{ij} 的信息分配给 u_j，计算公式如式(4-18)：

$$q_{ij}=\begin{cases}1-\dfrac{|x_i-u_j|}{h} & |x_i-u_j|\leqslant h\\ 0 & |x_i-u_j|>h\end{cases}\tag{4-18}$$

对区间 I_j，将 X 分成两个部分：X_1 和 X_2。如果所有 $x\in X_1$，则 $x\in I_j$，称 X_1 为 I_j 的内集。如果所有 $x\in X_2$，则 $x\notin I_j$，称 X_2 为 I_j 的外集。

令 S 为 X_1 的指标集，若所有 $s\in S$，则 $x_s\in X_1$，且 $X_1=\{x_s|s\in S\}$。令 T 为 X_2 的指标集，$t\in T$，则 $x_t\in X_2$，且 $X_2=\{x_t|t\in T\}$。S 和 T 分别称为内指标集和外指标集。

进一步的，假定 X_1 中有 n_1 个样本点。一般地，对所有 $x_i\in X$，若 $x_i\in X_1$，我们说它将丢失信息，量值为 $1-q_{ij}$。显然 q_{ij} 越大，丢失信息越少，或者说 x_i 越是靠近 I_j 的中点 u_j，信息越不易丢失。

我们用 $q_{\bar{ij}}=1-q_{ij}$ 代表丢失信息量；若 $x_i\in X_2$，虽然 x_i 不会落入区间 I_j，但它将会给 I_j 补充信息，量值恰好为 q_{ij}。显然，如果 x_i 与 I_j 中点 u_i 之距离超过区间 I_j 的长度 h，q_{ij} 将为零。q_{ij}^{+} 代表此信息增量[19]。

因为有 n_1 个样本点属于第 j 个区间 I_j，n_1/n 可看作是不利事件 x 在 I_j 中出现的概率的估计值。出现概率的可能性定义为1，即

$$\pi_{I_j}\left(\frac{n_1}{n}\right)=1$$

然而，如果 $x_i\in X_1$，当随机试验有扰动时，x_i 可能离开区间 I_j，信息量 q_{ij}^{-} 可视为 x_i 离开 I_j 的可能性。直观地来说，x_i 越靠近 I_j 的边界，离开的可能性越大，这与 q_{ij}^{-} 此时较大是吻合的。当 X_1 中一个样本点离开 I_j 后，$P=\{x\in I_j\}=\dfrac{n_1-1}{n}$，而 X_1 中的任何一个样本点都可能离开。因此，$P=\{x\in I_j\}=\dfrac{n_1-1}{n}$ 的可能性为式(4-19)：

$$\pi_{I_j}\left(\frac{n_1-1}{n}\right)=\bigvee_{s\in S}q_{ij}^{-}\tag{4-19}$$

若有两个样本点离开，可得 $P=\{x\in I_j\}=\dfrac{n_1-2}{n}$。根据可能性的特性，$x_{s1}$ 和 x_{s2} 都离开 I_j 的可能性为 $q_{s_1j}^{-}\wedge q_{s_2j}^{-}$。考虑所有样本点对，可知 $P=\{x\in I_j\}=\dfrac{n_1-2}{n}$ 的可能性为式(4-20)：

$$\pi_{I_j}\left(\frac{n_1-2}{n}\right)=\bigvee_{\substack{s_1,s_2\\ s_1\neq s_2}}\left(q_{s_1j}^{-}\wedge q_{s_2j}^{-}\right)\tag{4-20}$$

另一方面 X_2 中的样本点在随机实验有扰动时也可能进入 I_j，如果所有 $x_i\in X_2$，进入 I_j 的可能性为 q_{ij}^{+}。因此，$P\{x\in I_j\}=\dfrac{n_1+1}{n}=\bigvee_{t\in T}q_{ij}^{+}$ 的可能性为式(4-21)：

$$\pi_{I_j}\left(\frac{n_1+1}{n}\right)=\bigvee_{t\in T}q_{ij}^{+}\tag{4-21}$$

若 X_2 中有两个样本点进入 I_j，可得 $P\{x\in I_j\}=\dfrac{n_1+2}{n}$，其可能性为式(4-22)：

$$\pi_{I_j}\left(\frac{n_1+2}{n}\right)=\bigvee_{\substack{t_1,t_2\in T\\ t_1\neq t_2}}\left(q_{t_1j}^{+}\wedge q_{t_2j}^{+}\right)\tag{4-22}$$

因此，当 $X_1=\{x_s\mid s\in S\}$ 的容量为 n_1 时，可得可能性分布为式(4-23)：

$$
\pi_{I_j}(p_k)=\begin{cases}
\bigwedge\limits_{s\in S} q_{sj}^{-} & p_k=\dfrac{0}{n}\\
\cdots\cdots & \\
\bigvee\limits_{\substack{s_1,s_2,s_3\\ s_1\neq s_2\neq s_3}} (q_{s_1j}^{-}\wedge q_{s_2j}^{-}\wedge q_{s_3j}^{-}) & p_k=\dfrac{n_1-3}{n}\\
\bigvee\limits_{\substack{s_1,s_2\\ s_1\neq s_2}} (q_{s_1j}^{-}\wedge q_{s_2j}^{-}) & p_k=\dfrac{n_1-2}{n}\\
\bigvee\limits_{s\in S} q_{sj}^{-} & p_k=\dfrac{n_1-1}{n}\\
1 & p_k=\dfrac{n_1}{n}\\
\bigvee\limits_{s\in S} q_{sj}^{+} & p_k=\dfrac{n_1+1}{n}\\
\bigvee\limits_{\substack{t_1,t_2\\ t_1\neq t_2}} (q_{t_1j}^{+}\wedge q_{t_2j}^{+}) & p_k=\dfrac{n_1+2}{n}\\
\cdots\cdots & \\
\bigwedge\limits_{t\in T} q_{tj}^{-} & p_k=\dfrac{n}{n}
\end{cases}
\tag{4-23}
$$

4.4.3 多路段路面使用性能模糊随机风险评价

取表4-1高速公路沥青路面使用性能各项指标数据,每项20条。分别为:路面状况指数 $x_{i1}=\{x_i\,|\,i=1,2,\cdots,20\}=(82.4,76.7,71.3,72.3,73.7,40.8,39.0,67.0,58.9,71.2,73.3,62.1,72.8,78.0,64.4,60.7,84.3,74.3,72.4,61.1)$;行驶质量指数 $x_{i2}=\{x_i\,|\,i=1,2,\cdots,20\}=(94.8,96.1,94.8\ 94.5\ 94.3,93.5,93.6,93.8,94.7,92.6,90.0,92.9,94.8,96.3,94.9,95.2,95.3,94.3,95.7,96.3)$;路面结构强度指数 $x_{i3}=\{x_i\,|\,i=1,2,\cdots,20\}=(45.4,75.1,82.5,76.6,89.7,47.3,58.7,66.6,79.4,70.8,57.4,49.3,45.3,57.3,51.8,59.1,78.8,44.8,64.6,35.7)$;抗滑性能指数 $x_{i4}=\{x_i\,|\,i=1,2,\cdots,20\}=(90.20,66.00,66.73,73.78,74.73,69.50,75.01,66.72,69.05,63.25,66.54,75.52,73.02,71.83,65.63,68.74,69.11,68.49,69.13,66.83)$

按概率统计中频率直方图做法的要求分组数 $m=6$,即划分区间为 $I_{11}=[37.5,47.5]$,$I_{21}=[47.5,57.5]$,$I_{31}=[57.5,67.5]$,$I_{41}=[67.5,77.5]$,$I_{51}=[77.5,87.5]$,$I_{61}=[87.5,97.5]$;$I_{12}=[86.5,88.5]$,$I_{22}=[88.5,90.5]$,$I_{32}=[90.5,92.5]$,$I_{42}=[92.5,94.5]$,$I_{52}=[94.5,96.5]$,$I_{62}=[96.5,98.5]$;$I_{13}=[35,45]$,$I_{23}=[45,55]$,$I_{33}=[55,65]$,$I_{43}=[65,75]$,$I_{53}=[75,85]$,$I_{63}=[85,95]$;$I_{14}=[62.5,67.5]$,$I_{24}=[67.5,72.5]$,$I_{34}=[72.5,77.5]$,$I_{44}=[77.5,82.5]$,$I_{54}=[82.5,87.5]$,$I_{64}=[87.5,92.5]$。相应地,离散论域为:$U_1=\{u_{j1}\,|\,j=1,2,3,4,5,6\}=(42.5,52.5,62.5,72.5,82.5,92.5)$;$U_2=\{u_{j2}\,|\,j=1,2,3,4,5,6\}=$

(87.5,89.5,91.5,93.5,95.5,97.5)；$U_3=\{u_{j3}|j=1,2,3,4,5,6\}=(40,50,60,70,80,90)$；$U_4=\{u_{j4}|j=1,2,3,4,5,6\}=(65,70,75,80,85,90)$。其中步长 $h_1=10,h_2=2,h_3=10,h_4=5$。

令概率论域 $P=\{p_k\}=\left\{\frac{0}{20},\frac{1}{20},\frac{2}{20},\cdots,\frac{19}{20},\frac{20}{20}\right\}$。对于 I_{11}，可得 $X_{11}=\{x_6,x_7\},X_{21}=\{x_1,x_2,x_3,x_4,x_5,x_8,x_9,x_{10},x_{11},x_{12},x_{13},x_{14},x_{15},x_{16},x_{17},x_{18},,x_{19},x_{20}\}$，$S=\{6,7\}$，$T=\{1,2,3,4,5,8,9,10,11,12,13,14,15,16,17,18,19,20\}$。

利用式(4-18)，可得到控制点 u_{11} 从信息源 $x_{61}=40.8$ 获得的信息

$$q_{61}=1-\frac{|x_{61}-u_1|}{h_1}=1-\frac{|40.8-42.5|}{10}=0.83$$

同理分配所有的 x_i 到 u_j，$i=1,2,\cdots,20$；$j=1,2,\cdots,6$ 可得显示 X 在 U 上信息结构情况，见表 4-12 ~ 表 4-15。

路面状况指数 X_{11} 在 U 上的信息分配　　表 4-12

q_{ij}	u_1	u_2	u_3	u_4	u_5	u_6
x_1	0	0	0	0.01	0.99	0
x_2	0	0	0	0.58	0.42	0
x_3	0	0	0.12	0.88	0	0
x_4	0	0	0.02	0.98	0	0
x_5	0	0	0	0.88	0.12	0
x_6	0.83	0	0	0	0	0
x_7	0.65	0	0	0	0	0
x_8	0	0	0.55	0.45	0	0
x_9	0	0.36	0.64	0	0	0
x_{10}	0	0	0.13	0.87	0	0
x_{11}	0	0	0	0.92	0.08	0
x_{12}	0	0.04	0.96	0	0	0
x_{13}	0	0	0	0.97	0.03	0
x_{14}	0	0	0	0.45	0.55	0
x_{15}	0	0	0.81	0.19	0	0
x_{16}	0	0.18	0.82	0	0	0
x_{17}	0	0	0	0	0.82	0.18
x_{18}	0	0	0	0.82	0.18	0
x_{19}	0	0	0.01	0.99	0	0
x_{20}	0	0.14	0.86	0	0	0

行驶质量指数 X_{12} 在 U 上的信息分配

表 4-13

q_{ij}	u_1	u_2	u_3	u_4	u_5	u_6
x_1	0	0	0	0.35	0.65	0
x_2	0	0	0	0	0.7	0.3
x_3	0	0	0	0.35	0.65	0
x_4	0	0	0	0.5	0.5	0
x_5	0	0	0	0.6	0.4	0
x_6	0	0	0	1	0	0
x_7	0	0	0	0.95	0.05	0
x_8	0	0	0	0.85	0.15	0
x_9	0	0	0	0.4	0.6	0
x_{10}	0	0	0	0.55	0.45	0
x_{11}	0	0.75	0.25	0	0	0
x_{12}	0	0	0	0.7	0.3	0
x_{13}	0	0	0	0.35	0.65	0
x_{14}	0	0	0	0	0.6	0.4
x_{15}	0	0	0	0.3	0.7	0
x_{16}	0	0	0	0.12	0.88	0
x_{17}	0	0	0	0.1	0.9	0
x_{18}	0	0	0	0.6	0.4	0
x_{19}	0	0	0	0	0.9	0.1
x_{20}	0	0	0	0	0.6	0.4

路面结构强度指数 X_{13} 在 U 上的信息分配

表 4-14

q_{ij}	u_1	u_2	u_3	u_4	u_5	u_6
x_1	0.46	0.54	0	0	0	0
x_2	0	0	0	0.49	0.51	0
x_3	0	0	0	0	0.75	0.25
x_4	0	0	0	0.34	0.66	0
x_5	0	0	0	0	0.01	0.97
x_6	0.27	0.73	0	0	0	0
x_7	0	0.13	0.87	0	0	0

续上表

q_{ij}	u_1	u_2	u_3	u_4	u_5	u_6
x_8	0	0	0.34	0.66	0	0
x_9	0	0	0	0.06	0.94	0
x_{10}	0	0	0	0.92	0.08	0
x_{11}	0	0.26	0.74	0	0	0
x_{12}	0.97	0.93	0	0	0	0
x_{13}	0.47	0.53	0	0	0	0
x_{14}	0	0.27	0.73	0	0	0
x_{15}	0	0.82	0.18	0	0	0
x_{16}	0	0.09	0.91	0	0	0
x_{17}	0	0	0	0.12	0.88	0
x_{18}	0.52	0.48	0	0	0	0
x_{19}	0	0	0.54	0.46	0	0
x_{20}	0.57	0	0	0	0	0

抗滑性能指数 X_{14} 在 U 上的信息分配　　表 4-15

q_{ij}	u_1	u_2	u_3	u_4	u_5	u_6
x_1	0	0	0	0	0	0.96
x_2	0.8	0.2	0	0	0	0
x_3	0.65	0.35	0	0	0	0
x_4	0	0.24	0.76	0	0	0
x_5	0	0.05	0.95	0	0	0
x_6	0.10	0.90	0	0	0	0
x_7	0	0	1	0	0	0
x_8	0.66	0.34	0	0	0	0
x_9	0.19	0.81	0	0	0	0
x_{10}	0.65	0	0	0	0	0
x_{11}	0.69	0.31	0	0	0	0
x_{12}	0	0	0.90	0.10	0	0
x_{13}	0	0.40	0.60	0	0	0
x_{14}	0	0.63	0.17	0	0	0

续上表

q_{ij}	u_1	u_2	u_3	u_4	u_5	u_6
x_{15}	0.87	0.13	0	0	0	0
x_{16}	0.25	0.75	0	0	0	0
x_{17}	0.18	0.82	0	0	0	0
x_{18}	0.30	0.70	0	0	0	0
x_{19}	0.17	0.83	0	0	0	0
x_{20}	0.63	0.37	0	0	0	0

对于I_{1t}由$q_{ij}^{-}=1-q_{ij}$计算出q_{ij}^{-},然后利用公式,计算出$\pi_{I_j}(p_k)$。同理可得区间上的结果列于表4-16~表4-19,限于篇幅,不一一说明。

路面状况指数的模糊风险 表4-16

$\pi_{I_j}(p_k)$	I_{11}	I_{21}	I_{31}	I_{41}	I_{51}	I_{61}
p_1	0.17	1	0.04	0.01	0.01	1
p_2	0.35	0.36	0.14	0.02	0.18	0.18
p_3	1	0.18	0.18	0.03	0.45	0
p_4	0	0.14	0.19	0.08	1	0
p_5	0	0.04	0.36	0.12	0.42	0
p_6	0	0	0.45	0.12	0.18	0
p_7	0	0	1	0.13	0.12	0
p_8	0	0	0.13	0.18	0.08	0
p_9	0	0	0.12	0.42	0.03	0
p_{10}	0	0	0.02	1	0	0
p_{11}	0	0	0.01	0.45	0	0
p_{12}	0	0	0	0.45	0	0
p_{13}	0	0	0	0.19	0	0
p_{14}	0	0	0	0.01	0	0
p_{15}	0	0	0	0	0	0
p_{16}	0	0	0	0	0	0
p_{17}	0	0	0	0	0	0
p_{18}	0	0	0	0	0	0
p_{19}	0	0	0	0	0	0
p_{20}	0	0	0	0	0	0
p_{21}	0	0	0	0	0	0

行驶质量指数的模糊风险　　表 4-17

$\pi_{I_j}(p_k)$	I_{12}	I_{22}	I_{32}	I_{42}	I_{52}	I_{62}
p_1	1	0.25	1	0.05	0.10	1
p_2	0	1	0.25	0.15	0.10	0.40
p_3	0	0	0	0.30	0.12	0.40
p_4	0	0	0	0.40	0.30	0.30
p_5	0	0	0	0.40	0.30	0.10
p_6	0	0	0	0.45	0.35	0
p_7	0	0	0	0.5	0.35	0
p_8	0	0	0	1	0.35	0
p_9	0	0	0	0.40	0.40	0
p_{10}	0	0	0	0.35	1	0
p_{11}	0	0	0	0.35	0.5	0
p_{12}	0	0	0	0.35	0.45	0
p_{13}	0	0	0	0.30	0.40	0
p_{14}	0	0	0	0.12	0.40	0
p_{15}	0	0	0	0.10	0.30	0
p_{16}	0	0	0	0	0.15	0
p_{17}	0	0	0	0	0.05	0
p_{18}	0	0	0	0	0	0
p_{19}	0	0	0	0	0	0
p_{20}	0	0	0	0	0	0
p_{21}	0	0	0	0	0	0

路面结构强度指数的模糊风险　　表 4-18

$\pi_{I_j}(p_k)$	I_{13}	I_{23}	I_{33}	I_{43}	I_{53}	I_{63}
p_1	0.03	0.18	0.09	0.08	0.06	0.03
p_2	0.48	0.27	0.13	0.34	0.12	1
p_3	1	0.46	0.26	1	0.25	0.25
p_4	0.47	0.47	0.27	0.49	0.34	0
p_5	0.47	1	0.46	0.46	0.49	0
p_6	0.27	0.48	1	0.34	1	0
p_7	0	0.30	0.34	0.12	0.08	0

续上表

$\pi_{I_j}(p_k)$	I_{13}	I_{23}	I_{33}	I_{43}	I_{53}	I_{63}
p_8	0	0.27	0.18	0.06	0.03	0
p_9	0	0	0	0	0	0
p_{10}	0	0	0	0	0	0
p_{11}	0	0.03	0	0	0	0
p_{12}	0	0	0	0	0	0
p_{13}	0	0	0	0	0	0
p_{14}	0	0	0	0	0	0
p_{15}	0	0	0.26	0	0	0
p_{16}	0	0	0.13	0	0	0
p_{17}	0	0	0	0	0	0
p_{18}	0	0	0	0	0	0
p_{19}	0	0	0	0	0	0
p_{20}	0	0	0	0	0	0
p_{21}	0	0	0	0	0	0

抗滑性能指数的模糊风险 表4-19

$\pi_{I_j}(p_k)$	I_{14}	I_{24}	I_{34}	I_{44}	I_{54}	I_{64}
p_1	0.13	0.10	0.05	1	1	0.04
p_2	0.20	0.17	0.10	0.1	0	1
p_3	0.31	0.17	0.24	0	0	0
p_4	0.34	0.18	0.40	0	0	0
p_5	0.35	0.19	1	0	0	0
p_6	0.35	0.25	0.17	0	0	0
p_7	0.37	0.30	0	0	0	0
p_8	1	1	0	0	0	0
p_9	0.25	0.40	0	0	0	0
p_{10}	0.19	0.37	0	0	0	0
p_{11}	0.18	0.35	0	0	0	0
p_{12}	0.17	0.34	0	0	0	0
p_{13}	0.13	0.31	0	0	0	0

续上表

$\pi_{I_j}(p_k)$	I_{14}	I_{24}	I_{34}	I_{44}	I_{54}	I_{64}
p_{14}	0.1	0.24	0	0	0	0
p_{15}	0	0.20	0	0	0	0
p_{16}	0	0.13	0	0	0	0
p_{17}	0	0	0	0	0	0
p_{18}	0	0	0	0	0	0
p_{19}	0	0	0	0	0	0
p_{20}	0	0	0	0	0	0
p_{21}	0	0	0	0	0	0

由定义 5 可得路面使用性能各区间的模糊随机风险，见表 4-20。

高速公路路面使用性能各区间的模糊随机风险　　表 4-20

项　目	F_1	F_2	F_3	F_4	F_5	F_6
路面状况指数	0.127 5	0.065	0.645 5	1.383	0.409	0.009
行驶质量指数	0	0.05	0.012 5	1.803	2.407	0.125
结构强度指数	0.356	0.812	0.580	0.424 5	0.464 5	0.075
抗滑性能指数	1.222 5	1.861	0.331 5	0.005	0	0.05

从表 4-20 中的数据可以做出以下分析：

(1)高速公路沥青路面状况指数、行驶质量指数、路面结构强度指数、抗滑性能指数分别处于[67.5,77.5]、[94.5,96.5]、[45,55]和[67.5,72.5]的可能性最大，从京秦高速公路路用性能检测数据可以看出，其路用性能数据多处于此区间。

(2)路面状况指数处于 F_1 的模糊随机风险 0.127 5 大于处于 F_2 的模糊随机风险 0.065，出现异常。这是因为路段 K85 ~ K86、K86 ~ K87 路面状况指数为 40.8 和 39.0，处于区间[37.5,47.5]，而没有处于区间[47.5,57.5]的检测数据。此区间的概率风险是由 K88 ~ K89、K95 ~ K96 的检测数据 58.9 和 60.4 的“数据漂移”造成的。

(3)行驶质量指数数据处于 F_4、F_5 的模糊风险分别为 1.803 和 2.407，而 F_1、F_2、F_3、F_6 的模糊风险之和为 0.187 5，远远小于其处于 F_4、F_5 的模糊风险，说明其大部分数据处于[92.5,96.5]。

(4)结构强度指数 F_2、F_3 的模糊风险为 0.812 和 0.580，与处于其他区间的风险相比占有一定的优势。20 个路段中共有 6 个路段的强度指数处于[45,55]和 5 个数据处于[55,65]，F_1、F_4、F_5 的模糊风险分别为 0.356、0.424 5 和 0.464 5，三者大体相当，处于 F_2、F_3 和 F_1、F_4、F_5 的路用性能数据基本相同。从结构强度指数来看，几个路段的使用性能整体性较强。

(5)行驶质量指数数据处于 F_1、F_2的模糊风险为 1.222 5、1.861,说明绝大部分数据处于[62.5,72.5],另外可以看出 F_6的模糊风险为 0.05,这是由于 K80 ~ K81 路段的行驶质量指数为 90.20,形成孤岛。从检测数据来看,此路段路用性能明显强于其他路段。

由路面使用性能各区间的模糊随机风险和各性能指标的权重系数,依据上文所述步骤,可以进一步得出多路段的路面使用性能整体模糊随机风险综合水平。

所以应对其值域进行归一化处理,采用非线性拟合的转换方法把各不同值域转换成[0,1]区间数值,见表 4-21。

路面使用性能各区间的模糊随机风险转化值 表 4-21

项　目	F_1	F_2	F_3	F_4	F_5	F_6
路面状况指数	0.05	0.02	0.24	0.52	0.15	0.00
行驶质量指数	0.00	0.01	0.00	0.41	0.55	0.03
结构强度指数	0.13	0.30	0.21	0.16	0.17	0.03
抗滑性能指数	0.35	0.54	0.10	0.00	0.00	0.01

由前述步骤可得高速公路路面使用性能模糊随机风险综合水平为:

$F=\{F_1,F_2,F_3,F_4,F_5,F_6\}=\{0.07,0.15,0.15,0.33,0.26,0.02\}$。若把路面使用性能分为 6 个等级,按照置信度原则,设置信度为 0.6,则高速公路路面使用性能处于 F_4的概率最大。

4.5　本章小结

(1)路面设计的最终判断依据是路面使用性能,而路面性能参数测定值往往具有较大的随机性和变异性,为了能够深入了解沥青混凝土路面性能参数的特点,并为高速公路路面评价、基于路面性能的路面设计方法和理论研究提供前期研究基础,对路面使用性能参数进行有计划地采集,并研究、分析其概率统计特性都是非常重要和必需的基础性工作。本章依托京秦高速公路路况普查测定的大量数据,依据可靠性数学的基本理论,并运用数理统计的方法,运用 Mintab 程序,对高速公路沥青混凝土路面使用性能各参数的概率分布模型、变异水平进行了较全面地研究分析,为高速公路沥青混凝土路面性能评价、预测、可靠性分析以及相关理论研究提供有价值的参考。

(2)本章针对路面使用性能综合评价的复杂性,以集对论为基础,进行了同、异、反分析,在确定路面性能评价指标和评价类别的联系度后,建立了集对分析评价模型。从路面使用性能的特点出发,给出了一种局部惩罚—激励型变权确定方法,并与所建的集对分析模型相结合,采用联系数最大原则,提出了变权综合评价方法,使得评价结果更加客观科学,同时,以代表性路段的沥青路面性能评价为例,验证了该评价方法的合理性。

(3)路面使用性能检测数据存在着大量的不确定性,这种不确定性既有随机性,又有模糊性。目前路面使用性能分析中一般采用确定性的方法,但是很多情况下随机性和模糊性是共存的,为此引入模糊集理论,将随机性与模糊性相结合。即在概率风险的基础上,结合事件发生概率的可能性,应用信息分配方法,在不完备数据的基础上构造计算模糊随机风险的模型。该方法克服了概率分析中要求大样本这一困难,并且可以提供更多的风险信息,较好地处理了路面使用性能分析中模糊不确定性和随机不确定性,该方法通过实例计算得到的结果精确度较高,为多路段路面使用性能评价提供了一种新的方法。

第5章 高速公路罩面后路面使用性能变化规律研究

5.1 路面罩面后使用性能预测的必要性

路面使用性能预测历来是进行科学的路面养护管理的重要依据。路面在使用过程中,由于不断承受行车荷载和各种因素的作用,以及路面材料的老化,致使路面产生各种各样的破损,使用性能也随时间逐渐降低。当路面的使用性能降低到某一标准时,就必须采取相应的养护和改建措施以恢复和提高其使用性能。为选择最佳养护对策,公路养护管理部门要及时准确地了解路面的使用状况,做出科学的判断及预测,只有这样才能知道何时该采取何种相应措施,这就要预估其性能随时间演化的规律。因此,使用性能预估模型是路面管理系统中最主要的组成部分之一。

由于路面罩面后使用性能变化十分复杂,交通轴载、结构强度、面层厚度、基层类型、环境状况、材料类型、养护水平等众多因素都将影响路面性能,路面罩面后使用性能变化呈现非线性弱相依的特征,使得路面罩面后使用性能的预测难度加大。除此之外,用以建立模型及检验模型的数据严重不足,缺乏必要的路面性能实测数据的支持,也很难从这些有限的数据中得出准确的预测模型。因此,很多专家提出采用神经网络或灰色预测等方法,通过挖掘历史数据的规律实现路面罩面后使用性能的预测。但是,上述方法都存在其局限性,当用于训练的模式互相矛盾时,神经网络就会由于不知道如何适应矛盾模式而产生较大的系统误差,导致神经网络不收敛;灰色预测近期预测精度比较高,进行长期预测时,预测值往往偏高或偏低,对随机性较大的数列拟合效果较差。

马尔可夫预测模型可以反映出路面罩面后使用性能状态的概率,并且能够以概率分布的形式反映出路面在使用过程中由于荷载、材料和环境的变异而导致不能确定的使用性能的变化,因而更为客观;该模型将样本点转换成模糊集,部分弥补了由于数据的不完备性所造成的信息空白,并可以将矛盾模式转换成兼容模式,因而便于更新和组织到优化过程当中。通过与实际检测结果的比较,发现该模型有较高的预测精度和推广应用价值,所建马尔可夫预测模型也可纳入路面管理系统中,为路面管理工作提供理论依据[17]。

5.2 沥青路面罩面后使用性能预测马尔可夫模型

马尔可夫模型的核心内容是状态转移矩阵,它表示沥青路面罩面后,取一组具有相同属性(结构、交通等级、使用年龄和环境因素等方面相同)的路段,其使用性能指标在预定时段内从某一状态转移到另一状态的概率;由此来看,该模型可以用来描述路面状态在转移之前和转移之后各个状态的概率,从而模拟沥青路面罩面后同组路面的总的使用性能。

马尔可夫分析的基本假定。在进行马尔可夫分析时应认为:

(1)预测期系统状态数保持不变。

(2)系统状态转移概率矩阵不随时间变化。

(3)状态转移概率仅仅受前一状态的影响,即马尔可夫过程无后效性。

马尔可夫基本模型:

一个可能具有 m 个状态的系统,状态变化只发生在参数的离散值上,一般说,系统将来处于的状态 i 的概率与他全部历史有关,所以应该是条件概率[18-20]:

$$P(A_{n+1}=i,|A_0=a_0,A_1=a_1,\cdots,A_n=a_n) \tag{5-1}$$

其中,$|A_0=a_0,A_1=a_1,\cdots,A_n=a_n|$ 代表系统以前的所有状态,如果将来的状态只与现在的状态有关,则条件概率为:

$$P(A_{n+1}=i,|A_0=a_0,A_1=a_1,\cdots,A_n=a_n)=P(A_n=a_n) \tag{5-2}$$

此过程称为马尔可夫过程。

对于马尔可夫链,可以将从时刻 t_n 的状态 i 变为时刻 t_m 的状态 j 的转移概率表示为:

$$p_{ij}(m,n)=p(A_n=j|A_m=i)\quad n>m \tag{5-3}$$

如果 $p_{ij}(m,n)$ 只与时间差 t_n-t_m 有关,而与时间的起点 t_n 无关,则称之为齐次马尔可夫链。对一个具有 m 个状态的系统,可以将各种情况的转移概率归纳为一个矩阵来表示,即状态转移矩阵[21-22]:

$$p=\begin{bmatrix} p_{11} & p_{12} & \cdots & p_{1m} \\ p_{21} & p_{22} & \cdots & p_{2m} \\ \cdots & \cdots & \cdots & \cdots \\ p_{m1} & p_{m2} & \cdots & p_{mm} \end{bmatrix} \tag{5-4}$$

$$p(n)=p(n-1)\cdot p(n-2)\cdot p\cdot p=\cdots p(0)\cdot p^n$$

马尔可夫模型考虑了路面使用性能各区间的模糊随机风险性,因此在数据较少的情况下结合工程经验建模的准确性相对较高,并可以从使用寿命的任一年开始预测,用于决策模型进行动态优化,以得到合理的养护计划。

5.3　京秦高速公路罩面后使用性能模糊随机风险评价

沥青路面使用性能与各单项使用性能指标相关,按照《公路沥青路面养护技术规范》(JTJ 073.2—2001)计算得到使用性能调查指标:行驶质量指数(RQI),路面状况指数(PCI),结构承载力指数(SSI),横向力系数(SFC)。建立的数据基础来源于京秦高速公路2006~2010年罩面后直接罩面段,铣刨面层再罩面段,铣刨面层、上基层再罩面段的检测数据进行路面使用性能区间的划分,具体划分结果详见表5-1~表5-3。

直接罩面段京秦高速公路路面使用性能区间划分 表 5-1

项目	F_1	F_2	F_3	F_4	F_5	F_6	F_7	F_8	F_9	F_{10}	F_{11}	F_{12}
RQI	96.5 ~ 94.0	94.0 ~ 91.5	91.5 ~ 89.0	89.0 ~ 86.5	86.5 ~ 84.0	84.0 ~ 81.5	81.5 ~ 79	79 ~ 76.5	76.5 ~ 74	74 ~ 71.5	71.5 ~ 69	≤69
SSI	3.3 ~ 3.05	3.05 ~ 2.8	2.8 ~ 2.55	2.55 ~ 2.3	2.3 ~ 2.05	2.05 ~ 1.8	1.8 ~ 1.55	1.55 ~ 1.3	1.3 ~ 1.05	1.05 ~ 0.8	0.8 ~ 0.65	≤0.65
SFC	70 ~ 66.5	66.5 ~ 63.5	63.5 ~ 60.5	60.5 ~ 57.5	57.5 ~ 54.5	54.5 ~ 51.5	51.5 ~ 48.5	48.5 ~ 45.5	45.5 ~ 42.5	42.5 ~ 39.5	39.5 ~ 36.5	<36.5

铣刨面层再罩面段京秦高速公路路面使用性能区间划分 表 5-2

项目	F_1	F_2	F_3	F_4	F_5	F_6	F_7	F_8	F_9	F_{10}	F_{11}	F_{12}
RQI	96.60 ~ 94.1	94.1 ~ 91.60	91.60 ~ 89.1	89.1 ~ 86.6	86.6 ~ 84.1	84.1 ~ 81.6	81.6 ~ 79.1	79.1 ~ 76.6	76.6 ~ 74.1	74.1 ~ 71.6	71.6 ~ 69.1	≤69.1
SSI	2.7 ~ 2.5	2.5 ~ 2.3	2.3 ~ 2.1	2.1 ~ 1.9	1.9 ~ 1.7	1.7 ~ 1.5	1.5 ~ 1.3	1.3 ~ 1.1	1.1 ~ 0.9	0.9 ~ 0.8	0.8 ~ 0.7	≤0.7
SFC	70 ~ 66.5	66.5 ~ 63.5	63.5 ~ 60.5	60.5 ~ 57.5	57.5 ~ 54.5	54.5 ~ 51.5	51.5 ~ 48.5	48.5 ~ 45.5	45.5 ~ 42.5	42.5 ~ 39.5	39.5 ~ 36.5	<36.5

铣刨面层、上基层再罩面段京秦高速公路路面使用性能区间划分 表 5-3

项目	F_1	F_2	F_3	F_4	F_5	F_6	F_7	F_8	F_9	F_{10}	F_{11}	F_{12}
RQI	96.8 ~ 94.3	94.3 ~ 91.8	91.8 ~ 89.3	89.3 ~ 86.8	86.8 ~ 84.3	84.3 ~ 81.8	81.8 ~ 79.3	79.3 ~ 76.8	76.8 ~ 74.3	74.3 ~ 71.8	71.8 ~ 69.3	≤69.3
SSI	2.9 ~ 2.7	2.7 ~ 2.5	2.5 ~ 2.3	2.3 ~ 2.1	2.1 ~ 1.9	1.9 ~ 1.7	1.7 ~ 1.5	1.5 ~ 1.3	1.3 ~ 1.1	1.1 ~ 0.8	0.8 ~ 0.7	≤0.7
SFC	70 ~ 66.5	66.5 ~ 63.5	63.5 ~ 60.5	60.5 ~ 57.5	57.5 ~ 54.5	54.5 ~ 51.5	51.5 ~ 48.5	48.5 ~ 45.5	45.5 ~ 42.5	42.5 ~ 39.5	39.5 ~ 36.5	<36.5

根据多路段的路面使用性能整体模糊随机风险综合评价方法,计算京秦高速公路罩面后直接罩面段,铣刨面层再罩面段,铣刨面层、上基层再罩面段的历年高速公路路面使用性能各区间的模糊随机风险见 5.3.1 ~5.3.3。

5.3.1 直接罩面后路面使用性能评价

京秦高速公路直接罩面后历年高速公路路面使用性能各区间的模糊随机风险见表 5-4 ~ 表 5-8。

京秦高速公路 2006 年路面使用性能各区间的模糊随机风险(直接罩面) 表 5-4

项 目	F_1(%)	F_2(%)	F_3(%)	F_4(%)	F_5(%)	F_6(%)
行驶质量指数	6.90	48.28	27.59	17.24	0.00	0.00
路面强度系数	10.34	13.79	34.48	31.03	10.34	0.00
横向力系数	16.13	38.71	32.26	12.90	0.00	0.00

京秦高速公路 2007 年路面使用性能各区间的模糊随机风险(直接罩面) 表 5-5

项 目	F_2(%)	F_3(%)	F_4(%)	F_5(%)	F_6(%)	F_7(%)
行驶质量指数	13.79	44.83	34.48	6.90	0.00	0.00
路面强度系数	0.00	17.24	44.83	27.59	6.90	3.45
横向力系数	12.90	41.94	32.26	6.45	6.45	0.00

京秦高速公路 2008 年路面使用性能各区间的模糊随机风险(直接罩面) 表 5-6

项 目	F_3(%)	F_4(%)	F_5(%)	F_6(%)	F_7(%)	F_8(%)
行驶质量指数	10.34	51.72	20.69	13.79	3.45	0.00
路面强度系数	0.00	31.03	48.28	13.79	6.90	0.00
横向力系数	16.13	38.71	32.26	9.68	3.23	0.00

京秦高速公路 2009 年路面使用性能各区间的模糊随机风险(直接罩面) 表 5-7

项 目	F_4(%)	F_5(%)	F_6(%)	F_7(%)	F_8(%)	F_9(%)
行驶质量指数	20.69	41.38	27.59	6.90	3.45	0.00
路面强度系数	0.00	20.69	27.59	34.48	10.34	6.90
横向力系数	19.35	29.03	35.48	9.68	6.45	0.00

京秦高速公路 2010 年路面使用性能各区间的模糊随机风险(直接罩面) 表 5-8

项 目	F_5(%)	F_6(%)	F_7(%)	F_8(%)	F_9(%)	F_{10}(%)
行驶质量指数	13.79	31.03	37.93	6.90	3.45	6.90
路面强度系数	0.00	6.90	20.69	44.83	17.24	10.34
横向力系数	6.45	22.58	45.16	16.13	9.68	0.00

5.3.2 铣刨面层再罩面后路面使用性能评价

京秦高速罩面后铣刨面层再罩面段历年高速公路路面使用性能各区间的模糊随机风险见表5-9～表5-13。

京秦高速公路2006年路面使用性能各区间的模糊随机风险
（铣刨面层再罩面） 表5-9

项目	F_1(%)	F_2(%)	F_3(%)	F_4(%)	F_5(%)	F_6(%)
行驶质量指数	9.68	48.39	25.81	16.13	0.00	0.00
路面强度系数	16.13	29.03	32.26	12.90	9.68	0.00
横向力系数	21.43	39.29	32.14	7.14	0.00	0.00

京秦高速公路2007年路面使用性能各区间的模糊随机风险
（铣刨面层再罩面） 表5-10

项目	F_2(%)	F_3(%)	F_4(%)	F_5(%)	F_6(%)	F_7(%)
行驶质量指数	12.90	38.71	32.26	16.13	0.00	0.00
路面强度系数	12.90	35.48	25.81	19.35	6.45	0.00
横向力系数	25.00	42.86	28.57	3.57	0.00	0.00

京秦高速公路2008年路面使用性能各区间的模糊随机风险
（铣刨面层再罩面） 表5-11

项目	F_3(%)	F_4(%)	F_5(%)	F_6(%)	F_7(%)	F_8(%)
行驶质量指数	19.35	48.39	19.35	12.90	0.00	0.00
路面强度系数	22.58	45.16	25.81	6.45	0.00	0.00
横向力系数	25.00	35.71	32.14	7.14	0.00	0.00

京秦高速公路2009年路面使用性能各区间的模糊随机风险
（铣刨面层再罩面） 表5-12

项目	F_4(%)	F_5(%)	F_6(%)	F_7(%)	F_8(%)	F_9(%)
行驶质量指数	16.13	38.71	25.81	6.45	9.68	3.23
路面强度系数	19.35	41.94	25.81	9.68	3.23	0.00
横向力系数	28.57	39.29	25.00	7.14	0.00	0.00

京秦高速公路2010年路面使用性能各区间的模糊随机风险
（铣刨面层再罩面） 表5-13

项目	F_5(%)	F_6(%)	F_7(%)	F_8(%)	F_9(%)	F_{10}(%)
行驶质量指数	19.35	29.03	35.48	6.45	9.68	0.00
路面强度系数	19.35	38.71	29.03	9.68	3.23	0.00
横向力系数	17.86	46.43	25.00	7.14	3.57	0.00

5.3.3　铣刨面层、上基层后罩面路面使用性能评价

京秦高速罩面后铣刨面层、上基层再罩面段历年高速公路路面使用性能各区间的模糊随机风险见表 5-14 ~ 表 5-18。

京秦高速公路 2006 年路面使用性能各区间的模糊随机风险

（铣刨面层、上基层后罩面）　　表 5-14

项　目	F_1(%)	F_2(%)	F_3(%)	F_4(%)	F_5(%)	F_6(%)
行驶质量指数	15.15	42.42	24.24	18.18	0.00	0.00
路面强度系数	18.18	30.30	33.33	12.12	6.06	0.00
横向力系数	27.59	37.93	31.03	3.45	0.00	0.00

京秦高速公路 2007 年路面使用性能各区间的模糊随机风险

（铣刨面层、上基层后罩面）　　表 5-15

项　目	F_2(%)	F_3(%)	F_4(%)	F_5(%)	F_6(%)	F_7(%)
行驶质量指数	21.21	36.36	30.30	12.12	0.00	0.00
路面强度系数	12.12	39.39	30.30	15.15	3.03	0.00
横向力系数	31.03	44.83	17.24	6.90	0.00	0.00

京秦高速公路 2008 年路面使用性能各区间的模糊随机风险

（铣刨面层、上基层后罩面）　　表 5-16

项　目	F_3(%)	F_4(%)	F_5(%)	F_6(%)	F_7(%)	F_8(%)
行驶质量指数	18.18	51.52	18.18	12.12	0.00	0.00
路面强度系数	21.21	42.42	30.30	6.06	0.00	0.00
横向力系数	24.14	37.93	31.03	6.90	0.00	0.00

京秦高速公路 2009 年路面使用性能各区间的模糊随机风险

（铣刨面层、上基层后罩面）　　表 5-17

项　目	F_4(%)	F_5(%)	F_6(%)	F_7(%)	F_8(%)	F_9(%)
行驶质量指数	27.27	36.36	24.24	6.06	6.06	0.00
路面强度系数	15.15	39.39	33.33	9.09	3.03	0.00
横向力系数	20.69	37.93	34.48	6.90	0.00	0.00

京秦高速公路 2010 年路面使用性能各区间的模糊随机风险

（铣刨面层、上基层后罩面）　　表 5-18

项　目	F_5(%)	F_6(%)	F_7(%)	F_8(%)	F_9(%)	F_{10}(%)
行驶质量指数	24.24	30.30	33.33	9.09	3.03	0.00
路面强度系数	21.21	36.36	30.30	9.09	3.03	0.00
横向力系数	17.24	44.83	31.03	6.90	0.00	0.00

5.4 沥青路面使用性能预测马尔可夫模型的验证

本节以2006~2009年京秦高速公路直接罩面段路面行驶质量指数(*RQI*)性能各区间的模糊随机风险为例,使用马尔可夫模型预测出下个年份的*RQI*区间的模糊随机风险。首先对5.3节的使用性能区间划分进行归类:$F_1 \sim F_3$为低风险区,$F_4 \sim F_6$为较低风险区,$F_7 \sim F_9$为较高风险区,$F_{10} \sim F_{12}$为高风险区。具体使用性能的模糊随机风险情况如表5-19所示[23-24]:

京秦高速公路直接罩面段路 ***RQI*** 性能的模糊随机风险(%)　　表5-19

年份	等级			
	低风险	较低风险	较高风险	高风险
2006	82.76	17.24	0	0
2007	58.62	41.38	0	0
2008	10.34	86.20	3.45	0
2009	0	89.66	10.35	0.21
2010	0	44.82	48.28	6.9

求马尔可夫状态转移概率矩阵是马尔可夫预测中的关键与难点。设系统初始向量为

$$X_1 = [a_1, a_2, a_3, a_4] = [0.8276, 0.1724, 0, 0] \tag{5-5}$$

下一年的值为:

$$X_2 = [b_1, b_2, b_3, b_4] = [0.5862, 0.4138, 0, 0] \tag{5-6}$$

状态转移矩阵 P 为:$\begin{bmatrix} p11 & p12 & \cdots & p14 \\ p21 & p22 & \cdots & p24 \\ \cdots & \cdots & \cdots & \cdots \\ p41 & p42 & \cdots & p44 \end{bmatrix}$其中 p_{ij}表示状态 i 到状态 j 的概率。比如:p_{12}表示路面由高风险状态转变到较高风险状态的概率。

根据马尔可夫链,则下一年的预测可以用下面方程表示:

$$\begin{cases} a_1p_{11} + a_2p_{21} + \cdots + a_4p_{41} = b_1 \\ a_1p_{12} + a_2p_{22} + \cdots + a_4p_{42} = b_2 \\ a_1p_{13} + a_2p_{23} + \cdots + a_4p_{43} = b_3 \\ a_1p_{14} + a_2p_{24} + \cdots + a_4p_{44} = b_4 \\ p_{11} + p_{12} + p_{13} + p_{14} = 1 \end{cases} \tag{5-7}$$

同理,2008 ~ 2010 年的值可以用下面的方程组表示:

$$\begin{cases} b_1p_{11}+b_2p_{21}+\cdots+b_4p_{41}=c_1 \\ b_1p_{12}+b_2p_{22}+\cdots+b_4p_{42}=c_2 \\ b_1p_{13}+b_2p_{23}+\cdots+b_4p_{43}=c_3 \\ b_1p_{14}+b_2p_{24}+\cdots+b_4p_{44}=c_4 \\ \quad p_{21}+p_{22}+p_{23}+p_{24}=1 \end{cases} \tag{5-8}$$

$$\begin{cases} c_1p_{11}+c_2p_{21}+\cdots+c_4p_{41}=d_1 \\ c_1p_{12}+c_2p_{22}+\cdots+c_4p_{42}=d_2 \\ c_1p_{13}+c_2p_{23}+\cdots+c_4p_{43}=d_3 \\ c_1p_{14}+c_2p_{24}+\cdots+c_4p_{44}=d_4 \\ \quad p_{31}+p_{32}+p_{33}+p_{34}=1 \end{cases} \tag{5-9}$$

$$\begin{cases} d_1p_{11}+d_2p_{21}+\cdots+d_4p_{41}=e_1 \\ d_1p_{12}+d_2p_{22}+\cdots+d_4p_{42}=e_2 \\ d_1p_{13}+d_2p_{23}+\cdots+d_4p_{43}=e_3 \\ d_1p_{14}+d_2p_{24}+\cdots+d_4p_{44}=e_4 \\ \quad p_{41}+p_{42}+p_{43}+p_{44}=1 \end{cases} \tag{5-10}$$

分析上述的方程组,可以看出上述方程组一共有 20 个方程,16 个变量,从上面 4 个方程组中选取除每组最后公式的 16 个方程即可以求出方程组的唯一解。如果所得到的这个唯一解满足每个方程组的最后一个公式,则求出了符合要求的马尔可夫状态转移概率矩阵。但是,也有可能不满足这些公式,那么就需要进行技术处理,使得尽可能地满足这五个等式。本论文利用最优化的理论来求取马尔可夫状态转移概率矩阵[25-26]。具体步骤如下:

从上述方程组中选取方程式,组成下列方程组:

$$\begin{cases} a_1p_{11}+a_2p_{21}+\cdots+a_4p_{41}=b_1 \\ b_1p_{11}+b_2p_{21}+\cdots+b_4p_{41}=c_1 \\ c_1p_{11}+c_2p_{21}+\cdots+c_4p_{41}=d_1 \\ d_1p_{11}+d_2p_{21}+\cdots+d_4p_{41}=e_1 \end{cases} \tag{5-11}$$

可以写成向量的形式:$X\times P_1=Y_1$

$$X=\begin{bmatrix} a_1 & a_2 & a_3 & a_4 \\ b_1 & b_2 & b_3 & b_4 \\ c_1 & c_2 & c_3 & c_4 \\ d_1 & d_2 & d_3 & d_4 \end{bmatrix} \tag{5-12}$$

$$P_1=[p_{11} \quad p_{21} \quad p_{31} \quad p_{41}]^{\mathrm{T}} \tag{5-13}$$

$$Y_1=[b_1 \quad c_1 \quad d_1 \quad e_1]^{\mathrm{T}} \tag{5-14}$$

同理,选取每个方程组的第二个公式构造 $X \times P_2 = Y_2$,依次选取选取每个方程组的第三、第四个公式构造 $X \times P_3 = Y_3$、$X \times P_4 = Y_4$;将上述 4 个向量写成矩阵的形式 $X \times P = Y$。

$$Y=\begin{bmatrix} b_1 & b_2 & b_3 & b_4 \\ c_1 & c_2 & c_3 & c_4 \\ d_1 & d_2 & d_3 & d_4 \\ e_1 & e_2 & e_3 & e_4 \end{bmatrix} \tag{5-15}$$

则 $P = X^{-1}Y$,如果 P 的行向量满足 $\sum_{j=1}^{4} p_{ij} = 1, i = 1,2,3,4$,P 为马尔可夫状态转移概率矩阵,否则通过最优化的方法求取满足条件的最优解。根据上述理论,以京秦高速公路历年路面使用性能各区间的模糊随机风险建立矩阵 X 和 Y,确定最优化模型如下:

$$\min \sum_i \| XP_i - Y_i \|_2 \text{或者} \min \sum \| XP - B \|_F$$

$$\begin{cases} \sum_{j=1}^{5} P_{ij} = 1 & i = 1,2,3,4 \\ 0 \leqslant P_{ij} \leqslant 1 & i,j = 1,2,3,4 \end{cases} \tag{5-16}$$

$$X=\begin{bmatrix} 0.8276 & 0.1724 & 0 & 0 \\ 0.5862 & 0.4138 & 0 & 0 \\ 0.1034 & 0.8621 & 0.0345 & 0 \\ 0 & 0.8966 & 0.1035 & 0.0210 \end{bmatrix}$$

$$Y=\begin{bmatrix} 0.5862 & 0.4138 & 0 & 0 \\ 0.1034 & 0.8621 & 0.0345 & 0 \\ 0 & 0.8966 & 0.1035 & 0.0210 \\ 0 & 0.4482 & 0.4828 & 0.0690 \end{bmatrix}$$

通过 matlab 语言编程来处理最优化问题,视上述问题为强约束问题,利用 matlab 中的 constr 函数进行处理[27],最终求得:

$$P=\begin{bmatrix}0.512 & 0.406 & 0.001 & 0.001\\0.101 & 0.855 & 0.033 & 0.002\\0.001 & 0.879 & 0.115 & 0.034\\0.001 & 0.430 & 0.450 & 0.068\end{bmatrix} \tag{5-17}$$

利用所求得的马尔可夫状态转移概率矩阵预测性能指标。仍然按照上述的思想，由得到的 P 推算下列公式：

$$X_n = X_4 \cdot P^{(n-4)} \tag{5-18}$$

那么就能够方便的预测出 2011 年的值：

$$X_6=[f_1,f_2,f_3,f_4]=[0\quad 0.069\quad 0.862\quad 0.069]$$

预测值与表中京秦高速公路直接罩面段路面行驶质量指数（RQI）性能各区间的模糊随机风险发展规律一致，这说明基于马尔可夫预测模型的沥青路面功能性能预测具有很高的精度。

依据马尔可夫预测方法可以把 2011、2012、2013 年京秦高速公路路面使用性能各区间的模糊随机风险全部预测出来，具体情况见表 5-20 ~ 表 5-28。

（1）直接罩面段路面使用性能各区间的模糊随机风险预测见表 5-20 ~ 表 5-22。

京秦高速公路 2011 年路面使用性能各区间的模糊随机风险预测表

（直接罩面路段）　表 5-20

项　目	F_6(%)	F_7(%)	F_8(%)	F_9(%)	F_{10}(%)	F_{11}(%)
行驶质量指数	6.90	27.59	48.28	10.34	6.90	0.00
路面强度系数	0.00	13.79	37.93	31.03	10.34	6.90
横向力系数	3.23	25.81	48.39	12.90	9.68	0.00

京秦高速公路 2012 年路面使用性能各区间的模糊随机风险预测表

（直接罩面路段）　表 5-21

项　目	F_7(%)	F_8(%)	F_9(%)	F_{10}(%)	F_{11}(%)	F_{12}(%)
行驶质量指数	0.00	31.03	51.72	10.34	3.45	0.00
路面强度系数	0.00	20.69	41.38	27.59	10.34	0.00
横向力系数	9.68	29.03	41.94	16.13	3.23	0.00

京秦高速公路 2013 年路面使用性能各区间的模糊随机风险预测表

（直接罩面路段）　表 5-22

项　目	F_7(%)	F_8(%)	F_9(%)	F_{10}(%)	F_{11}(%)	F_{12}(%)
行驶质量指数	0.00	0.00	10.34	20.69	44.83	24.14
路面强度系数	0.00	0.00	17.24	37.93	41.38	3.45
横向力系数	0.00	12.90	25.81	38.71	16.13	6.45

从表5-20～表5-22京秦高速公路直接罩面段不同年间的模糊随机风险结果可以看出：直接罩面段高速公路沥青路面行驶质量指数、结构强度系数、横向力系数处于各自指标区间的路段百分比依次呈现逐年"推移"的趋势，即处于较好区间的路段百分比在相邻年间依次逐级分散到下一区间中；不同指标在相邻年间的变化幅度不相同，从京秦高速公路路用性能检测数据可以看出，其路用性能数据多为此趋势发展。

①从表5-20可知，行驶质量指数数据处于F_7、F_8的模糊风险分别为27.59%和48.28%，而F_6、F_9、F_{10}的模糊风险之和仅为24.14%，远远小于其处在F_7和F_8的模糊风险，这说明2011年行驶质量指数大部分数据处在76.5和81.5之间。到2012、2013年数据逐年"推移"，路面行驶质量逐渐下降，2013年模糊风险最大为44.83%，路面质量等级主要表现为"中"，并且部分路段已经处于"差"等级内，根据《公路沥青路面养护技术规范》(JTJ 073.2—2001)中对养护质量标准的指标，此路段应该采取适当措施予以修复，以达到规定的指标，满足行车需求[28]。

②结构强度系数在2011年处于F_8、F_9的模糊风险值分别是37.93%和31.03%，与处于其他区间的模糊风险相比占有一定的优势。2012年到2013年F_7、F_8的模糊风险均下降到0，而模糊风险处于F_{10}、F_{11}、F_{12}的比例分别增大了10.34%、31.03%、3.45%，表明路面质量等级处在较差区间的路段明显增加了，从路面结构强度系数来看，这说明路面的使用性能整体强度在下降[29]。

③从表5-20～表5-22可知，横向力系数处于F_6、F_7、F_8的模糊风险逐年下降，处于F_9区间的路段百分比表现为先增大后减小的趋势，而处于F_{10}、F_{11}、F_{12}的风险在逐年增加，且上升的速率明显大于其下降的速率，这是由于横向力系数随时间而产生的数据逐年"推移"造成的[30]。

(2)铣刨面层再罩面段路面使用性能各区间的模糊随机风险预测见表5-23～表5-25。

京秦高速公路2011年路面使用性能各区间的模糊随机风险预测表

(铣刨面层再罩面)　　表5-23

项　目	F_5(%)	F_6(%)	F_7(%)	F_8(%)	F_9(%)	F_{10}(%)
行驶质量指数	0.00	16.13	25.81	45.16	9.68	3.23
路面强度系数	0.00	19.35	32.26	35.48	9.68	3.23
横向力系数	0.00	25.00	42.86	21.43	7.14	3.57

京秦高速公路2012年路面使用性能各区间的模糊随机风险预测表

(铣刨面层再罩面)　　表5-24

项　目	F_7(%)	F_8(%)	F_9(%)	F_{10}(%)	F_{11}(%)	F_{12}(%)
行驶质量指数	9.68	35.48	38.71	12.90	3.23	0.00
路面强度系数	16.13	32.26	38.71	9.68	3.23	0.00
横向力系数	17.86	35.71	32.14	10.71	3.57	0.00

京秦高速公路 2013 年路面使用性能各区间的模糊随机风险预测表

（铣刨面层再罩面）　　　　表 5-25

项　目	F_7(%)	F_8(%)	F_9(%)	F_{10}(%)	F_{11}(%)	F_{12}(%)
行驶质量指数	0.00	0.00	19.35	29.03	35.48	16.13
路面强度系数	0.00	9.68	22.58	35.48	29.03	3.23
横向力系数	0.00	25.00	39.29	21.43	10.71	3.57

从表 5-23 ~ 表 5-25 京秦高速公路铣刨面层再罩面段不同年间的模糊随机风险结果可以看出：铣刨面层再罩面段高速公路沥青路面行驶质量指数、结构强度系数、横向力系数处于较好区间的路段百分比在相邻年间依次逐级分散到下一区间中，整体表现为数据逐年"推移"和路面质量等级逐年下降的趋势，从路面性能数据来看，其路用性能多为此趋势发展。

①行驶质量指数数据在 2011 年处于 F_7、F_8 的模糊风险分别为 25.81% 和 45.16%，与处于其他区间的模糊风险相比明显占有优势，同时表明 2011 年行驶质量指数大部分数据处在 76.6 和 81.6 之间。到 2012、2013 年数据逐年"推移"，路面行驶质量逐渐下降，2013 年模糊风险主要集中在 69.1 和 71.6 之间，并且已经有 16.13% 的路段处于"差"等级内。这是因为京秦高速公路承受长时间的行车荷载和环境因素的双重作用，导致路面出现裂缝、车辙等病害后造成的[31]。

②从表 5-23 可以看出，结构强度系数在 2011 年处于 F_7、F_8 的模糊风险值分别是 32.26% 和 35.48%，而 F_6、F_9、F_{10}的模糊风险之和为 32.26%，远远小于处于 F_7、F_8 的风险，表明在 2011 年大部分数据处在 1.1 和 1.5 之间。2012 年到 2013 年 F_6、F_7、F_8 的模糊风险分别下降到 0 和 9.68%，而模糊风险处于 F_9 区间的路段百分比表现为先增大后减小的趋势，而处于 F_{10}、F_{11}、F_{12}的风险在逐年增加，且上升的速率明显大于其下降的速率，这是由于结构强度系数随时间而产生的数据逐年"推移"造成的[32]。

③从表 5-23 ~ 表 5-25 可知，横向力系数在 2012 年处于 F_8、F_9 的模糊风险分别为 35.71% 和 32.14%，两者大体相当，而处于 F_7、F_{10}、F_{11} 的模糊风险之和为 32.14%，表明大部分数据在 42.5 和 48.5 之间。而 2011 年横向力系数数据主要集中在 45.5 和 51.5 之间，2013 年模糊风险虽主要处于 F_8、F_9，但处于 F_8 的路段百分比下降了 10.71%，同时处于路面质量等级相对其更低的路面百分比分别增加了 7.14%、10.71%、7.14%、3.57%。从路面使用性能的模糊风险预测来看，京秦高速公路路面逐渐失去了原有的抗滑性能，路用性能明显较低。日常应加强重点监测，结合路面病害情况分别采取挖补表面层、加铺抗滑层或罩面、微表处理等措施提高公路表面的抗滑能力[33]。

(3)铣刨面层、上基层再罩面段路面使用性能各区间的模糊随机风险预测见表 5-26 ~ 表 5-28。

京秦高速公路 2011 年路面使用性能各区间的模糊随机风险预测表

（铣刨面层、上基层再罩面）　　表 5-26

项　目	F_5(%)	F_6(%)	F_7(%)	F_8(%)	F_9(%)	F_{10}(%)
行驶质量指数	0.00	21.21	42.42	24.24	9.09	3.03
路面强度系数	6.06	18.18	36.36	33.33	6.06	0.00
横向力系数	0.00	34.48	41.38	20.69	3.45	0.00

京秦高速公路 2012 年路面使用性能各区间的模糊随机风险预测表

（铣刨面层、上基层再罩面）　　表 5-27

项　目	F_6(%)	F_7(%)	F_8(%)	F_9(%)	F_{10}(%)	F_{11}(%)
行驶质量指数	0.00	15.15	36.36	33.33	12.12	3.03
路面强度系数	9.09	21.21	36.36	27.27	6.06	0.00
横向力系数	13.79	31.03	37.93	6.90	10.34	0.00

京秦高速公路 2013 年路面使用性能各区间的模糊随机风险预测表

（铣刨面层、上基层再罩面）　　表 5-28

项　目	F_7(%)	F_8(%)	F_9(%)	F_{10}(%)	F_{11}(%)	F_{12}(%)
行驶质量指数	0.00	0.00	18.18	39.39	30.30	12.12
路面强度系数	6.06	15.15	30.30	27.27	21.21	0.00
横向力系数	10.34	34.48	27.59	20.69	6.90	0.00

从表 5-26 ~ 表 5-28 京秦高速公路铣刨面层、上基层再罩面段不同年间的模糊随机风险结果可以看出：铣刨面层、上基层再罩面段高速公路沥青路面行驶质量指数、结构强度系数、横向力系数处于不同区间的指标在相邻年间的变化幅度、变化趋势不相同，处于各自指标较好区间的路段百分比在相邻年间依次逐级分散到下一区间中，路面质量等级逐年降低，即京秦高速公路路用性能呈逐年下降的趋势。

①从表 5-26 可知，行驶质量指数数据处于 F_7 和 F_8 的模糊风险分别为 42.42% 和 24.24%，而 F_5、F_6、F_9、F_{10}的模糊风险之和为 33.33%，明显小于其处在 F_7 和 F_8 的模糊风险，说明其大部分数据处在 76.8 和 81.8 之间；2012 年数据主要处于 F_8、F_9 之间；2013 年则主要集中在 F_{10}、F_{11}内，随区间的变化表明路面整体的行驶质量在逐年下降，且下降速率较快；另外，京秦高速公路 2013 年处于 F_{12}的模糊风险为 12.12%，处在路面质量等级的"次"或"差"，说明这些路段路用性能明显劣于其他路段[34]。

②由表 5-26 ~ 表 5-28 可以看出，2011 ~ 2013 年结构强度系数处于 F_5、F_6、F_7 的模糊风险均呈现逐年下降的趋势，分别下降了 6.06%、9.09%、30.3%；而 F_8 的模糊风险值表现为先增大后减小，且降低的速率为 21.21%，明显大于 2011 ~ 2012 年上升的速率

3.03%；F_9、F_{10}、F_{11}则只表现为逐年增大的趋势，表明路面结构强度系数呈现“数据漂移”的现象，体现到实际路面则具体表现为路面使用性能整体性越来越差[35]。

③从表 5-26 ~ 表 5-28 可知，横向力系数由 2011 ~2013 年逐年从 F_6、F_7 推移到区间 F_8、F_9，2011 年处于 F_6、F_7，2012 年处于 F_7、F_8 与 2013 年处于 F_8、F_9 区间的模糊风险较其他区间的风险相比占有一定的优势。到 2013 年数据主要集中在 42.5 和 48.5 之间，而 2011 ~2013 年横向力系数在区间 F_9、F_{10}、F_{11}的风险值均在增大，说明京秦高速公路的抗滑性能在逐渐降低，且处在抗滑性能最低可接受水平的实际路面的范围在增大。对此应该进行改善抗滑性能的专项养护维修，严格控制施工质量和材料质量，恰当解决路面防水、抗滑、平整度之间的矛盾[36]。

5.5　本章小结

(1)本章借助于马尔可夫过程模型进行了高速公路沥青路面罩面后使用性能模糊随机风险预测的研究。马尔可模型预测的对象是一个随机的动态过程，其根据状态之间的转移来推测系统未来的发展变化，其状态转移概率矩阵反映了各种随机因素的影响程度，在这一点上恰好可以弥补确定性模型的局限性并能够取得较好的预测效果。

(2)从京秦高速公路不同罩面措施下的路面使用性能各区间的模糊随机风险预测数据来看，直接罩面，铣刨面层再罩面，铣刨面层、上基层再罩面三种不同罩面措施在预测年(2013 年)时，相同指标在达到其划分的区间中最低可接受水平的情况下，直接罩面路段所占的模糊风险值最大，铣刨面层再罩面段次之，风险最小的路段是实施铣刨面层、上基层再罩面措施的路段。如：2013 年的行驶质量指数(*RQI*)直接罩面段处于 F_9、F_{10}、F_{11}的模糊风险值之和为75.86%，处于 F_{12}区间的为 24.14%；铣刨面层再罩面段处于 F_9、F_{10}、F_{11}的模糊风险值之和为 83.87%，处于 F_{12}区间的为 16.13%；铣刨面层、上基层再罩面段处于 F_9、F_{10}、F_{11}的模糊风险值之和为 87.88%，处于 F_{12}区间的仅为 12.12%。这表明采取直接罩面措施的路面使用性能下降的最快，相同年限内，该措施处理的路段路面最先受到破坏。

(3)从行驶质量指数(*RQI*)、结构强度系数(*SSI*)、横向力系数(*SFC*)三个指标的模糊风险预测来看，处于各自指标区间的路段百分比均呈现数据逐年“推移”的趋势，即处于较好区间的路段百分比在相邻年间依次逐级分散到下一区间中，表明各指标的使用性能都在逐年降低，且不同指标在相邻年间的变化幅度不相同。

(4)从采取不同罩面措施不同指标下的路面使用性能在各区间随时间的模糊随机风险预测数据可以看出，京秦高速公路沥青路面的使用性能整体呈现逐年下降趋势。但由于京秦高速公路每年不同路段承受的车辆荷载作用和路面病害种类、程度不同，每年各指标下降速率也有所不同,直接罩面段使用性能最先下降到路面最低可接受的水平。对京秦高速公路的路面使用性能进行预测,可以清晰地看到每年路面考察指标所处的变化范围,进而确定实际的路面状况和路面质量等级,为适时采取合理的路面维修养护措施提供参考依据。

第6章　高速公路罩面后路面结构性能变化规律研究

路面结构性能可以定义为：路面结构抵抗外部荷载及环境因素作用，保持自身状况完好的程度，它主要是通过路面结构承载能力或路面结构强度来反映。路面结构承载能力是路面服务性能的基础，它与路面破损、平整度、稳定性和耐久性等方面存在着内部联系。在道路使用期间，路面结构的承载能力逐渐下降，与此同时各种损坏逐步发展，承载力强的路段其损坏发展速度通常较为缓慢，承载力弱的路段其损坏发展相对较快。

高速公路沥青路面结构性能的预测是高速公路养护管理过程中的一项关键技术，并具有下述重要作用：鉴别路面结构承载能力不足之处，以便采取相应的修复措施；预估现有路面的剩余寿命，制定中长期养护规划；研究路面结构性能随时间变化的规律；为加铺层补强设计提供必要的参数和依据[37]。

影响高速公路罩面后路面结构性能变化的因素很多，主要有罩面前旧沥青路面结构、交通荷载、环境因素、施工质量和养护水平等。

(1)罩面前路面结构包括路面的各结构层次(材料和厚度)及整体强度，它是结构性能变化的内在因素，起决定性的作用。这里，参照我国路面设计习惯，只考虑了各结构层厚度、模量等设计参数对罩面后路面结构的影响。

(2)交通荷载是影响结构性能的决定性外在因素。荷载的影响是很复杂的，为简便计，本书采用年平均日标准轴次(100kN)，并考虑了轮迹横向分布。

(3)环境因素主要指温度和湿度，北方地区还有冻融现象，它对结构性能的影响是显著的。国外这方面可用的研究成果不多，国内同济大学曾对此作过一些探索。这里未作进一步的研究。

(4)路面结构性能的衰变与施工质量密切相关，尤其在竣工初期。但施工质量涉及因素很多，难以量化。研究表明，施工质量有明显的地区类聚性。本书认为河北地区的施工质量相近，建模未予考虑。

(5)国外大量研究表明，养护水平对路面结构性能的影响是显著的[38]。而京秦高速公路罩面后在部分路段实施了一系列积极的养护措施，取得了一定效果。考虑到很难对养护效果作出一定量的评价，本书未考虑养护措施对路面结构性能的影响。

国内部分省市高速公路沥青混凝土路面罩面方式见表6-1。

国内高速公路沥青混凝土路面罩面方式

表 6-1

路名	原路结构	原路状况	罩面前原路处治	罩面层(或试验路)方案	使用效果
广佛高速公路	改性罩面层/4 + AC/15 + CCR/25 + CS/28	主要破坏形式为裂缝和沉陷,经统计,调查路段破损率达40.5%	将调查路段破损严重路段(E_t < 340MPa)挖至基层,开挖深度视开挖后的情况而定,至少挖到33cm,然后用素混凝土回填。对不太严重的路段开挖8cm面层	AK-13B/3 + AC-20 Ⅰ/5 + 下封层	调查结果表明各路段路况良好,无破损
广深高速公路	AC-16/4 + AC-25 Ⅰ/8 + AC-30 Ⅱ/10 + AM-30/10	路面表面层损坏(坑洞、麻面)和路面表面功能(平整度、抗滑、排水)衰减	—	SBS 改性 SMA-13/3、4 + 1.6kg/m^{2}SBS 改性沥青应力吸收膜 + 调平层	使用效果良好
厦漳高速公路厦门段	CLS/20 + 5% CCR/33 + 1cm 下封层 + AC-25 Ⅱ/6 + AC-16 Ⅰ/4 + SAC-16/4	部分路段出现横向裂缝、网状裂缝、局部出现车辙和凹陷、唧泥	(1)对弯沉不足且损坏较严重的路段,铣刨8cm,分两层采用7% PE改性的AC-16 Ⅰ型铺筑至原路面高程;对其他路段,均铣刨4cm,用改性的AC-16 Ⅰ型混合料铺筑至原路面高程。全路段用4cm 7% PE改性AK-13A型加上3cm 5% SBS改性SMA-10型混合料进行全幅罩面。 (2)对下行线用4cm 5% SBS改性SMA-10型混合料进行全幅罩面		使用效果良好
沪宁高速公路	AC-13/4 + AC-20/6 + AC-25/6 + LFCR/25 + LS/35	行车道上存在连续不规则的纵向裂缝,宽1.5~4cm,同时还存在横向裂缝。将老路基层铣刨后,发现老路基顶面也存在很宽的纵向裂缝	单条裂缝或小于或等于2cm的,清缝、灌缝,在底基层顶面满铺土工格栅,在基层顶面满铺聚酯玻纤布。单条纵缝大于2cm或有多条纵缝的,铣掉底基层,满铺土工格栅,如无裂缝,则直接满铺土工格栅	SMA-13/4 + SUP-20/8 + SUP-25/8 + 稀浆封/0.5C + 聚酯玻纤布) + CCR/36 + 铣刨旧料底基层/20	使用效果良好

续上表

路　名	原路结构	原路状况	罩面前原路处治	罩面层(或试验路)方案	使用效果
西宝高速公路	AC-20/4 + AM-35/8 + LFSG/20 + LS/20、22	路面纵横裂缝、坑槽、沉陷、车辙、网裂、龟裂、唧浆等各种病害反复出现	2005 年:①当 l_0 < 50(0.01mm)时,挖除面层后,铺筑 AC-16Ⅰ/4 + AC-20Ⅰ/5 + AC-25Ⅰ/7;②当 50(0.01mm) < l_0 < 100(0.01mm)时,挖除路面面层、基层后,铺筑 AC-16Ⅰ/4 + AC-20Ⅰ/5 + AC-25Ⅰ/7 + 基层;③当 l_0 > 100(0.01mm)时,挖除路面面层、基层、底基层后,铺筑 AC-16Ⅰ/4 + AC-20Ⅰ/5 + AC-25Ⅰ/7 + 基层 + 底基层。同时,在中面层顶面新旧路面接茬处和旧基层顶面铺设玻纤网。2002 年试验路对比方案:AC-16Ⅰ/4 + AC-20Ⅰ/5;AC-16Ⅰ/4 + 玻纤格栅 + AC-20Ⅰ/5;MAC-16Ⅰ/4 + AC-20Ⅰ/5;MAC-16Ⅰ/4 + 玻纤格栅 + AC-20Ⅰ/5;FAC-16Ⅰ/4 + AC-20Ⅰ/5		2005 年试验路使用效果较好;2002 年试验路中,加玻纤格栅优于不加玻纤格栅,改性沥青优于非改性沥青
西临高速公路(K13 + 000 ~ K33 + 950)	AC-16Ⅰ/4 + AC-20Ⅰ/5 + LFSG/20 + LFS/20	主要病害类型包括:开裂、剥落、坑槽、车辙、沉陷。总体看来,行车道的病害类型多于超车道,且病害的程度和范围也比超车道严重	针对裂缝、坑槽、沉陷等病害分别进行处理	AC-13C(改性)/5 + AC-20C(改性)/6 + AC-25C/7 + 下封层 + CCR/22	使用效果良好
西户高速公路	AK-16A/4 + AC-20Ⅰ/5 + AC-25Ⅰ/6 + LFCR/32 + LFS/20(30)	路面车辙病害突出,一些路段路面强度不足	摊铺乳化沥青再生层前必须清除表面浮浆或松散粒料,并用 0.5 ~ 1cm 厚的改性乳化沥青稀浆下封层进行处理	AC-13C(SBS)/4 + AC-20C(SBS)/6 + 下封层 + 泡沫沥青再生旧沥青路面混合料/14 + 已有二灰碎石基层	—
西安绕城高速公路	AK-16A/4 + AC-20Ⅰ/5 + AC-25Ⅰ/6 + LFSG/20 + LFS/32(38)	路面病害类型主要表现为车辙、裂缝,局部地段出现坑槽、网裂,桥面出现拥包、推移现象	铣刨原沥青路面 15cm 沥青面层后,行车道弯沉按每 25m 为一测点,并根据弯沉情况进行分段处理。基层保持不变,表面铣刨拉毛处理	AC-16C(SBS)/5 + ATB-30(添加 PR 抗车辙剂)/10cm + SBS 改性沥青封层	使用效果良好

续上表

路　名	原路结构	原路状况	罩面前原路处治	罩面层(或试验路)方案	使用效果
西潼高速公路(K0+000~K3[illegible]+000)	LH-16Ⅰ/4+LH-20Ⅰ/5+LH-25/6+CCR/20+LFS/20(25)	大段落修补的路段路面较好,未修补过或早期修补过的路段路面状况比较差;横向裂缝、长路段车辙、沉陷、小面积的坑槽破坏比较普遍,部分路段几种病害同时存在,尤其在填挖交接处和上坡路段比较明显	裂缝小于5mm,在面层裂缝处用水泥砂浆灌缝后涂刷下封层,贴土工布+4cmAC-16上面层。裂缝大于或等于5mm,切除15cm面层,在路基裂缝处用水泥砂浆灌缝后涂刷下封层,在基层裂缝处贴土工布后,重新涂刷下封层,铺15cm ATB-30	AC-13C(SBS)/4+AC-16C/5或AC-16C(SBS)/6+ATB-30铺筑至设计高程	—
渭潼高速公路	LFCR/22(20)+AM-25Ⅱ/6(LH-30Ⅰ/6)+AC-20Ⅱ/5(LH-25Ⅱ/5)+AC-16Ⅰ/4(LH-20Ⅰ/4)	部分路面回弹弯沉较大,路面承载能力已明显不足,亟需进行加固补强;有些路段虽然回弹弯沉不大,但路表出现松散,局部唧泥严重	对K34+000~K44+000段进行1cm微表处理。对K22+600~K23+600,K78+200~K79+000段,K50+800~K51+600,K61+600~K67+600段进行路面补强处理	AC-13(SBS)/4+AC-20(SBS)/5+AC-25/6+CCR/22	—
临渭高速公路	LH-20Ⅰ/4+LH-30Ⅱ/5+LH-35/6+CLFR//20+LFS/20(25)	行车道上的裂缝比超车道多,不规则裂缝、龟裂,在部分段落连续出现,面积达数十平方米,与沉陷伴随出现;坑槽连续出现,轻度坑槽多出现在硬路肩,面积多在0.5m² 以下,个别面积多在1.0m²	优级路段 SSI≥1.63,PCI 为中以上,铣刨原路面4cm,新铺AC-13Ⅰ(SBS)/4;优级路段 SSI≥1.0,PCI 为中以上,铣刨原路面15cm,重铺AC-13Ⅰ/4+AC-20Ⅰ/6+AC-25Ⅰ/6;良、中级路段0.66≤SSI<1.0,先铣刨原有破损路面基层底,重新铺AC-13Ⅰ/4+AC-20Ⅰ/6+AC-25Ⅰ/6+CCR/20。次、差级路 SSI≥0.66,铣刨掉全部原有破损路面,重铺AC-13Ⅰ/4+AC-20Ⅰ/6+AC-25Ⅰ/6+CCR/20+LFCR/20		使用效果良好
某绕城高速公路	SMA-16/4+AC-20/5+AC25/6	横缝、纵缝、局部路段有网裂及轻微车辙	—	SMA-13/4+AC-20C/6+AC-25C/9+SBS改性沥青应力吸收膜	—

续上表

路　名	原路结构	原路状况	罩面前原路处治	罩面层(或试验路)方案	使用效果
太旧高速公路	—	路面出现了不同程度的损坏、龟裂、车辙、沉陷、坑槽、裂缝、唧浆等病害	主车道路面破坏较严重的采用 ATB-25/23 + AC-20/7 + 改性 AC-20/6 + 改性 AC-13/4。超车道结构,铣刨 15cm 沥青面层后新铺沥青混凝土。在铺筑中面层时沿纵缝贴双面贴		效果较为理想
旧关高速公路	SAC-16/4 + SAC-20/5 + SAC-25/6 + CCR/20 ~ 36 + LS/20	横向裂缝、纵向裂缝、连续坑槽修补破损、车辙等	采取 7cm + 8cm 两层开台阶挖补沥青面层的措施予以处理;面层填补材料采用 7cmAC-25C 型沥青混凝土、8cmAC-25C 型沥青混凝土,均采用 SBS 改性沥青,基层填补材料为 ATB-25 沥青稳定碎石混合料,分 10cm + 10cm 两层铺筑		效果较为理想
安新高速公路	AC-16 Ⅰ/4 + AC-16 Ⅰ/4 + AC-25 Ⅰ/5 + AS/7 + CCR/20 + LFS/35	原路面破损松散、横向裂缝、沉陷、车辙、疲劳裂缝、唧泥等较为严重	不满足设计弯沉的路段,进行补强或铣刨补强;满足设计弯沉值的路段,不进行结构层处理	SMA-13/4	—
深汕高速公路(东段)	AC/5 + AS/8 + 30CCR	结构承载能力偏低,导致深汕东沥青路面出现大面积龟裂和网裂破坏	需采用封缝、调平等措施对旧路面进行处理	AK-13B/4 + AC-20I/5 + AC-25I/6	效果较为理想
青藏公路(二道沟至唐古拉山)	—	路面出现大面积网裂、沉陷,并形成局部坑槽和很深的车辙	对原有路面存在病害,进行清理、修补和填塞,保证旧路面平整和修补完好	SBR/5 + 玻璃纤维格栅	从通车近 2 年的情况来看,效果较为理想

注:1. 表中斜线后数字为结构层厚度,单位为 cm。

2. 各结构层代号:AC-沥青混凝土;AM-沥青碎石;LSAM-大粒径沥青混合料;AK-沥青抗滑表层;SMA-沥青玛蹄脂碎石混合料;SAC-多碎石沥青抗滑表层;ES-乳化沥青封层混合料;LS-沥青表处;CCR-水泥稳定碎石;CSG-水泥稳定砂砾;CS-水泥稳定土;CLCR-水泥石灰综合稳定碎石;CLSG-水泥石灰综合稳定砂砾;CLS-水泥石灰综合稳定土;LFCR-二灰稳定碎石;LFSG-二灰稳定砂砾;LFS-二灰稳定土;CLFR-水泥二灰综合稳定碎石;CLFS-水泥二灰综合稳定砂砾;LSG-石灰稳定砂砾;LS-石灰稳定土;SG-砂砾;CR-级配碎石。

6.1 高速公路沥青路面典型结构形式及罩面方式调查

根据调查,原有沥青混凝土路面罩面方式较多,概括起来主要有以下几种形式:

①处治原有沥青路面+沥青罩面层:在裂缝不太多的情况下,通常采用这种结构来恢复路面表面功能。

②铣刨原有沥青路面+沥青罩面层:在桥梁、隧道或高程受限路段,要对原有路面进行铣刨,再罩面沥青层。

③铣刨原有沥青路面+再生基层或补强层(半刚性基层或大粒径沥青碎石、级配碎石等)+沥青罩面层:在现有路面损坏严重的情况下,用于提高路面整体强度。

表6-2为河北省高速公路沥青路面罩面方式。

河北省高速公路路面结构统计表 表6-2

路段名称	桩 号	通车时路面结构形式(含基层、底基层)	现状(含基层、底基层)
青银高速公路(双向)	K459+819.5~K474+146	4cmAC-13Ⅰ改性沥青混凝土+5cmAC-20Ⅰ改性沥青混凝土+6cmAC-25Ⅰ沥青混凝土+18cm水泥稳定级配碎石+18cm石灰、粉煤灰稳定级配碎石+18cm石灰、粉煤灰稳定级配碎石	4cmSAC-13C型改性橡胶沥青混凝土+4cmAC-13Ⅰ改性沥青混凝土+5cmAC-20Ⅰ改性沥青混凝土+6cmAC-25Ⅰ沥青混凝土+18cm水泥稳定级配碎石+18cm石灰、粉煤灰稳定级配碎石+18cm石灰、粉煤灰稳定级配碎石
青银高速公路(下行方向)	K475+115~K504+224	4cmAC-13Ⅰ改性沥青混凝土+5cmAC-20Ⅰ改性沥青混凝土+6cmAC-25Ⅰ沥青混凝土+18cm水泥稳定级配碎石+18cm石灰、粉煤灰稳定级配碎石+18cm水泥、石灰稳定土	2.5cmSAC-10温拌改性沥青混凝土+4cmAC-13Ⅰ改性沥青混凝土+5cmAC-20Ⅰ改性沥青混凝土+6cmAC-25Ⅰ沥青混凝土+18cm水泥稳定级配碎石+18cm石灰、粉煤灰稳定级配碎石+18cm水泥、石灰稳定土
青银高速公路(下行方向)	K542+923~K626+719	4cmAC-13Ⅰ改性沥青混凝土+5cmAC-20Ⅰ改性沥青混凝土+6cmAC-25Ⅰ沥青混凝土+18cm水泥稳定级配碎石+18cm水泥稳定级配碎石+18cm水泥、石灰稳定土	4cmAC-13C SBS改性沥青混凝土+4cmAC-13Ⅰ改性沥青混凝土+5cmAC-20Ⅰ改性沥青混凝土+6cmAC-25Ⅰ沥青混凝土+18cm水泥稳定级配碎石+18cm水泥稳定级配碎石+18cm水泥、石灰稳定土
京沪高速公路(河北段)	—	4cmSAC-16+5cmSAC-20+6cmSAC-25+19cm水稳碎石+19cm二灰碎石+20m石灰土	4cmAC-13罩面层+原路面4cmSAC-16+5cmSAC-20+6cmSAC-25+19cm水稳碎石+19cm二灰碎石+20m石灰土

续上表

路段名称	桩　号	通车时路面结构形式(含基层、底基层)	现状(含基层、底基层)
京哈高速公路	—	4cmSMA 改性沥青混凝土 +5cm 中粒式沥青混凝土 AC-20Ⅰ+6cm 粗粒式沥青混凝土 AC-Ⅱ基层 +19cm 水泥稳定级配碎石或 18cm 二灰碎石 +20cm 石灰土	4cmSMA + 4cmSMA 改性沥青混凝土 +5cm 中粒式沥青混凝土 AC-20Ⅰ + 6cm 粗粒式沥青混凝土 AC-Ⅱ基层 + 19cm 水泥稳定级配碎石或 18cm 二灰碎石 +20cm 石灰土
京石高速公路(石家庄方向)	K45 ~ K57	3cm 细粒式 +4cm 中粒式 +5cm 粗粒式 +15 二灰碎石 +40cm 石灰土	1cm 微表处 +4cm 罩面 +3cm 细粒式 +4 中粒式 +5cm 粗粒式 +15cm 二灰碎石 +40cm 石灰土
京石高速公路(石家庄方向)	K57 ~ K113	3cm 细粒式 +4cm 中粒式 +6cm 粗粒式 +15cm 二灰碎石 +40cm 石灰土	1cm 微表处 +4cm 罩面 +4cm 中粒式 +6cm 粗粒式 + 15cm 二灰碎石 + 40cm 石灰土
京石高速公路(石家庄方向)	K113 ~ K152	3cm 细粒式 +4cm 中粒式 +6cm 粗粒式 +15cm 二灰碎石 +40cm 石灰土	4cm 罩面 +4cm 罩面 +4cm 中粒式 +6cm 粗粒式 +15cm 二灰碎石 +40cm 石灰土
京石高速公路(石家庄方向)	K152 ~ K267	3cm 细粒式 +5cm 中粒式 +12cm 二灰碎石 +43cm 石灰土	4cm 罩面 +4cm 罩面 +3cm 细粒式 +5cm 中粒式 +12cm 二灰碎石 +43cm 石灰土
京石高速公路(北京方向)	K113 ~ K174	3cm 细粒式 +4cm 中粒式 +5cm 粗粒式 +15cm 二灰碎石 +40cm 石灰土	4cm 罩面 +4cm 罩面 +3cm 细粒式 +4cm 中粒式 +5cm 粗粒式 +15cm 二灰碎石 +40cm 石灰土
京石高速公路(北京方向)	K174 ~ K267	3cm 细粒式 +4cm 中粒式 +5cm 粗粒式 +25cm 二灰碎石 +30cm 水泥稳定砂砾	4cm 罩面 +4cm 罩面 +3cm 细粒式 +4cm 中粒式 +5cm 粗粒式 +25cm 二灰碎石 +30cm 水泥稳定砂砾
保津高速公路	K825 +112 ~ K881 +895	4cm AC-16Ⅰ +5cm AC-30Ⅰ(部分AC-25Ⅰ)+6cm AC-30Ⅱ +18cm 水泥稳定碎石 +18cm 二灰稳定碎石,+20cm 石灰土	4cm AC-13C SBS 改性罩面层 +6cm SBS 改性沥青混凝土挖补面层;9cm 厚 SBS 改性沥青混凝土挖补面层 +8cm ATB-25 型沥青碎石基层
唐津高速公路	部分路段	4cm SAC-16Ⅰ +5cmAC-25Ⅰ +6cm AC-30Ⅱ +18 cm 水稳 +18cm 二灰碎石 +20cm 石灰稳定土	4cm 改性 AC-13C 罩面 +4cm SAC-16Ⅰ +5cmAC-25Ⅰ+6cm AC-30Ⅱ+18 cm 水稳 +18cm 二灰碎石 +20cm 石灰稳定土
石黄高速公路	部分路段	4cm SAC-16 +5cm SAC-25 +6cm SAC-25 +20cm 二灰碎石 +20cm 水泥碎石 +20cm 水泥石灰土	4cm AC-13 +2cm AC-10 +4cm SAC-16 +5cm SAC-25 +6cm SAC-25 +20cm 二灰碎石 +20cm 水泥碎石 +20cm 水泥石灰土

从表6-2中可以看出,对于旧路罩面,目前河北省的一般做法是在直接罩面4cm的罩面层;对于病害严重的路段,则是对旧路基层挖补后采用再做结构层。而早期修建的高速公路,部分路段已经进行过两次罩面。

6.2 罩面方式对高速公路路面结构性能的影响研究

为了研究罩面后路面结构性能,本书在已有的研究基础上,对直接罩面、铣刨原有上、下面层后罩面和铣刨原有面层及上基层后罩面三种典型的罩面方式进行理论分析与试验研究。通过正交试验,分析罩面后各结构层参数对设计指标的影响程度。

6.2.1 罩面后路面结构与参数

为了较准确地获知高速公路罩面后的应力应变变化规律,建立计算参数范围,见表6-3~表6-5。

直接罩面后路面结构计算参数表　　表6-3

<table>
<tr><th>各层材料</th><th>材料类型</th><th>厚度(cm)</th><th>20℃抗压模量(MPa)</th><th>15℃抗压模量(MPa)</th><th>泊松比</th></tr>
<tr><td>罩面层</td><td>SAC-13C、SAC-10、SMA-13、AC-13C、AC-16C、AC-13Ⅰ</td><td>2.5、3、4、5</td><td>1 200~1 600</td><td>1 800~2 200</td><td>0.35</td></tr>
<tr><td>上面层</td><td>AC-13Ⅰ、SAC-16Ⅰ、SMA-16</td><td>4</td><td>1 500~1 800</td><td>800~1 200</td><td>0.35</td></tr>
<tr><td>中面层</td><td>AC-20Ⅰ、SAC-16、AC-16、SAC-25</td><td>5</td><td>700~1 100</td><td>800~1 200</td><td>0.35</td></tr>
<tr><td>下面层</td><td>AC-25Ⅰ、AC-30Ⅰ、AC-20Ⅱ、AC-30Ⅱ、SAC-25</td><td>6</td><td>700~1 100</td><td>900~1 200</td><td>0.35</td></tr>
<tr><td rowspan="2">上基层</td><td rowspan="2">水泥稳定碎石</td><td rowspan="2">18、19、20</td><td>弯沉用抗压模量</td><td>拉应力用抗压模量</td><td>泊松比</td></tr>
<tr><td>1 100~1 500</td><td>2 700~3 900</td><td>0.25</td></tr>
<tr><td>下基层</td><td>水泥稳定碎石</td><td>18、19、20</td><td>1 100~1 500</td><td>2 700~3 900</td><td>0.25</td></tr>
<tr><td>底基层</td><td>二灰稳定碎石、水泥稳定砂砾</td><td>18、19、20</td><td>300~1 500</td><td>1 100~3 900</td><td>0.25</td></tr>
</table>

铣刨原路面上中层后进行罩面计算参数表　　表6-4

<table>
<tr><th colspan="2">各层材料</th><th>材料类型</th><th>厚度(cm)</th><th>20℃抗压模量(MPa)</th><th>15℃抗压模量(MPa)</th><th>泊松比</th></tr>
<tr><td rowspan="2">罩面层</td><td>上面层</td><td>SAC-13C、SAC-10、SMA-13、AC-13C、AC-16C、AC-13Ⅰ</td><td>4</td><td>1 200~1 600</td><td>1 800~2 200</td><td>0.35</td></tr>
<tr><td>中面层</td><td>AC-20Ⅰ、AC-25Ⅰ、SAC-25</td><td>9</td><td>800~1 200</td><td>1 000~1 400</td><td>0.35</td></tr>
<tr><td colspan="2">下面层</td><td>AC-25Ⅰ、AC-30Ⅰ、AC-20Ⅱ、AC-30Ⅱ、SAC-25</td><td>6</td><td>700~1 100</td><td>900~1 200</td><td>0.35</td></tr>
</table>

续上表

各层材料	材 料 类 型	厚度(cm)	20℃抗压模量(MPa)	15℃抗压模量(MPa)	泊松比
上基层	水泥稳定碎石	18、19、20	弯沉用抗压模量	拉应力用抗压模量	—
			1 100 ~ 1500	2 700 ~ 3 900	0.25
下基层	水泥稳定碎石	18、19、20	1 100 ~ 1 500	2 700 ~ 3 900	0.25
底基层	二灰稳定碎石、水泥稳定砂砾、水泥石灰土、石灰土	18、19、20	300 ~ 1 500	1 100 ~ 3 900	0.25

铣刨原路面面层及上基层进行罩面后路面结构计算参数表　　表 6-5

各层材料	材 料 类 型	厚度(cm)	20℃抗压模量(MPa)	15℃抗压模量(MPa)	泊松比
上面层	AC-13I、SAC-16I、SMA-16	4	1 200 ~ 1 600	1 800 ~ 2 200	0.35
中面层	AC-20I、SAC-16、AC-16、SAC-25	8	800 ~ 1 200	1 000 ~ 1 400	0.35
下面层	AC-25I、AC-20II、SAC-25	7	800 ~ 1 200	1 000 ~ 1 400	0.35
上基层	ATB - 25	18、19、20	1 000 ~ 1 400	1 200 ~ 1 600	0.35
下基层	水泥稳定碎石	18、19、20	弯沉用抗压模量	拉应力用抗压模量	0.25
			1 100 ~ 1 500	2 700 ~ 3 900	
底基层	二灰稳定碎石、水泥稳定砂砾、水泥石灰土、石灰土	18、19、20	300 ~ 1 500	1 100 ~ 3 900	0.25

6.2.2 罩面后路面结构计算模型

本书采用大型通用软件 ANSYS 有限元程序，将路面结构看成是线弹性层状体系，采用三维有限元方法，罩面层、旧路面等结构层单元采用三维六面体 8 节点等参元，边界条件假设为：X 方向两侧约束 $X=0$；Y 方向两侧约束 $Y=0$；底面约束 $Z=0$。对各结构层作如下假定：由于罩面层是摊铺在旧沥青路面上的，层间条件在罩面基本视为完全连续，这一点从芯样层间结合的紧密程度就可以判断出来。以下计算中，如无特殊说明，各结构层为完全连续[38]。

(1)罩面层及旧路面为均匀连续、各向同性的弹性体。

(2)各层层间竖向、水平位移均连续。

(3)不计路面结构的自重影响。

路面结构不同，模型尺寸有所差异，以往学者所建路面模型的尺寸(X,Y,Z)大致有 2.65m × 2.65m × 2.5m、2.5m × 2.5m × 4m、6m × 6m × 5m 或 7m × 7m × 7m。利用布辛尼斯克解可以求得，在 BZZ-100 作用下，土基的影响区深度为 150cm 左右。本书为了较为准确地研究罩面后路面结构受力情况，对不同尺寸的有限元模型进行网格划分与计算，并用理论解进行验证,最终确定路面有限元模型。

行车荷载采用标准轴载 BZZ-100,轮胎内压 0.7MPa,单个轮压作用范围 18.9cm × 18.9cm,接触面积为 357.21cm^2,双轮间距为 32cm。已有文献表明,单轴单侧双轮和单轴双侧四轮荷载,对相同路面结构所产生的力学影响相差不大,且对称轴上的单侧轮载比双侧轮载对罩面层产生的不利影响更大。因此,为与沥青路面设计程序及其设计规范相对应,计算时仅考虑对称轴上的单侧荷载作用,布载方式如图 6-1 所示。

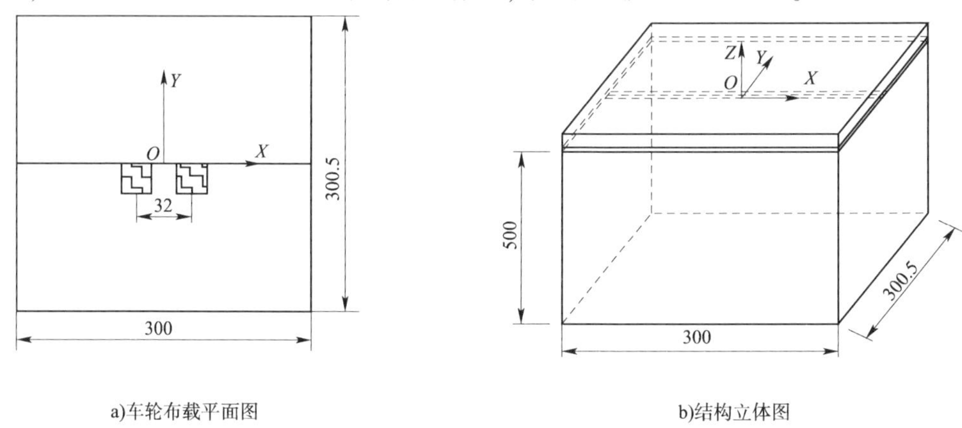

图 6-1 计算结构图(尺寸单位:cm)

罩面后路面结构进行网格细化,经误差分析,最后取荷载处最小单元边长为 0.031 5m。当有限元路面结构模型为 3m × 3m × 5m 时,基本满足计算精度要求(轮隙弯沉最大误差不超过 2%),如无特殊说明,均采用该结构进行计算。路面整体结构有限元网格划分如图 6-2 所示[38]。

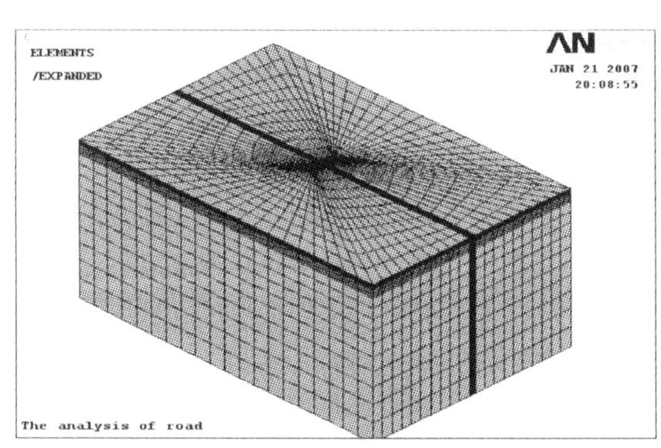

图 6-2 路面整体结构有限元网格划分

在进行有限元计算分析时,层间接触状态的模拟通常采用"接触对"。将一个界面当作"目标"面,采用 Targe170 单元来模拟 3-D 的目标面,另一个界面被当作"接触"面,用 3-D 8 节点面 – 面单元 Conta174 来模拟。一个目标单元和一个接触单元构成了一个"接触对",程序通过一个共享的实常数号来识别"接触对"。为了建立一个"接触对",给目标单元和接触单元指定相同的实常数号[39]。

6.2.3　主要力学计算指标选取

参照国内外沥青混凝土路面设计指标,并为后面沥青路面沥青加铺设计方法提供依据,笔者主要对以下指标进行计算分析。

(1)弯沉 l_d

我国沥青混凝土路面设计规范为控制路基路面结构的总变形,防止沉陷、车辙等整体强度不足的损坏,采用弯沉指标作为设计指标。路基路面结构表面在双圆均布荷载作用下,轮隙中心处的实测路表弯沉值 l_s 不大于该路面容许回弹弯沉值 l_d[40]。

(2)罩面层层底最大水平拉应变 ε_m 与最大水平拉应力 σ_m

沥青层的弯拉应变指标是各国力学—经验设计方法中普遍采用的指标,取该指标的目的是保证沥青层本身不会产生疲劳破坏,以确保沥青层的寿命不小于路面的使用寿命。目前我国规范中对沥青面层的疲劳开裂损坏,选用底面拉应力作为验算指标,其最大拉应力不得超过该材料的容许拉应力(即疲劳强度)。应力与应变指标究竟哪个更好,众说不一,本书对这两个力学指标都进行了计算[41]。

6.2.4　高速公路罩面后路面结构正交分析

由于不同罩面形式会导致不同结果,为了寻找一般规律且简化计算过程,对各个影响因素考虑不同的变化水平,设计正交试验进行不同因素之间的组合。因此,罩面层、上基层厚度及罩面层、上面层、下面层、中面层、上基层、下基层和底基层模量九个参数作为正交试验的因素,每个因素安排四个水平,各水平范围几乎涵盖了对应常用材料的取值且每个因素在相应水平上的数值增长率保持一致,构成 L32(4-9)正交试验。表 6-6 ~ 表 6-8 为三种罩面方式的正交试验表。

直接罩面结构正交试验表　　表 6-6

因　素	水平 1	水平 2	水平 3	水平 4
罩面层模量(MPa)	1 200	1 350	1 450	1 600
上面层模量(MPa)	1 500	1 600	1 700	1 800
中面层模量(MPa)	700	850	950	1 100
下面层模量(MPa)	700	850	950	1 100
上基层模量(MPa)(弯沉/拉应力)	1 100/2 700	1 250/3 100	1 350/3 500	1 500/3 900
下基层模量(MPa)(弯沉/拉应力)	1 100/2 700	1 250/3 100	1 350/3 500	1 500/3 900
底基层模量(MPa)(弯沉/拉应力)	300/1 100	700/2 000	1 100/2 900	1 500/3 900
罩面层厚度(cm)	2.5	3	4	5
上基层厚度(cm)	17	18	19	20

铣刨上、中面层后罩面正交试验表　　表 6-7

因　　素	水平 1	水平 2	水平 3	水平 4
上面层模量(MPa)	1 200	1 350	1 450	1 600
中面层模量(MPa)	800	950	1 050	1 200
下面层模量(MPa)	700	850	950	1 100
上基层模量(MPa)	1 100/2 700	1 250/3 100	1 350/3 500	1 500/3 900
下基层模量(MPa)(弯沉/拉应力)	1 100/2 700	1 250/3 100	1 350/3 500	1 500/3 900
底基层模量(MPa)(弯沉/拉应力)	300/1 100	700/2 000	1 100/2 900	1 500/3 900
上基层厚度(cm)	17	18	19	20
下基层厚度(cm)	17	18	19	20
底基层厚度(cm)	17	18	19	20

铣刨原路面面层及上基层后罩面正交试验表　　表 6-8

因　　素	水平 1	水平 2	水平 3	水平 4
上面层模量(MPa)	1 200	1 350	1 450	1 600
中面层模量(MPa)	800	950	1 050	1 200
下面层模量(MPa)	800	950	1 050	1 200
上基层模量(MPa)	1 100	1 150	1 250	1 400
下基层模量(MPa)(弯沉/拉应力)	1 100/2 700	1 250/3 100	1 350/3 500	1 500/3 900
底基层模量(MPa)(弯沉/拉应力)	300/1 100	700/2 000	1 100/2 900	1 500/3 900
上基层厚度(cm)	17	18	19	20
下基层厚度(cm)	17	18	19	20
底基层厚度(cm)	17	18	19	20

从表 6-7、表 6-8 中可以看出，铣刨后罩面形式一为铣刨原沥青混凝土上中层 9(4 + 5)cm，新铺 9cmAC-25 改性沥青混凝土面层；铣刨后罩面形式二为铣刨原沥青混凝土全部面层 15(4 + 5 + 6)cm、水稳碎石上基层 19cm，新铺 15(8 + 7)cmAC-25 改型沥青混凝土面层、19cmATB－25 沥青稳定碎石上基层，上基层由半刚性变为柔性。

根据表 6-6 ~ 表 6-8 进行正交试验设计，正交设计结果见表 6-9 ~ 表 6-11。

直接罩面后路面结构内力正交试验　　　　表 6-9

试验	罩面层模量（MPa）	上面层模量（MPa）	中面层模量（MPa）	下面层模量（MPa）	上基层模量（弯沉/拉应力）（MPa）	下基层模量（弯沉/拉应力）（MPa）	底基层模量（弯沉/拉应力）（MPa）	罩面层厚度（cm）	上面层厚度（cm）
试验 1	1 200	1 500	700	700	1 100/2 700	1 100/2 700	300/1 100	2.5	17
试验 2	1 200	1 600	850	850	1 250/3 100	1 250/3 100	700/2 000	3	18
试验 3	1 200	1 700	950	950	1 350/3 500	1 350/3 500	1 100/2 900	4	19
试验 4	1 200	1 800	1 100	1 100	1 500/3 900	1 500/3 900	1 500/3 900	5	20
试验 5	1 350	1 500	700	850	1 250/3 100	1 350/3 500	1 100/2 900	5	20
试验 6	1 350	1 600	850	700	1 100/2 700	1 500/3 900	1 500/3 900	4	19
试验 7	1 350	1 700	950	1 100	1 500/3 900	1 100/2 700	300/1 100	3	18
试验 8	1 350	1 800	1 100	950	1 350/3 500	1 250/3 100	700/2 000	2.5	17
试验 9	1 450	1 500	850	950	1 500/3 900	1 100/2 700	700/2 000	4	20
试验 10	1 450	1 600	700	1 100	1 350/3 500	1 250/3 100	300/1 100	5	19
试验 11	1 450	1 700	1 100	700	1 250/3 100	1 350/3 500	1 500/3 900	2.5	18
试验 12	1 450	1 800	950	850	1 100/2 700	1 500/3 900	1 100/2 900	3	17
试验 13	1 600	1 500	850	1 100	1 350/3 500	1 350/3 500	1 500/3 900	3	17
试验 14	1 600	1 600	700	950	1 500/3 900	1 500/3 900	1 100/2 900	2.5	18
试验 15	1 600	1 700	1 100	850	1 100/2 700	1 100/2 700	700/2 000	5	19
试验 16	1 600	1 800	950	700	1 250/3 100	1 250/3 100	300/1 100	4	20
试验 17	1 200	1 500	1 100	700	1 500/3 900	1 250/3 100	1 100/2 900	3	19
试验 18	1 200	1 600	950	850	1 350/3 500	1 100/2 700	1 500/3 900	2.5	20
试验 19	1 200	1 700	850	950	1 250/3 100	1 500/3 900	300/1 100	5	17
试验 20	1 200	1 800	700	1 100	1 100/2 700	1 350/3 500	700/2 000	4	18
试验 21	1 350	1 500	1 100	850	1 350/3 500	1 500/3 900	300/1 100	4	18
试验 22	1 350	1 600	950	700	1 500/3 900	1 350/3 500	700/2 000	5	17
试验 23	1 350	1 700	850	1 100	1 100/2 700	1 250/3 100	1 100/2 900	2.5	20
试验 24	1 350	1 800	700	950	1 250/3 100	1 100/2 700	1 500/3 900	3	19
试验 25	1 450	1 500	950	950	1 100/2 700	1 250/3 100	1 500/3 900	5	18
试验 26	1 450	1 600	1 100	1 100	1 250/3 100	1 100/2 700	1 100/2 900	4	17
试验 27	1 450	1 700	700	700	1 350/3 500	1 500/3 900	700/2 000	3	20
试验 28	1 450	1 800	850	850	1 500/3 900	1 350/3 500	300/1 100	2.5	19
试验 29	1 600	1 500	950	1 100	1 250/3 100	1 500/3 900	700/2 000	2.5	19
试验 30	1 600	1 600	1 100	950	1 100/2 700	1 350/3 500	300/1 100	3	20
试验 31	1 600	1 700	700	850	1 500/3 900	1 250/3 100	1 500/3 900	4	17
试验 32	1 600	1 800	850	700	1 350/3 500	1 100/2 700	1 100/2 900	5	18

铣刨上、中面层后罩面正交试验表 表 6-10

试验	上面层模量（MPa）	中面层模量（MPa）	下面层模量（MPa）	上基层模量（弯沉/拉应力）（MPa）	下基层模量（弯沉/拉应力）（MPa）	底基层模量（弯沉/拉应力）（MPa）	上基层厚度（cm）	下基层厚度（cm）	底基层厚度（cm）
试验 1	1 200	800	700	1 100/2 700	1 100/2 700	300/1 100	17	17	17
试验 2	1 200	950	850	1 250/3 100	1 250/3 100	700/2 000	18	18	18
试验 3	1 200	1 050	950	1 350/3 500	1 350/3 500	1 100/2 900	19	19	19
试验 4	1 200	1 200	1 100	1 500/3 900	1 500/3 900	1 500/3 900	20	20	20
试验 5	1 350	800	700	1 250/3 100	1 250/3 100	1 100/2 900	19	20	20
试验 6	1 350	950	850	1 100/2 700	1 100/2 700	1 500/3 900	20	19	19
试验 7	1 350	1 050	950	1 500/3 900	1 500/3 900	300/1 100	17	18	18
试验 8	1 350	1 200	1 100	1 350/3 500	1 350/3 500	700/2 000	18	17	17
试验 9	1 450	800	850	1 350/3 500	1 500/3 900	300/1 100	18	19	20
试验 10	1 450	950	700	1 500/3 900	1 350/3 500	700/2 000	17	20	19
试验 11	1 450	1 050	1 100	1 100/2 700	1 250/3 100	1 100/2 900	20	17	18
试验 12	1 450	1 200	950	1 250/3 100	1 100/2 700	1 500/3 900	19	18	17
试验 13	1 600	800	850	1 500/3 900	1 350/3 500	1 100/2 900	20	18	17
试验 14	1 600	950	700	1 350/3 500	1 500/3 900	1 500/3 900	19	17	18
试验 15	1 600	1 050	1 100	1 250/3 100	1 100/2 700	300/1 100	18	20	19
试验 16	1 600	1 200	950	1 100/2 700	1 250/3 100	700/2 000	17	19	20
试验 17	1 200	800	1 100	1 100/2 700	1 500/3 900	700/2 000	19	18	19
试验 18	1 200	950	950	1 250/3 100	1 350/3 500	300/1 100	20	17	20
试验 19	1 200	1 050	850	1 350/3 500	1 250/3 100	1 500/3 900	17	20	17
试验 20	1 200	1 200	700	1 500/3 900	1 100/2 700	1 100/2 900	18	19	18
试验 21	1 350	800	1 100	1 250/3 100	1 350/3 500	1 500/3 900	17	19	18
试验 22	1 350	950	950	1 100/2 700	1 500/3 900	1 100/2 900	18	20	17
试验 23	1 350	1 050	850	1 500/3 900	1 100/2 700	700/2 000	19	17	20
试验 24	1 350	1 200	700	1 350/3 500	1 250/3 100	300/1 100	20	18	19
试验 25	1 450	800	950	1 350/3 500	1 100/2 700	700/2 000	20	20	18
试验 26	1 450	950	1 100	1 500/3 900	1 250/3 100	300/1 100	19	19	17
试验 27	1 450	1 050	700	1 100/2 700	1 350/3 500	1 500/3 900	18	18	20
试验 28	1 450	1 200	850	1 250/3 100	1 500/3 900	1 100/2 900	17	17	19
试验 29	1 600	800	950	1 500/3 900	1 250/3 100	1 500/3 900	18	17	19
试验 30	1 600	950	1 100	1 350/3 500	1 100/2 700	1 100/2 900	17	18	20
试验 31	1 600	1 050	700	1 250/3 100	1 500/3 900	700/2 000	20	19	17
试验 32	1 600	1 200	850	1 100/2 700	1 350/3 500	300/1 100	19	20	18

铣刨原路面面层及上基层后罩面正交试验表　　表 6-11

试 验	上面层模量（MPa）	中面层模量（MPa）	下面层模量（MPa）	上基层模量（MPa）	下基层模量（MPa）	底基层模量（MPa）	上基层厚度（cm）	下基层厚度（cm）	底基层厚度（cm）
试验 1	1 200	800	800	1 000	1 100/2 700	300/1 100	17	17	17
试验 2	1 200	950	950	1 150	1 250/3 100	700/2 000	18	18	18
试验 3	1 200	1 050	1 050	1 250	1 350/3 500	1 100/2 900	19	19	19
试验 4	1 200	1 200	1 200	1 400	1 500/3 900	1 500/3 900	20	20	20
试验 5	1 350	800	800	1 150	1 250/3 100	1 100/2 900	19	20	20
试验 6	1 350	950	950	1 000	1 100/2 700	1 500/3 900	20	19	19
试验 7	1 350	1 050	1 050	1 400	1 500/3 900	300/1 100	17	18	18
试验 8	1 350	1 200	1 200	1 250	1 350/3 500	700/2 000	18	17	17
试验 9	1 450	800	950	1 250	1 500/3 900	300/1 100	18	19	20
试验 10	1 450	950	800	1 400	1 350/3 500	700/2 000	17	20	19
试验 11	1 450	1 050	1 200	1 000	1 250/3 100	1 100/2 900	20	17	18
试验 12	1 450	1 200	1 050	1 150	1 100/2 700	1 500/3 900	19	18	17
试验 13	1 600	800	950	1 400	1 350/3 500	1 100/2 900	20	18	17
试验 14	1 600	950	800	1 250	1 500/3 900	1 500/3 900	19	17	18
试验 15	1 600	1 050	1 200	1 150	1 100/2 700	300/1 100	18	20	19
试验 16	1 600	1 200	1 050	1 000	1 250/3 100	700/2 000	17	19	20
试验 17	1 200	800	1 200	1 000	1 500/3 900	700/2 000	19	18	19
试验 18	1 200	950	1 050	1 150	1 350/3 500	300/1 100	20	17	20
试验 19	1 200	1 050	950	1 250	1 250/3 100	1 500/3 900	17	20	17
试验 20	1 200	1 200	800	1 400	1 100/2 700	1 100/2 900	18	19	18
试验 21	1 350	800	1 200	1 150	1 350/3 500	1 500/3 900	17	19	18
试验 22	1 350	950	1 050	1 000	1 500/3 900	1 100/2 900	18	20	17
试验 23	1 350	1 050	950	1 400	1 100/2 700	700/2 000	19	17	20
试验 24	1 350	1 200	800	1 250	1 250/3 100	300/1 100	20	18	19
试验 25	1 450	800	1 050	1 250	1 100/2 700	700/2 000	20	20	18
试验 26	1 450	950	1 200	1 400	1 250/3 100	300/1 100	19	19	17
试验 27	1 450	1 050	800	1 000	1 350/3 500	1 500/3 900	18	18	20
试验 28	1 450	1 200	950	1 150	1 500/3 900	1 100/2 900	17	17	19
试验 29	1 600	800	1 050	1 400	1 250/3 100	1 500/3 900	18	17	19
试验 30	1 600	950	1 200	1 250	1 100/2 700	1 100/2 900	17	18	20
试验 31	1 600	1 050	800	1 150	1 500/3 900	700/2 000	20	19	17
试验 32	1 600	1 200	950	1 000	1 350/3 500	300/1 100	19	20	18

根据正交表格，力学计算结果见表6-12～表6-14。

直接罩面后路面结构力学计算结果 表6-12

试验	罩面层层底拉应力(MPa)	上面层层底拉应力(MPa)	中面层层底拉应力(MPa)	下面层层底拉应力(MPa)	上基层层底拉应力(MPa)	下基层层底拉应力(MPa)	底基层层底拉应力(MPa)	路基顶部压应变
试验1	-0.680	0.012	-0.442	-0.314	0.014	0.123	0.086	-0.158
试验2	-0.675	-0.011	-0.432	-0.307	0.007	0.088	0.115	-0.121
试验3	-0.657	0.003	-0.405	-0.290	0.003	0.070	0.130	-0.098
试验4	-0.641	-0.003	-0.382	-0.275	0.002	0.057	0.140	-0.081
试验5	-0.621	0.079	-0.371	-0.269	-0.003	0.067	0.127	-0.096
试验6	-0.648	0.045	-0.386	-0.281	-0.023	0.055	0.156	-0.091
试验7	-0.678	-0.046	-0.440	-0.309	0.056	0.115	0.076	-0.139
试验8	-0.685	-0.074	-0.445	-0.315	0.016	0.090	0.116	-0.121
试验9	-0.655	0.002	-0.405	-0.290	0.041	0.072	0.105	-0.109
试验10	-0.622	0.071	-0.376	-0.269	0.034	0.123	0.070	-0.129
试验11	-0.682	-0.055	-0.428	-0.310	-0.014	0.050	0.163	-0.095
试验12	-0.672	0.001	-0.420	-0.299	-0.022	0.080	0.141	-0.107
试验13	-0.678	-0.028	-0.441	-0.309	-0.007	0.051	0.162	-0.094
试验14	-0.681	0.039	-0.456	-0.324	-0.001	0.082	0.135	-0.101
试验15	-0.627	-0.004	-0.354	-0.256	0.011	0.071	0.108	-0.113
试验16	-0.645	0.041	-0.377	-0.276	0.024	0.123	0.071	-0.130
试验17	-0.678	-0.074	-0.423	-0.309	0.017	0.062	0.135	-0.101
试验18	-0.685	-0.049	-0.450	-0.320	0.014	0.034	0.157	-0.091
试验19	-0.631	0.038	-0.374	-0.268	0.002	0.156	0.072	-0.134
试验20	-0.649	0.090	-0.407	-0.285	-0.007	0.097	0.111	-0.117
试验21	-0.660	-0.065	-0.396	-0.285	0.013	0.155	0.071	-0.131
试验22	-0.627	0.026	-0.361	-0.268	0.013	0.099	0.109	-0.115
试验23	-0.684	-0.020	-0.454	-0.313	-0.004	0.059	0.134	-0.101
试验24	-0.669	0.088	-0.434	-0.307	0.005	0.033	0.161	-0.094
试验25	-0.631	-0.004	-0.368	-0.263	-0.010	0.040	0.157	-0.092
试验26	-0.661	-0.058	-0.401	-0.282	0.010	0.051	0.140	-0.105
试验27	-0.666	0.095	-0.422	-0.307	0.003	0.108	0.104	-0.110
试验28	-0.681	0.009	-0.446	-0.319	0.032	0.143	0.072	-0.132
试验29	-0.687	-0.081	-0.454	0.316	-0.004	0.108	0.106	-0.112
试验30	-0.678	-0.082	-0.421	-0.296	0.006	0.137	0.070	-0.130
试验31	-0.642	0.107	-0.396	-0.287	0.008	0.043	0.162	-0.093
试验32	-0.614	0.097	-0.352	-0.261	0.018	0.051	0.136	-0.102

铣刨上、中面层后罩面路面结构力学计算结果　　表 6-13

试验	路表弯沉(0.01mm)	上面层层底拉应力(MPa)	中面层层底拉应力(MPa)	下面层层底拉应力(MPa)	上基层层底拉应力(MPa)	下基层层底拉应力(MPa)	底基层层底拉应力(MPa)	路基顶部压应变
试验 1	27.87	-0.670	-0.407	-0.289	0.017	0.127	0.088	-0.163
试验 2	24.19	-0.672	-0.412	-0.292	0.006	0.087	0.113	-0.120
试验 3	21.61	-0.673	-0.416	-0.295	-0.001	0.065	0.124	-0.094
试验 4	19.62	-0.675	-0.419	-0.297	-0.004	0.049	0.129	-0.075
试验 5	21.94	-0.669	-0.409	-0.294	-0.004	0.051	0.124	-0.093
试验 6	21.39	-0.671	-0.407	-0.288	-0.004	0.029	0.149	-0.087
试验 7	25.20	-0.673	-0.414	-0.294	0.018	0.159	0.072	-0.134
试验 8	23.73	-0.673	-0.412	-0.290	0.014	0.104	0.112	-0.119
试验 9	24.86	-0.671	-0.416	-0.296	0.005	0.145	0.068	-0.126
试验 10	23.26	-0.667	-0.403	-0.294	0.006	0.093	0.104	-0.109
试验 11	22.23	-0.673	-0.411	-0.285	-0.002	0.059	0.134	-0.101
试验 12	21.59	-0.670	-0.402	-0.285	0.007	0.037	0.161	-0.094
试验 13	22.09	-0.670	-0.417	-0.298	0.012	0.074	0.131	-0.098
试验 14	21.63	-0.665	-0.400	-0.291	-0.010	0.058	0.157	-0.091
试验 15	24.69	-0.672	-0.410	-0.286	0.026	0.105	0.071	-0.129
试验 16	23.19	-0.668	-0.396	-0.280	-0.005	0.077	0.106	-0.112
试验 17	23.44	-0.677	-0.426	-0.294	-0.012	0.102	0.105	-0.112
试验 18	24.75	-0.674	-0.416	-0.293	0.015	0.132	0.070	-0.129
试验 19	22.06	-0.672	-0.410	-0.294	-0.002	0.046	0.160	-0.093
试验 20	22.56	-0.667	-0.396	-0.290	0.024	0.051	0.135	-0.101
试验 21	22.13	-0.676	-0.426	-0.297	-0.015	0.049	0.159	-0.093
试验 22	22.56	-0.672	-0.412	-0.289	-0.020	0.081	0.132	-0.100
试验 23	23.06	-0.671	-0.409	-0.293	0.037	0.068	0.107	-0.112
试验 24	24.37	-0.666	-0.391	-0.286	0.032	0.120	0.070	-0.128
试验 25	22.86	-0.673	-0.421	-0.297	0.026	0.070	0.102	-0.107
试验 26	24.37	-0.675	-0.422	-0.296	0.041	0.126	0.070	-0.129
试验 27	21.75	-0.665	-0.392	-0.284	-0.021	0.040	0.153	-0.090
试验 28	22.57	-0.668	-0.398	-0.286	-0.015	0.076	0.138	-0.104
试验 29	21.87	-0.672	-0.421	-0.298	0.009	0.039	0.158	-0.091
试验 30	22.37	-0.673	-0.418	-0.292	0.015	0.044	0.133	-0.100
试验 31	22.71	-0.664	-0.392	-0.285	-0.005	0.108	0.102	-0.108
试验 32	24.03	-0.666	-0.391	-0.279	-0.001	0.132	0.067	-0.125

铣刨原路面面层及上基层后加铺结构力学计算结果　　表 6-14

试验	路表弯沉（0.01mm）	上面层层底拉应力（MPa）	中面层层底拉应力（MPa）	下面层层底拉应力（MPa）	上基层层底拉应力（MPa）	下基层层底拉应力（MPa）	底基层层底拉应力（MPa）	路基顶部压应变
试验 1	27.54	-0.667	-0.412	-0.259	-0.115	0.128	0.107	-0.177
试验 2	23.94	-0.669	-0.417	-0.261	-0.115	0.084	0.137	-0.130
试验 3	21.65	-0.670	-0.419	-0.263	-0.114	0.060	0.151	-0.103
试验 4	19.67	-0.671	-0.422	-0.264	-0.112	0.043	0.158	-0.082
试验 5	21.96	-0.666	-0.415	-0.266	-0.116	0.046	0.149	-0.101
试验 6	21.49	-0.667	-0.409	-0.254	-0.110	0.024	0.180	-0.096
试验 7	24.87	-0.670	-0.419	-0.264	-0.116	0.164	0.088	-0.147
试验 8	23.50	-0.669	-0.414	-0.255	-0.111	0.102	0.137	-0.130
试验 9	24.56	-0.669	-0.423	-0.267	-0.116	0.150	0.083	-0.138
试验 10	23.00	-0.664	-0.411	-0.268	-0.123	0.091	0.124	-0.118
试验 11	22.31	-0.669	-0.410	-0.247	-0.106	0.053	0.164	-0.112
试验 12	21.69	-0.665	-0.404	-0.252	-0.110	0.031	0.194	-0.102
试验 13	22.06	-0.668	-0.423	-0.270	-0.109	0.069	0.159	-0.108
试验 14	21.63	-0.662	-0.405	-0.263	-0.117	0.049	0.190	-0.100
试验 15	24.44	-0.668	-0.412	-0.251	-0.107	0.108	0.086	-0.140
试验 16	23.00	-0.663	-0.396	-0.245	-0.118	0.075	0.128	-0.120
试验 17	23.50	-0.675	-0.429	-0.258	-0.114	0.100	0.130	-0.124
试验 18	24.81	-0.671	-0.420	-0.259	-0.103	0.136	0.086	-0.143
试验 19	21.81	-0.668	-0.415	-0.264	-0.124	0.040	0.191	-0.101
试验 20	22.31	-0.663	-0.403	-0.264	-0.115	0.046	0.161	-0.109
试验 21	21.88	-0.674	-0.432	-0.265	-0.126	0.043	0.191	-0.101
试验 22	22.38	-0.669	-0.414	-0.253	-0.111	0.076	0.144	-0.112
试验 23	23.09	-0.668	-0.415	-0.263	-0.100	0.062	0.116	-0.124
试验 24	24.44	-0.661	-0.396	-0.255	-0.094	0.119	0.077	-0.144
试验 25	22.85	-0.671	-0.427	-0.264	-0.098	0.066	0.111	-0.120
试验 26	24.39	-0.673	-0.427	-0.262	-0.096	0.127	0.078	-0.145
试验 27	22.28	-0.661	-0.396	-0.252	-0.114	0.031	0.166	-0.100
试验 28	22.35	-0.664	-0.401	-0.253	-0.114	0.067	0.149	-0.115
试验 29	21.54	-0.670	-0.428	-0.269	-0.111	0.030	0.170	-0.102
试验 30	22.11	-0.670	-0.422	-0.258	-0.111	0.037	0.143	-0.111
试验 31	22.76	-0.660	-0.397	-0.254	-0.100	0.104	0.112	-0.121
试验 32	24.18	-0.661	-0.392	-0.243	-0.099	0.133	0.075	-0.140

利用表 6-12 ~ 表 6-14 力学计算结果进行极差分析和方差分析可知,三种结构中的路表弯沉、下基层层底拉应力、底基层层底拉应力以及路基顶部压应变四个考察指标都是以底基层模量为第一影响因素,其他考察指标随着罩面方式的不同而发生变化,可见,底基层的完好程度对罩面后的路面结构性能十分重要。

罩面后路表弯沉随各因素增大整体表现为减小[42]。三种罩面方式的路表弯沉值变化不大。直接罩面后,罩面层及旧沥青路面面层一般处于受压状态,压应力为 0.6 ~ 0.7MPa,局部情况下上面层层底可能受拉,但是拉应力很小。原路面上基层虽然一般处于受拉状态,拉应力最大仅为 0.02MPa。而原路面的下基层和底基层为主要承重层。在所有的组合试验中,下基层层底拉应力最大为 0.156MPa,大于 0.1MPa 的占 31.25%;底基层层底拉应力最大为0.163MPa,大于 0.1MPa 的占 75%。这也恰好说明了罩面前原路面的底基层对直接罩面后的路面结构性能影响最大。

铣刨原路面面层及上、中面层再进行罩面后,路面结构上、中、下面层全部处于受压状态,罩面层所受拉应力最大为 0.668MPa,上基层有一半的组合处于受压状态,而另一半处于受拉状态,拉应力很小,最大仅为 0.02MPa。同旧路直接罩面一样,下基层和底基层主要处于受拉状态,下基层所受拉应力为 0.129 ~ 0.159MPa,有 85% 的组合底基层层底拉应力大于0.1MPa,最大为 0.16MPa。

铣刨原路面面层及上基层再进行罩面后,路面结构中所有的面层及上基层则全部处于受压状态,所有的组合试验中上面层所受压应力最大,为 0.6 ~ 0.7MPa;而中、下面层的所受的压应力分别在0.4MPa 与0.25MPa 左右,同前两种罩面形式一样,下基层和底基层为主要承重层,底基层拉应力最大达到 0.19MPa,最小为 0.07MPa。结果表明,对于铣刨原路面面层及上基层再进行罩面的方案,在罩面前应对底基层的结构状况进行详细勘察,确保其具有足够的承载能力后再采用这种罩面方式。

6.3　旧路开裂对罩面层结构荷载内力的影响分析

为了给沥青路面沥青罩面层设计方法提供依据,本书参照国内外沥青混凝土路面设计指标,选取计算力学指标为路表弯沉 l_d、沥青加铺层最大水平拉应变 ε_m、最大水平拉应力 σ_m、最大主拉应变 ε_1、主拉应力 σ_1、最大剪应力 τ_{max}与竖向最大剪应力 τ_{yz}[43]。

6.3.1　旧路横向开裂宽度对罩面层的荷载应力影响分析

计算参数:车辆荷载 BZZ-100,沥青加铺层厚度 $h = 4$cm,弹性模量 $E_{AC} = 1\ 400$MPa,层间接触为连续,旧路裂缝深度为 10cm,旧路开裂宽度从 0 增加到 15mm,其中 0 代表旧路无缝状态。通过建立 ANSYS 模型,分析所得的数据,得出加铺层荷载内力随旧路开裂宽度的变化,见表 6-15。

罩面层荷载内力随旧路开裂宽度变化表　　表 6-15

宽度 (mm)	l_d (0.01mm)	ε_m (10^{-3})	ε_1 (10^{-3})	σ_m (MPa)	σ_1 (MPa)	τ_{yz} (MPa)	τ_{max} (MPa)
0	26.14	0.368	0.367	0.657	0.657	0.644	0.744
5.5	26.18	0.372	0.372	0.662	0.662	0.663	0.745
7.5	26.20	0.376	0.375	0.663	0.663	0.677	0.745
9	26.26	0.378	0.377	0.663	0.663	0.669	0.746
12	26.29	0.381	0.380	0.664	0.664	0.667	0.747
15	26.41	0.382	0.382	0.665	0.665	0.666	0.748

由图 6-3 及图 6-4 可知,随着横缝宽度的变化,沥青层弯沉 l_d、应变 ε_m 及 ε_1、应力 σ_m 及 σ_1、最大剪应力 τ_{max},都有相应增加,但是幅度不大,与之相比,沥青层最大竖向剪应力 τ_{yz}随横缝宽度的变化为先增大后减小。这说明:当荷载处于最不利荷载位置时,加铺层中最大拉应力与剪应力的大小与裂缝宽度关系不大[44]。

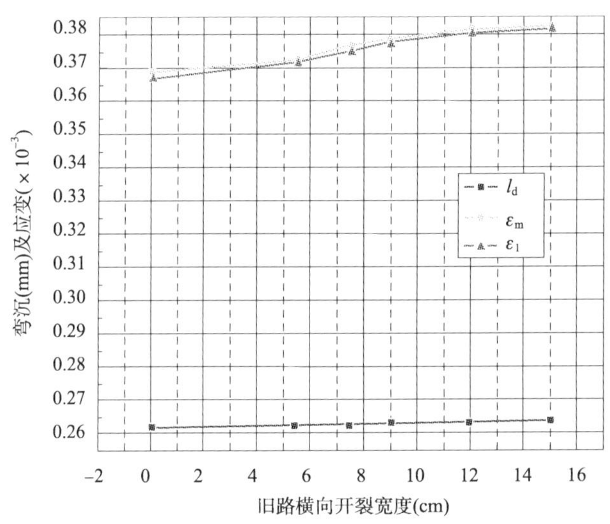

图 6-3　弯沉及应变随旧路开裂宽度变化图

6.3.2　旧路横向开裂深度对罩面层的荷载应力影响分析

计算参数:车辆荷载 BZZ-100,沥青加铺层厚度 $h=4$cm,弹性模量 $E_{AC}=1\ 400$MPa,层间接触为连续,旧路开裂宽度为 5mm,旧路开裂深度从 0 增加到 30cm,其中 0 代表旧路无缝状态。通过建立 ANSYS 模型,分析所得的数据,得出加铺层荷载内力随旧路开裂深度的变化,见表 6-16。

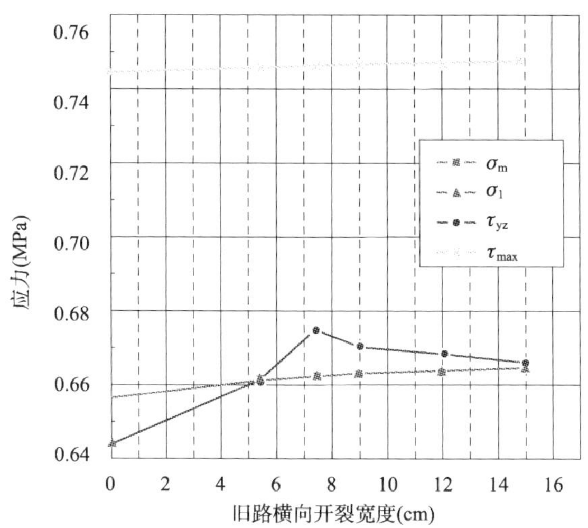

图 6-4　荷载应力随旧路开裂宽度变化图

加铺层荷载内力随旧路开裂深度变化表　　表 6-16

深度 (cm)	l_d (0.01mm)	ε_m (10^{-3})	ε_1 (10^{-3})	σ_m (MPa)	σ_1 (MPa)	τ_{yz} (MPa)	τ_{max} (MPa)
0	24.84	0.368	0.367	0.657	0.657	0.644	0.744
5	24.92	0.373	0.372	0.661	0.661	0.662	0.745
10	24.95	0.375	0.375	0.662	0.662	0.661	0.745
15	25.04	0.377	0.376	0.664	0.664	0.663	0.746
20	25.07	0.380	0.380	0.664	0.664	0.663	0.747
25	25.12	0.381	0.380	0.665	0.665	0.664	0.747
30	25.25	0.382	0.382	0.667	0.667	0.666	0.748

由图 6-5 可知，随着横缝深度的增加，沥青层弯沉 l_d 相应增加，但变化幅度不大；应变 ε_m 与 ε_1 相等，变化幅度逐渐减小，当开裂深度为 15cm 以上时，变化幅度比较小。由图 6-6可知，随着横缝深度的增加，应力 σ_m 及 σ_1、最大竖向剪应力 τ_{yz}、最大剪应力 τ_{max} 都有相应增加，而且变化幅度逐渐减小；τ_{max} 变化幅度最小，当开裂深度为 25 ~ 30cm 时，τ_{max} 基本保持不变。

考虑旧路横缝的加铺层弯沉、应力应变都大于不考虑旧路开裂的情况，当旧路横向开裂深度为 10cm，开裂宽度为 5mm 时，沥青层 l_d、$\varepsilon_m(\varepsilon_1)$、$\sigma_m(\sigma_1)$、$\tau_{max}$ 分别增加了 2.8%、10.2%、14.1%、6.0%。这表明：由于裂缝的存在，依照现有方法设计的加铺层厚度将偏小，在实际使用中加铺层将处于更加不利的应力状态。

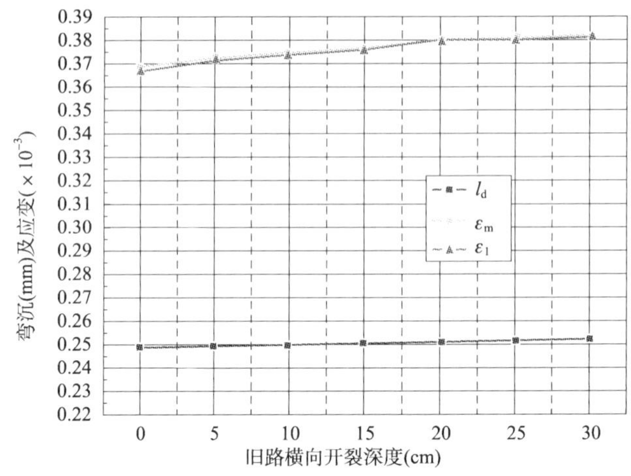

图 6-5　弯沉及应变随旧路开裂深度变化图

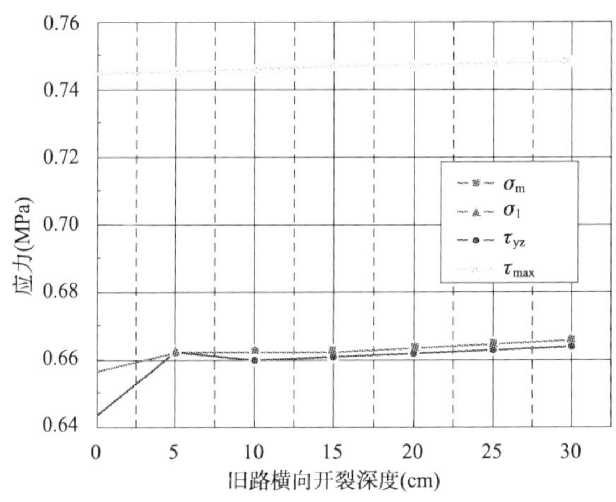

图 6-6　荷载应力随旧路开裂深度变化图

6.4　旧路面病害对罩面后高速公路路面结构性能的影响研究

旧沥青路面在使用过程中，随着交通量迅速增长，车辆大型化、超载严重，车辆渠化行驶以及外界环境等问题的综合作用，路面结构损坏程度会随时间的推移或作用轴次的累积而逐渐加剧。当破坏达到某种程度时，须采取养护维修或改建措施以恢复或提高其性能。在沥青路面上罩面沥青混凝土层存在车辙、推移、拥包等旧路面病害问题。针对旧路面的病害问题，从不同的角度研究其对罩面后高速公路沥青路面结构性能的影响并使罩面层功能、结构与材料统一起来，应用科学有效的沥青路面处治技术来改善道路使用功能，延长路面使用寿命，降低成本，提高经济社会效益具有重要意义[45]。

下面分别针对三种罩面方式下的旧路面病害进行探讨。

6.4.1　直接罩面的路面结构形式

（1）旧路面模量未下降时，罩面层模量在 1 200 ~ 1 600MPa 范围内每间隔 100MPa 变化，路面结构见表 6-17。

罩面层模量变化下的路面结构　　表 6-17

部　位	厚度（cm）	模量（MPa）	泊　松　比
罩面层	4	1 200/1 300/1 400/1 500/1 600	0.35
上面层	4	1 200/2 000	0.35
中面层	5	1 100/1 700	0.35
下面层	6	1 100/1 300	0.35
上基层	19	1 500/3 900	0.25
下基层	18	1 500/3 900	0.25
底基层	20	1 500/3 900	0.25
土基	—	40	0.40

根据路面结构，力学计算结果见表 6-18。

力 学 计 算 结 果　　表 6-18

罩面层模量（MPa）	路表弯沉（0.01mm）	罩面层层底拉应力（MPa）	上面层层底拉应力（MPa）	中面层层底拉应力（MPa）	下面层层底拉应力（MPa）	上基层层底拉应力（MPa）	下基层层底拉应力（MPa）	底基层层底拉应力（MPa）	路基顶部压应变
1 200	24.6	-0.673	-0.565	-0.420	-0.297	-0.103	0.050	0.140	-8.11×10^{-5}
1 300	24.54	-0.672	-0.563	-0.418	-0.296	-0.103	0.050	0.140	-8.09×10^{-5}
1 400	24.48	-0.671	-0.561	0.416	-0.295	-0.103	0.050	0.140	-8.06×10^{-5}
1 500	24.42	-0.671	-0.559	-0.415	-0.294	-0.103	0.050	0.139	-8.04×10^{-5}
1 600	24.37	-0.670	-0.557	-0.413	-0.293	-0.102	0.050	0.139	-8.02×10^{-5}

（2）旧路面模量下降 10% 时，路面结构形式见表 6-19。

根据路面结构，力学计算结果见表 6-20。

（3）旧路面模量下降 20% 时，路面结构形式见表 6-21。

路面结构形式　表6-19

结　构　层	厚度(cm)	模量(MPa)	泊　松　比
罩面层	4	1 200/1 300/1 400/1 500/1 600	0.35
上面层	4	1 080/1 800	0.35
中面层	5	990/1 530	0.35
下面层	6	990/1 170	0.35
上基层	19	1 350/3 510	0.25
下基层	18	1 350/3 510	0.25
底基层	20	1 350/3 510	0.25
土基	—	40	0.40

力学计算结果　表6-20

罩面层模量(MPa)	路表弯沉(0.01mm)	罩面层层底拉应力(MPa)	上面层层底拉应力(MPa)	中面层层底拉应力(MPa)	下面层层底拉应力(MPa)	上基层层底拉应力(MPa)	下基层层底拉应力(MPa)	底基层层底拉应力(MPa)	路基顶部压应变
1 200	25.46	-0.672	-0.562	-0.418	-0.296	-0.103	0.049	0.137	-8.73×10^{-5}
1 300	25.39	-0.671	-0.560	-0.416	-0.295	-0.103	0.049	0.137	-8.70×10^{-5}
1 400	25.33	-0.671	-0.558	-0.414	-0.294	-0.103	0.049	0.136	-8.67×10^{-5}
1 500	25.26	-0.670	-0.556	-0.412	-0.293	-0.102	0.049	0.136	-8.64×10^{-5}
1 600	25.2	-0.669	-0.554	-0.411	-0.292	-0.102	0.049	0.136	-8.62×10^{-5}

路面结构形式　表6-21

结　构　层	厚度(cm)	模量(MPa)	泊　松　比
罩面层	4	1 200/1 300/1 400/1 500/1 600	0.35
上面层	4	960/1 600	0.35
中面层	5	880/1 360	0.35
下面层	6	880/1 040	0.35
上基层	19	1 200/3 120	0.25
下基层	18	1 200/3 120	0.25
底基层	20	1 200/3 120	0.25
土基	—	40	0.40

根据路面结构，力学计算结果见表 6-22。

力学计算结果　表 6-22

罩面层模量(MPa)	路表弯沉(0.01mm)	罩面层层底拉应力(MPa)	上面层层底拉应力(MPa)	中面层层底拉应力(MPa)	下面层层底拉应力(MPa)	上基层层底拉应力(MPa)	下基层层底拉应力(MPa)	底基层层底拉应力(MPa)	路基顶部压应变
1 200	26.46	-0.671	-0.559	-0.415	-0.294	-0.103	0.048	0.134	-9.46×10^{-5}
1 300	26.38	-0.670	-0.557	-0.413	-0.293	-0.103	0.048	0.133	-9.43×10^{-5}
1 400	26.31	-0.669	-0.555	-0.411	-0.292	-0.102	0.048	0.133	-9.40×10^{-5}
1 500	26.24	-0.668	-0.552	-0.409	-0.291	-0.102	0.048	0.132	-9.37×10^{-5}
1 600	26.17	-0.667	-0.550	-0.408	-0.290	-0.102	0.048	0.132	-9.34×10^{-5}

(4)旧路面模量下降 30% 时，路面结构形式见表 6-23。

路面结构形式　表 6-23

结构层	厚度(cm)	模量(MPa)	泊松比
罩面层	4	1 200/1 300/1 400/1 500/1 600	0.35
上面层	4	840/1 400	0.35
中面层	5	770/1 190	0.35
下面层	6	770/970	0.35
上基层	19	1 050/2 730	0.25
下基层	18	1 050/2 730	0.25
底基层	20	1 050/2 730	0.25
土基	—	40	0.40

根据路面结构，力学计算结果见表 6-24。

力学计算结果　表 6-24

罩面层模量(MPa)	路表弯沉(0.01mm)	罩面层层底拉应力(MPa)	上面层层底拉应力(MPa)	中面层层底拉应力(MPa)	下面层层底拉应力(MPa)	上基层层底拉应力(MPa)	下基层层底拉应力(MPa)	底基层层底拉应力(MPa)	路基顶部压应变
1 200	29.28	-0.669	-0.555	-0.412	-0.292	-0.103	0.047	0.129	-1.04×10^{-4}
1 300	29.18	-0.668	-0.553	-0.410	-0.291	-0.103	0.047	0.129	-1.03×10^{-4}
1 400	29.09	-0.667	-0.550	-0.408	-0.290	-0.102	0.047	0.129	-1.03×10^{-4}
1 500	29.01	-0.666	-0.548	-0.406	-0.289	-0.102	0.047	0.128	-1.03×10^{-4}
1 600	28.92	-0.664	-0.546	-0.404	-0.288	-0.102	0.047	0.128	-1.02×10^{-4}

根据基层在旧路面模量变化下的层底拉应力、路表弯沉值及路基顶部压应变，绘制曲线图，如图 6-7 ~ 图 6-10 所示。

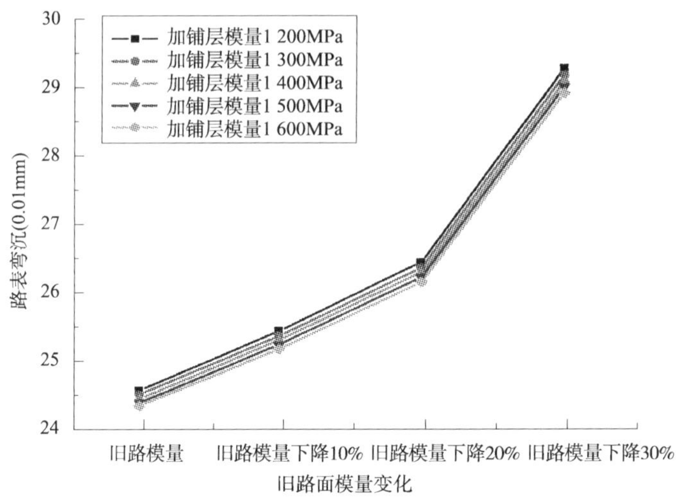

图 6-7　路表弯沉随旧路面模量变化曲线

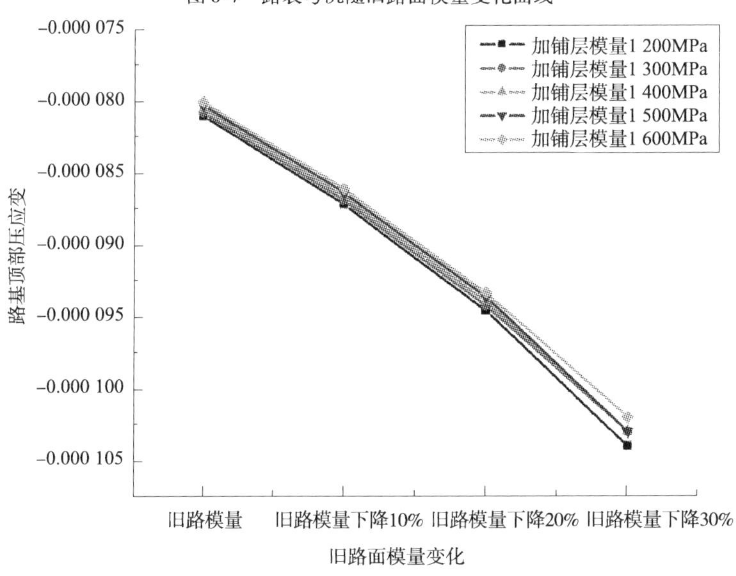

图 6-8　路基顶部压应变随旧路面模量变化曲线

从图中可以看出：

(1)旧路面模量和罩面层模量同时变化过程中，路表弯沉、路基顶部压应变、下基层层底拉应力以及底基层层底拉应力各自的变化趋势大体相同。

(2)随着旧路模量的减小，在不同的罩面层模量下，路基顶部压应变、路表弯沉在逐渐增大，下基层层底拉应力和底基层层底拉应力都在逐渐减小；在罩面层模量相同的情况下，随旧路面模量的降低，各考察指标增大或减小的速率不同，旧路路面路况越差，弯沉、基层底拉应力和压应变变化就越大。

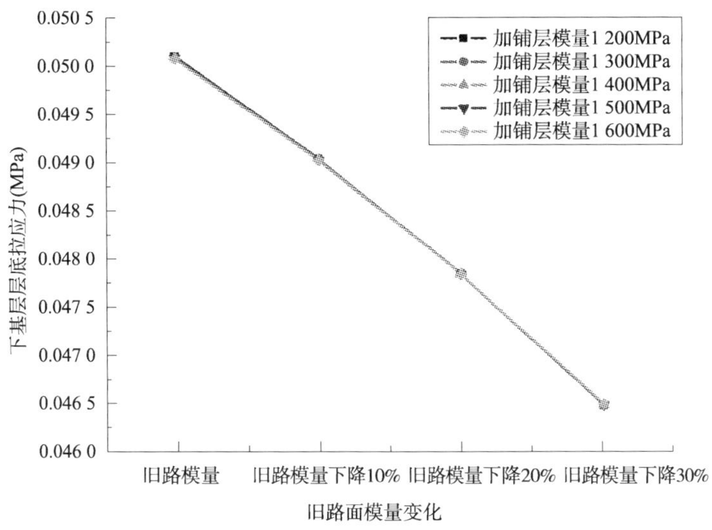

图6-9　下基层层底拉应力随旧路模量变化曲线

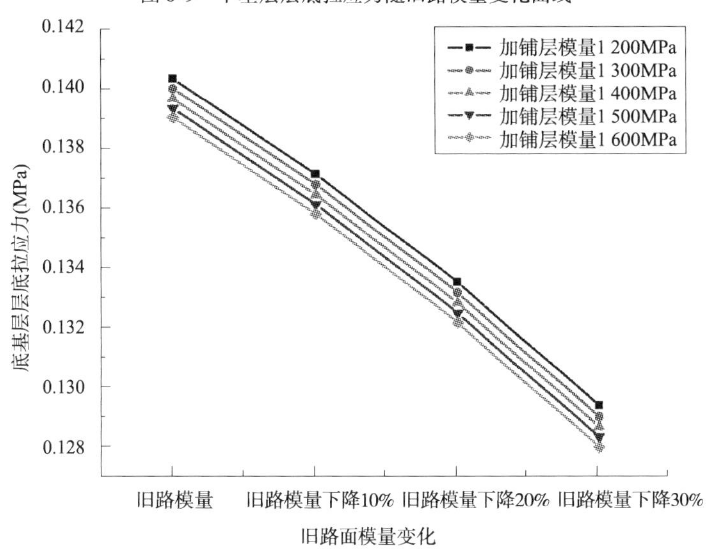

图6-10　底基层层底拉应力随旧路模量变化曲线

(3)当罩面层模量是1 400MPa时,在旧路模量未发生改变以及分别下降10%、20%、30%时,从图6-7、图6-8中可以看出,路表弯沉从24.48(0.01mm)一直增大到29.09(0.01mm),路表弯沉平均增大了5.69%;随旧路模量依次下降,路表弯沉陆续增大了3.47%、3.87%和10.57%,可以看出,旧路面模量变化对罩面后路面路表弯沉的变化影响较大。路基顶部压应变平均增大了8.48%;下基层层底拉应力变化较缓慢,在不同的罩面层模量时,下降速率基本相同。底基层层底拉应力从0.140MPa下降到0.129MPa,平均下降了2.72%。

6.4.2 铣刨上、中面层后罩面的路面结构形式

（1）旧路面模量未下降时，路面结构见表6-25。

路面结构形式 表6-25

结构层	厚度(cm)	模量(MPa)	泊松比
上面层	4	1 200/1 300/1 400/1 500/1 600	0.35
中面层	9	800/900/1 000/1 100/1 200	0.35
下面层	6	1 100/1 300	0.35
上基层	19	1 500/3 900	0.25
下基层	18	1 500/3 900	0.25
底基层	20	1 500/3 900	0.25
土基	—	40	0.40

根据路面结构，力学计算结果见表6-26。

力学计算结果 表6-26

罩面层模量(MPa)	路表弯沉(0.01mm)	上面层层底拉应力(MPa)	中面层层底拉应力(MPa)	下面层层底拉应力(MPa)	上基层层底拉应力(MPa)	下基层层底拉应力(MPa)	底基层层底拉应力(MPa)	路基顶部压应变
1 200	25.060	-0.678	-0.433	-0.304	-0.104	0.050	0.143	-8.27×10^{-5}
1 300	24.850	-0.677	-0.428	-0.301	-0.104	0.050	0.142	-8.20×10^{-5}
1 400	24.650	-0.675	-0.422	-0.298	-0.103	0.050	0.141	-8.13×10^{-5}
1 500	24.470	-0.674	-0.417	-0.295	-0.102	0.050	0.140	-8.06×10^{-5}
1 600	24.310	-0.672	-0.412	-0.293	-0.102	0.050	0.139	-7.99×10^{-5}

（2）旧路面模量下降10%时，路面结构见表6-27。

路面结构形式 表6-27

结构层	厚度(cm)	模量(MPa)	泊松比
上面层	4	1 200/1 300/1 400/1 500/1 600	0.35
中面层	9	800/900/1 000/1 100/1 200	0.35
下面层	6	990/1 170	0.35
上基层	19	1 350/3 510	0.25
下基层	18	1 350/3 510	0.25
底基层	20	1 350/3 510	0.25
土基	—	40	0.40

根据路面结构，力学计算结果见表6-28。

力学计算结果　　表 6-28

罩面层模量(MPa)	路表弯沉(0.01mm)	上面层层底拉应力(MPa)	中面层层底拉应力(MPa)	下面层层底拉应力(MPa)	上基层层底拉应力(MPa)	下基层层底拉应力(MPa)	底基层层底拉应力(MPa)	路基顶部压应变
1 200	25.80	-0.677	-0.428	-0.301	-0.104	0.049	0.139	-8.85×10
1 300	25.58	-0.675	-0.422	-0.298	-0.103	0.049	0.138	-8.77×10
1 400	25.37	-0.673	-0.416	-0.295	-0.102	0.049	0.137	-8.69×10
1 500	25.18	-0.672	-0.410	-0.292	-0.102	0.049	0.136	-8.61×10
1 600	25.00	-0.670	-0.405	-0.289	-0.101	0.049	0.135	-8.54×10

(3)旧路面模量下降 20% 时,路面结构见表 6-29。

路面结构形式　　表 6-29

结　构　层	厚度(cm)	模量(MPa)	泊　松　比
上面层	4	1 200/1 300/1 400/1 500/1 600	0.35
中面层	9	800/900/1 000/1 100/1 200	0.35
下面层	6	880/1 040	0.35
上基层	19	1 200/3 120	0.25
下基层	18	1 200/3 120	0.25
底基层	20	1 200/3 120	0.25
土基	—	40	0.40

根据路面结构,力学计算结果见表 6-30。

力学计算结果　　表 6-30

罩面层模量(MPa)	路表弯沉(0.01mm)	上面层层底拉应力(MPa)	中面层层底拉应力(MPa)	下面层层底拉应力(MPa)	上基层层底拉应力(MPa)	下基层层底拉应力(MPa)	底基层层底拉应力(MPa)	路基顶部压应变
1 200	26.65	-0.674	-0.421	-0.297	-0.103	0.048	0.134	-9.53×10
1 300	26.41	-0.673	-0.414	-0.294	-0.102	0.048	0.133	-9.44×10
1 400	26.19	-0.671	-0.408	-0.291	-0.102	0.048	0.132	-9.35×10
1 500	25.99	-0.669	-0.403	-0.287	-0.101	0.048	0.131	-9.27×10
1 600	25.80	-0.668	-0.397	-0.284	-0.100	0.048	0.130	-9.19×10

(4)旧路面模量下降30%时,路面结构见表6-31。

路面结构形式　　表6-31

结构层	厚度(cm)	模量(MPa)	泊松比
上面层	4	1 200/1 300/1 400/1 500/1 600	0.35
中面层	9	800/900/1 000/1 100/1 200	0.35
下面层	6	770/970	0.35
上基层	19	1 050/2 730	0.25
下基层	18	1 050/2 730	0.25
底基层	20	1 050/2 730	0.25
土基	—	40	0.40

根据路面结构,力学计算结果见表6-32。

力学计算结果　　表6-32

罩面层模量(MPa)	路表弯沉(0.01mm)	上面层层底拉应力(MPa)	中面层层底拉应力(MPa)	下面层层底拉应力(MPa)	上基层层底拉应力(MPa)	下基层层底拉应力(MPa)	底基层层底拉应力(MPa)	路基顶部压应变
1 200	29.28	-0.672	-0.413	-0.293	-0.102	0.047	0.129	-1.04×10^2
1 300	28.95	-0.670	-0.406	-0.289	-0.101	0.047	0.128	-1.03×10^2
1 400	27.14	-0.668	-0.399	-0.286	-0.101	0.047	0.127	-1.02×10^2
1 500	26.92	-0.666	-0.393	-0.282	-0.100	0.047	0.126	-1.01×10^2
1 600	26.72	-0.665	-0.387	-0.279	-0.100	0.047	0.126	-9.98×10

从以上各图得出结论如下:

(1)在这种路面结构形式下,随旧路面模量的变化,上面层和中面层两面层的模量均在变化,从图中可以看出,四项指标各自变化趋势大体相同。

(2)在不同的罩面层模量下,随着旧路模量的减小,路基顶部压应变、路表弯沉增大,下基层层底拉应力和底基层层底拉应力逐渐减小;在罩面层模量相同的情况下,随旧路面路况降低,各考察指标增大或减小的速率有所不同,弯沉、基层底拉应力和压应变的变化也越大。

(3)在旧路模量未发生改变以及分别下降10%、20%、30%时,选取罩面层模量是1 400MPa时,从图6-11～图6-14中可以看出,路表弯沉从24.65(0.01mm)一直增大到27.14(0.01mm),路表弯沉平均增大了3.26%;随旧路模量依次下降,路表弯沉陆续增大了 2.92%、3.23% 和 3.63%，可以看出，旧路面模量变化对罩面后路面路表弯沉的变化影响较大。路基顶部压应变平均增大了 7.74%；下基层层底拉应力变化较缓慢，在不同的罩面层模量时，下降速率基本相同，平均减小了 2.39%。底基层层底拉应力从 0.141MPa 下降到 0.127MPa，平均下降了 3.23%。

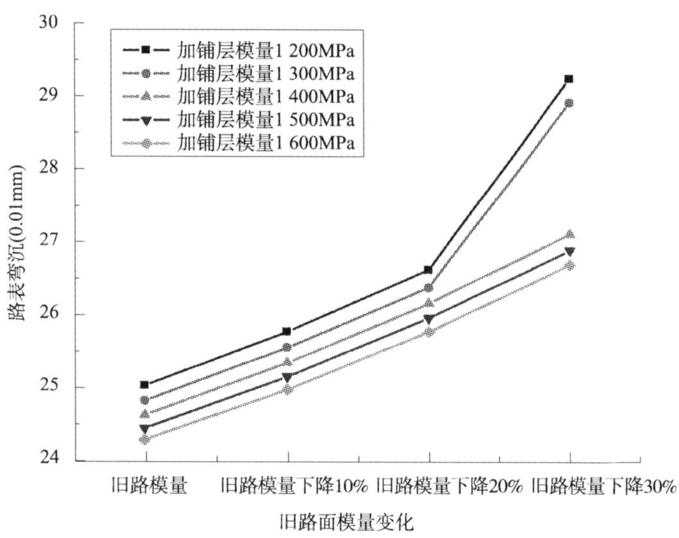

图 6-11　路表弯沉随旧路面模量变化曲线

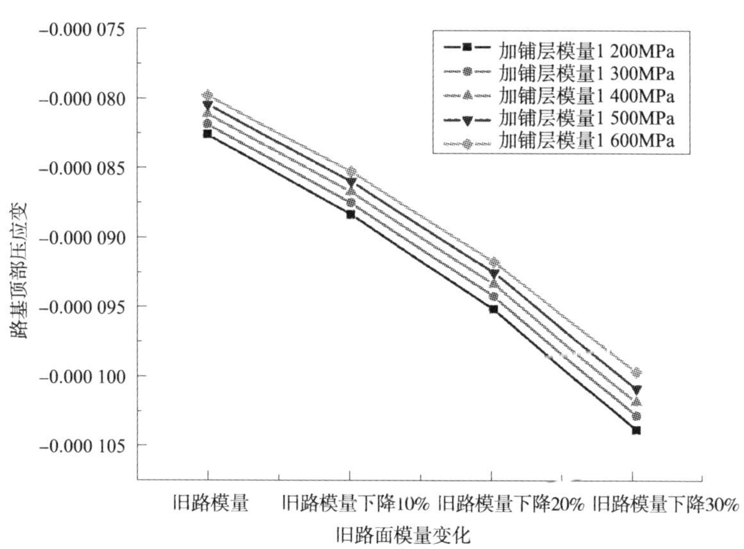

图 6-12　路基顶部压应变随旧路面模量变化曲线

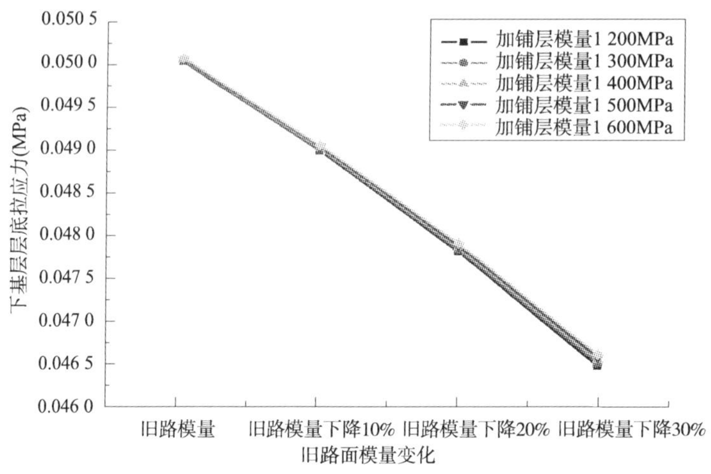

图 6-13　下基层层底拉应力随旧路面模量变化曲线

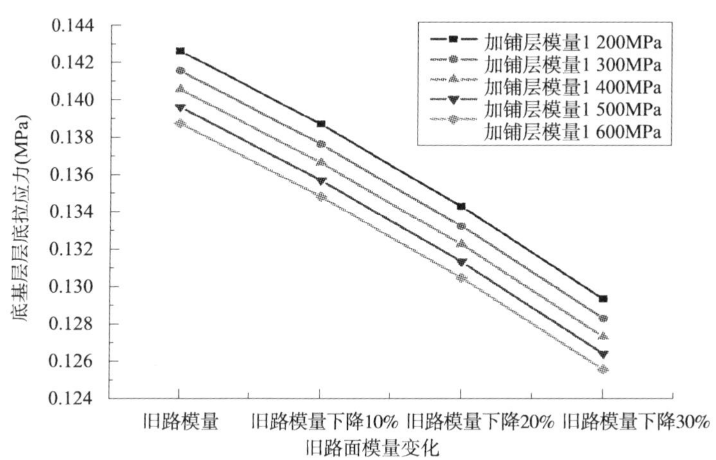

图 6-14　底基层层底拉应力随旧路面模量变化曲线

6.4.3　铣刨面层及上基层后罩面的路面结构形式

(1)旧路面模量未下降时,路面结构见表 6-33。

根据路面结构,力学计算结果见表 6-34。

(2)旧路面模量下降 10% 时,路面结构见表 6-35。

根据路面结构,力学计算结果见表 6-36。

路面结构形式　　表 6-33

结　构　层	厚度(cm)	模量(MPa)	泊　松　比
上面层	4	1 200/1 300/1 400/1 500/1 600	0.35
中面层	8	800/900/1 000/1 100/1 200	0.35
下面层	7	800/900/1 000/1 100/1 200	0.35
上基层	19	1 000/1 100/1 200/1 300/1 400	0.25
下基层	18	1 500/3 900	0.25
底基层	20	1 500/3 900	0.25
土基	—	40	0.40

力学计算结果　　表 6-34

罩面层模量(MPa)	路表弯沉(0.01mm)	上面层层底拉应力(MPa)	中面层层底拉应力(MPa)	下面层层底拉应力(MPa)	上基层层底拉应力(MPa)	下基层层底拉应力(MPa)	底基层层底拉应力(MPa)	路基顶部压应变
1 200	30.11	-0.667	-0.415	-0.264	-0.121	0.039	0.183	-9.70×10^{-5}
1 300	29.29	-0.668	-0.415	-0.262	-0.119	0.040	0.178	-9.43×10^{-5}
1 400	28.58	-0.668	-0.415	-0.262	-0.117	0.041	0.175	-9.18×10^{-5}
1 500	27.96	-0.668	-0.415	-0.261	-0.116	0.042	0.171	-8.96×10^{-5}
1 600	25.89	-0.668	-0.414	-0.260	-0.114	0.043	0.168	-8.75×10^{-5}

路面结构形式　　表 6-35

结　构　层	厚度(cm)	模量(MPa)	泊　松　比
上面层	4	1 200/1 300/1 400/1 500/1 600	0.35
中面层	8	800/900/1 000/1 100/1 200	0.35
下面层	7	800/900/1 000/1 100/1 200	0.35
上基层	19	1 000/1 100/1 200/1 300/1 400	0.25
下基层	18	1 350/3 510	0.25
底基层	20	1 350/3 510	0.25
土基	—	40	0.40

力学计算结果 表6-36

罩面层模量（MPa）	路表弯沉（0.01mm）	上面层层底拉应力（MPa）	中面层层底拉应力（MPa）	下面层层底拉应力（MPa）	上基层层底拉应力（MPa）	下基层层底拉应力（MPa）	底基层层底拉应力（MPa）	路基顶部压应变
1 200	30.57	-0.667	-0.415	-0.263	-0.119	0.039	0.175	-1.02×10^{-4}
1 300	29.74	-0.668	-0.414	-0.262	-0.117	0.041	0.171	-9.87×10^{-5}
1 400	29.02	-0.668	-0.414	-0.261	-0.115	0.042	0.167	-9.61×10^{-5}
1 500	28.4	-0.668	-0.414	-0.260	-0.114	0.043	0.164	-9.38×10^{-5}
1 600	26.3	-0.668	-0.414	-0.259	-0.112	0.044	0.161	-9.17×10^{-5}

（3）旧路面模量下降20%时，路面结构见表6-37。

路面结构形式 表6-37

结 构 层	厚度（cm）	模量（MPa）	泊 松 比
上面层	4	1 200/1 300/1 400/1 500/1 600	0.35
中面层	8	800/900/1 000/1 100/1 200	0.35
下面层	7	800/900/1 000/1 100/1 200	0.35
上基层	19	1 000/1 100/1 200/1 300/1 400	0.25
下基层	18	1 200/3 120	0.25
底基层	20	1 200/3 120	0.25
土基	—	40	0.40

根据路面结构，力学计算结果见表6-38。

力学计算结果 表6-38

罩面层模量（MPa）	路表弯沉（0.01mm）	上面层层底拉应力（MPa）	中面层层底拉应力（MPa）	下面层层底拉应力（MPa）	上基层层底拉应力（MPa）	下基层层底拉应力（MPa）	底基层层底拉应力（MPa）	路基顶部压应变
1 200	31.09	-0.667	-0.414	-0.262	-0.117	0.040	0.166	-1.07×10^{-4}
1 300	30.26	-0.668	-0.414	-0.261	-0.115	0.041	0.162	-1.04×10^{-4}
1 400	29.53	-0.668	-0.414	-0.260	-0.113	0.042	0.159	-1.01×10^{-4}
1 500	28.9	-0.668	-0.414	-0.259	-0.111	0.043	0.156	-9.87×10^{-5}
1 600	28.34	-0.668	-0.414	-0.258	-0.110	0.044	0.153	-9.65×10^{-5}

(4)旧路面模量下降 30% 时,路面结构见表 6-39。

路面结构形式　　表 6-39

结构层	厚度(cm)	模量(MPa)	泊松比
上面层	4	1 200/1 300/1 400/1 500/1 600	0.35
中面层	8	800/900/1 000/1 100/1 200	0.35
下面层	7	800/900/1 000/1 100/1 200	0.35
上基层	19	1 000/1 100/1 200/1 300/1 400	0.25
下基层	18	1 050/2 730	0.25
底基层	20	1 050/2 730	0.25
土基	—	40	0.40

根据路面结构,力学计算结果见表 6-40。

力学计算结果　　表 6-40

罩面层模量(MPa)	路表弯沉(0.01mm)	上面层层底拉应力(MPa)	中面层层底拉应力(MPa)	下面层层底拉应力(MPa)	上基层层底拉应力(MPa)	下基层层底拉应力(MPa)	底基层层底拉应力(MPa)	路基顶部压应变
1 200	33.49	-0.667	-0.414	-0.261	-0.115	0.040	0.157	-1.13×10^{-4}
1 300	32.48	-0.668	-0.414	-0.260	-0.112	0.042	0.153	-1.10×10^{-4}
1 400	30.13	-0.668	-0.413	-0.259	-0.110	0.042	0.150	-1.07×10^{-4}
1 500	29.49	-0.668	-0.413	-0.258	-0.109	0.043	0.147	-1.05×10^{-4}
1 600	28.93	-0.668	-0.413	-0.257	-0.107	0.044	0.144	-1.02×10^{-4}

该路面结构形式中,上基层由半刚性基层变为柔性基层,从图中可以看出,下基层层底拉应力变化趋势明显不同于以上两种结构。

(1)下基层层底拉应力随着罩面层模量的增大和旧路面模量的下降而增大。拉应力增大容易使路面发生弯拉破坏,从而加速路面破损,降低路面使用寿命。

(2)旧路面模量和罩面层模量同时变化时,路表弯沉、路基顶部压应变以及底基层层底拉应力各自的变化趋势与前两种结构大体相同。

(3)随着旧路模量的减小,在不同的罩面层模量下,路基顶部压应变、路表弯沉仍在增大,底基层层底拉应力在减小;在罩面层模量相同的情况下,旧路路面路况越差,弯沉、基层底拉应力和压应变变化就越大。

(4)当罩面层模量为 1 400MPa 时,在旧路模量未发生改变以及分别下降 10%、20%、

30%时，从图 6-15 ~ 图 6-18 中可以看出，路表弯沉从 28.58(0.01mm)一直增大到 30.13(0.01mm)，路表弯沉平均增大了 1.78%；随旧路模量依次下降，路表弯沉陆续增大了 1.54%、1.76% 和 2.03%，可以看出，旧路面模量的变化对罩面后路面路表弯沉的变化影响较大。路基顶部压应变平均增大了 5.31%；底基层层底拉应力从 0.175MPa 下降到 0.150MPa，平均下降了 5.02%。

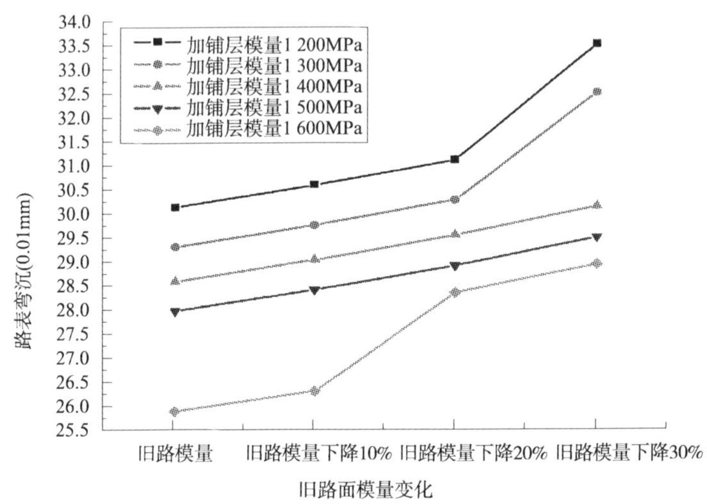

图 6-15　路表弯沉随旧路面模量变化曲线

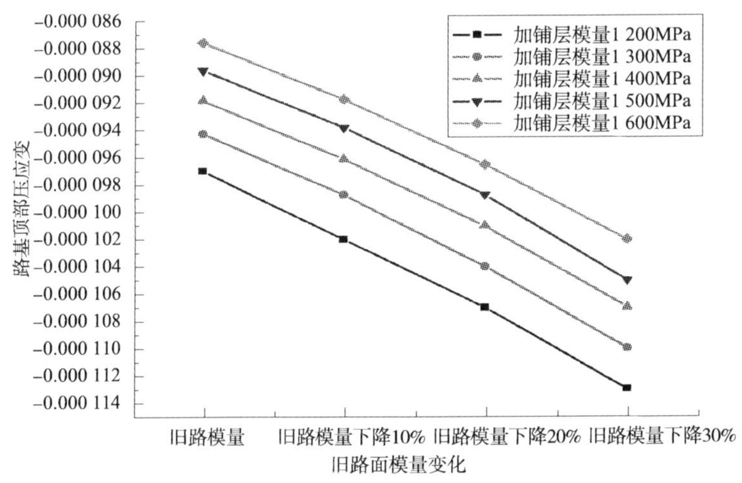

图 6-16　路基顶部压应变随旧路面模量变化曲线

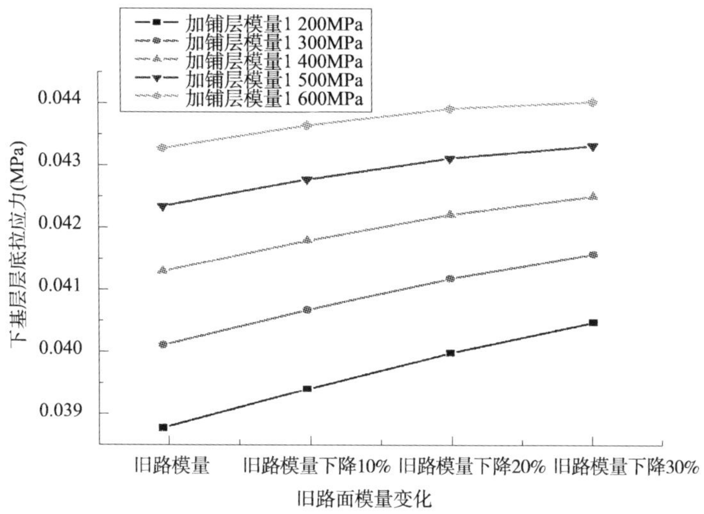

图 6-17　下基层层底拉应力随旧路面模量变化曲线

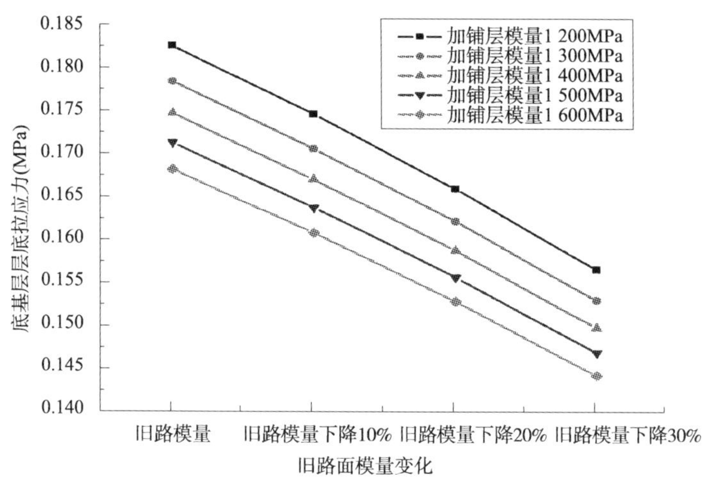

图 6-18　底基层层底拉应力随旧路面模量变化曲线

6.5　高速公路罩面后路面结构性能变化规律研究

沥青路面结构可靠性状态必须满足一定的性能要求,一旦发现其结构状态不能满足要求,必须采取一定的养护维修措施以恢复其性能。在进行维修前,公路养护人员的主要任务就是根据沥青路面现有的路况信息确定其维修措施,进而制订合理的维修计划。

维修费用与所确定的维修措施有很大关系，维修级别设定得越高，相应的工时和材料费用也随着大幅增大。但如果只考虑本次维修费用而设定过低的等级，可能会缩短沥青路面下次须进行的维修时间，导致单位时间路面使用维修费用过高[47]。因此，如果能够根据路面可靠性状态制订出合适的维修策略，就能帮助公路部门节约大量的维修成本，使得控制维修成本真正落到实处。笔者试图从既有沥青路面结构可靠性状态分析的角度出发，在利用目前先进的无损检测技术的基础上，对既有路面结构进行可靠性分析，应用灰色系统理论进行路面结构可靠性状态的预测。

6.5.1 直接罩面后的路面结构可靠度计算

为了找出重载作用下对路面结构可靠性的影响，进而分析不同累计标准轴载情况下的路面结构可靠度变化规律，通过罩面后京秦高速公路路面结构，分别研究不同作用下，不同罩面方式的路面结构可靠性变化情况。考查在考虑当量轴次与可靠度关系时，只有可靠度均值发生变化，其他输入参数的均值、变异性和概率分布并不发生变化。表6-41直接罩面后的不同荷载作用下累计当量轴次 N_e 与可靠度之间的关系。

不同荷载(MPa)作用下累计当量轴次 N_e 与可靠度之间的关系(直接罩面)　表6-41

N_e(万次)	可靠度(%)						
	0.7	0.8	0.9	1.0	1.1	1.2	1.4
30	100	99.34	88.11	68.5	41.89	24.09	5.28
60	99.65	84.63	57.06	33.52	16.06	6.16	1.1
90	93.14	68.3	37.86	17.3	6.18	2.14	—
120	83.42	52.37	24.59	9.96	2.94	0.69	—
150	73.38	42.58	18.76	5.56	1.35	0.03	—
180	65.37	32.9	11.04	3.74	0.9	0.02	—
210	58.89	27.55	8.77	2.31	0.03	—	—
240	53.27	22.04	7.55	1.25	0.02	—	—
280	43.63	18.2	4.78	1.56	—	—	—
320	39.57	14.39	4.75	0.78	—	—	—
360	32.75	10.12	2.87	—	—	—	—
400	25.64	7.12	1.49	—	—	—	—

分析图6-19中的曲线变化规律可知，随累计当量轴次的增大，沥青路面结构可靠度会快速降低到一个比较低的水平，尤其是30万~150万次这段区间内，可靠度降幅更为大，在累计当量轴次大于150万次时，可靠度有所变缓。在累计当量轴次大于某一值时，随累计当量轴次的增加，路面结构可靠度曲线将逐渐趋于水平，也即对累计当量轴次的敏感性水平将逐渐减小。

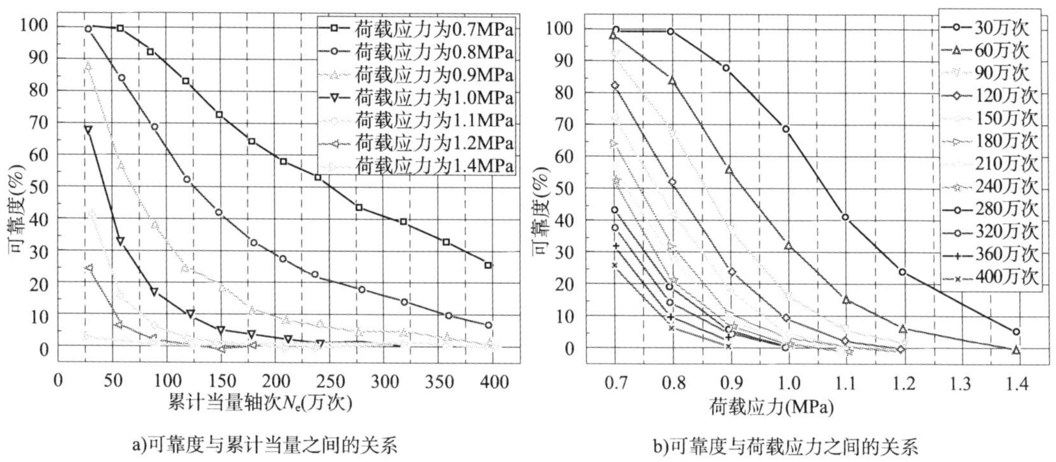

a)可靠度与累计当量之间的关系　　b)可靠度与荷载应力之间的关系

图6-19　直接罩面路面结构可靠度变化

此外，从图6-19中还可以清楚看出，荷载对可靠度有着重要的影响。随荷载应力的增大，路面结构的可靠性呈衰减的趋势，但这种趋势变化也不相同。表6-42为荷载应力水平由0.7MPa增加到0.8MPa时不同当量轴次可靠度变化率。

不同当量轴次可靠度变化率　　表6-42

累计当量轴次(万次)	30	60	90	120	150	180
可靠度变化率(%)	5.92	16.13	26.59	37.22	41.96	49.68
累计当量轴次(万次)	210	240	280	320	360	400
可靠度变化率(%)	53.22	58.29	58.62	65.39	69.10	72.24

由表6-42可知，当累计当量轴次为30万次时，可靠度减小了5.92%，而累计当量轴次为400万次时，当可靠度减小了72.24%。说明在累计当量轴次低时，荷载应力的变化对可靠度的影响要远远小于累计当量轴次较高时对可靠度的影响程度。同时从表6-41中可以看出，在高荷载应力水平下，荷载的变化对可靠度影响要大于低荷载应力水平下的影响，例如当累计当量轴次为30万次时，荷载应力水平由0.7MPa增加到0.8MPa，可靠度减小了0.66%，而当荷载应力水平由1.1MPa增加到1.2MPa，可靠度减小了17.80%。

6.5.2　铣刨面层后罩面的路面结构可靠度计算

表6-43所示为不同荷载作用下累计当量轴次与可靠度之间的关系。

不同荷载(MPa)作用下累计当量轴次与可靠度之间的关系(铣刨面层后罩面)　　表 6-43

N_e(万次)	可靠度(%)				
	0.7	0.8	0.9	1.0	1.2
30	100	100	90	89.23	78.52
60	99.78	87.86	80.28	78.14	38.12
90	93.43	72.34	68.72	60.82	17.4
120	86.15	65.02	56.11	43.64	8.98
150	77.24	56.09	45.12	33.38	4.85
180	67.94	48.63	37.65	22.91	2.45
210	60.53	42.15	29.48	17.9	1.54
240	54.53	36.68	24.82	13.62	1.19
280	49.32	31.98	20.34	10.09	0.92
320	40.4	27.5	17.02	8.3	0.8
360	38.49	21.58	12.02	4.7	0.3
400	37.21	17.25	8.39	3.21	0.19

当行车荷载增大时,面层层底拉应力增大,沥青路面结构的可靠度也肯定随之下降,这种影响程度也随累计当量轴次的增加而增加,例如累计当量轴次为 90 万次时,仅降低了仅3.91%,而在累计当量轴次为 400 时,荷载应力由 0.7MPa 增加到 0.8MPa,可靠度从 71.08%降到 36.94%,降低了 34.14%。图 6-20 反映了这样一个事实,那就是路面结构可靠度的降幅随累计当量轴次的增加而增加。

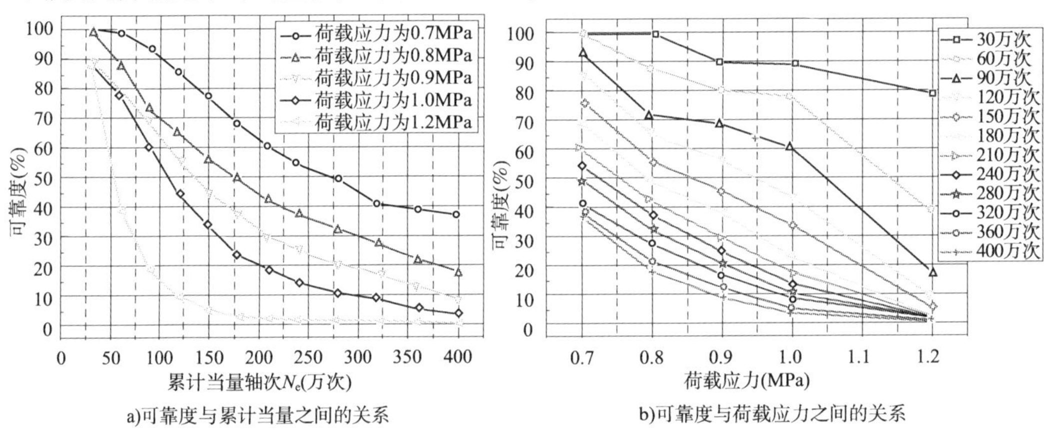

a)可靠度与累计当量之间的关系　　b)可靠度与荷载应力之间的关系

图 6-20　铣刨面层后罩面路面结构可靠度变化

6.5.3　铣刨面层及上基层后罩面的路面结构可靠度计算

表 6-44 所示是以基层层底拉应力为控制指标时不同荷载作用下累计当量轴次与可

靠度之间的关系。

不同荷载（MPa）作用下累计当量轴次与可靠度之间的关系

（铣刨面层及上基层后罩面）　　表 6-44

N_e（万次）	可靠度（%）					
	0.7	0.8	0.9	1.0	1.2	1.4
30	100	100	100	99.79	97.75	92.57
60	100	100	89.88	88.65	82.62	71.56
90	94.26	90.23	84.07	76.2	66.02	60.17
120	89.54	85.83	78.85	69.8	63.74	52.21
150	88.38	79.71	72.85	67.76	59.74	47.21
180	88.14	73.42	66.24	65.99	55.08	44.92
210	85.79	66.74	59.84	57.76	48.88	39.37
240	83.66	58.54	52.35	50.28	45.71	35.25
280	80.26	49.75	45.28	42.13	40.58	28.67
320	78.99	42.47	36.5	33.81	30.32	23.35
360	73.97	35.38	24.01	20.27	15.51	10.18
400	63.97	28.92	19.57	15.73	10.92	6.4

从图 6-21 中可以看出，以基层层底拉应力为控制指标时，在荷载应力水平比较时，路面结构可靠度一直处于比较高的水平上，而没有较大变化，当荷载应力水平达到 1.0MPa，可靠性迅速降低。

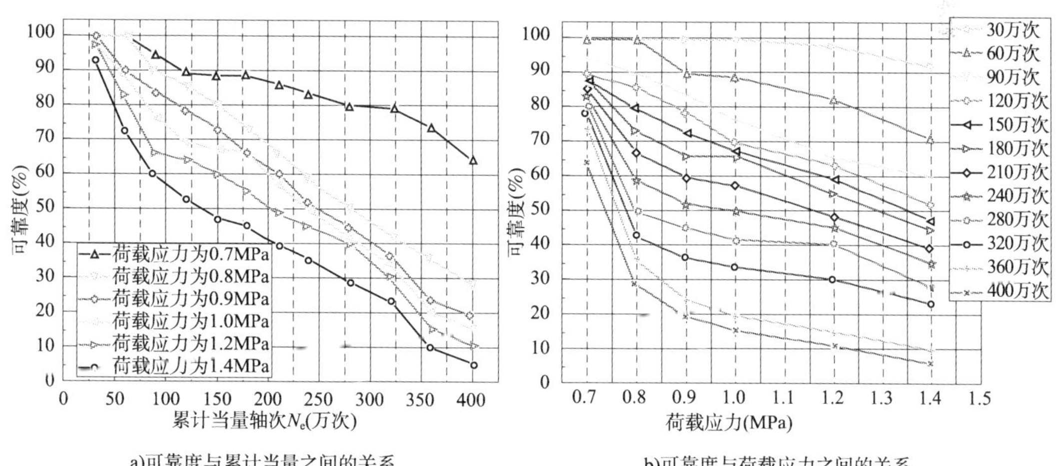

图 6-21　铣刨面层及上基层后罩面路面结构可靠度变化

6.5.4 沥青路面结构层间状态对可靠性的影响

沥青路面由各个结构层组成,层与层之间的黏结尤为重要,我国现行的《公路沥青路面设计规范》(JTG D50—2006)在处理沥青路面结构层间接触问题时,将其视为层状弹性连续体系;有的研究则忽略路面结构层之间的状态,将其视为光滑。然而这两种处理方法并不符合道路实际情况,实际上它很有可能既不是连接得足以保证层面间完全连续,也更非处于完全滑动状态。目前我国公路沥青早期损坏现象比较突出,很大程度上是因为我国公路的基层主要形式为半刚性基层,而半刚性基层致密、呈板体性的特点,使得沥青面层与半刚性基层之间在使用过程中往往难以达到理想的连续状态,故笔者拟采用层间接触系数来处理层间滑动问题,分析不同接触条件下沥青路面可靠度的变化。

选定表6-44中的路面设计参数,计算出不同接触状态下累计当量轴次与可靠度之间的关系,见表6-45。

不同接触状态(滑移系数 α)下的累计当量轴次与可靠度之间关系(直接罩面) 表6-45

N_e(万次)	可靠度(%)					
	0	0.2	0.4	0.6	0.8	1.0
30	100.00	98.00	98.00	97.89	97.84	97.78
60	100.00	98.00	98.00	94.79	93.18	91.56
90	93.04	97.42	96.84	90.64	87.53	84.43
120	83.42	87.70	86.83	81.26	78.48	75.70
150	73.38	77.14	76.37	71.48	69.03	66.58
180	65.37	68.73	68.04	63.68	61.50	59.32
210	58.89	61.92	61.30	57.37	55.41	53.44
240	53.27	56.00	55.44	51.89	50.12	48.33
280	43.63	45.87	45.41	42.50	41.05	39.59
320	41.57	43.70	43.27	40.49	39.11	37.72
360	32.75	34.43	34.08	31.90	30.81	29.71
400	25.64	26.96	26.69	24.98	24.13	23.27

从图6-22中可以看出,在直接罩面的可靠度计算中,层间接触状态对可靠度的影响很小,层间完全连续接触的可靠度为层间完全光滑值的85%左右,这是因为层间接触状态对于路面结构可靠度的影响甚微,可以认为在行车荷载作用下,直接罩面后结构层与层间接触状态无关。

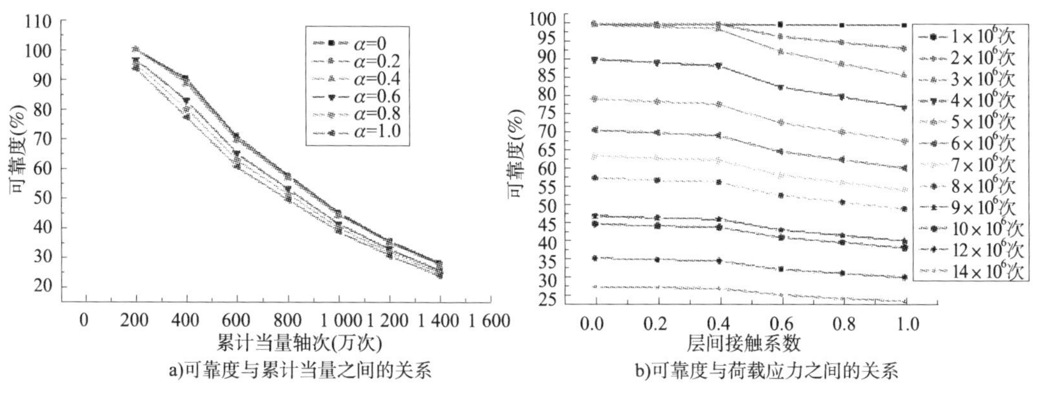

a)可靠度与累计当量之间的关系　b)可靠度与荷载应力之间的关系

图 6-22　不同接触状态和不同累计当量轴次作用下路面结构可靠度变化

6.6　高速公路罩面后沥青路面结构性能预测

路面在使用过程中,损坏程度会随时间的推移或作用轴次的累积而逐渐加剧。当破坏达到某种程度时,须采取养护维修或改建措施以恢复或提高其使用性能。因此,对路面可靠性进行预测已成为路面管理系统的重要组成部分。纵观国内外现有预测模型,主要有预测单一数值的确定型模型和预测状态分布的概率型模型。确定型模型是为其某项使用性能指标预估出一个数值,而概率型模型则是预估它的状态分布。

6.6.1　灰色理论的基本知识

对于复杂多变的、非平稳的随机过程,基于静态分析方法建立的模型难以确保预测精度,有时甚至由于模型误差使预测结果的置信区间过大而失去实际意义。20 世纪 80 年代,我国学者邓聚龙教授建立了灰色系统理论并将其应用于预测分析。其基本思路是:将已知的数据序列按照某种规则“生成”动态或非动态的白色模块,从杂乱无章的原始数据中开拓或寻找其内在规律,再按照某种变化、解法来建立灰色模型从而预测未来数值。灰色理论的微分方程模型称为灰色模型(Grey Model,简称 GM)。单一变量一阶微分方程用 GM(1,1)只涉及一个变量,适合路面结构可靠性预测。GM(1,1)模型是基于灰色系统理论的最常用预测模型。在常用的数列灰预测、灾变灰预测、季节灾变灰预测、拓扑灰预测、系统灰预测、包络灰预测等方法中,均离不开 GM(1,1)模型[50]。

1. 预测原理

设等间隔时间序列 $x^{(0)}$ 有 n 个观察值 $x^{(0)}=\{x^{(0)}(1),x^{(0)}(2),\cdots,x^{(0)}(n)\}$,作 m 次累加生成,即 $x^{m}(k)=\sum_{i=1}^{k}x^{(m-1)}(i)$,可得随机性弱化 m 次后的序列 $x^{(m)}=\{x^{(m)}(1),x^{(m)}(2),\cdots,x^{(m)}(n)\}$,令 $z^{(m)}$ 为 $x^{(m)}$ 的均值序列, $z^{(m)}(k)=\frac{1}{2}[x^{(m)}(k)+x^{(m)}(k-1)]$,则 $z^{(m)}$

$=\{x^{(m)}(1),x^{(m)}(2)\cdots\}$。

设等间隔时间序列 $x^{(0)}$ 有 n 个观察值 $x^{(0)}=\{x^{(0)}(1),x^{(0)}(2),\cdots,x^{(0)}(n)\}$,作 m 次累加生成,即 $x^{m}(k)=\sum_{i=1}^{k}x^{(m-1)}(i)$,可得随机性弱化 m 次后的序列 $x^{(m)}=\{x^{(m)}(1),x^{(m)}(2),\cdots x^{(m)}(n)\},(m=1,2\cdots)$。令 $z^{(m)}$ 为 $x^{(m)}$ 的均值序列,$z^{(m)}(k)=\frac{1}{2}[x^{(m)}(k)+x^{(m)}(k-1)]$,则 $z^{(m)}=\{z^{(m)}(2),z^{(m)}(3),\cdots,z^{(m)}(n)\}$。

一般地,随机非负序列经过多次累加后,大多可以采用指数曲线逼近,现以 $m=1$ 为例建立白化型灰预测模型,白化型 $GM(1,1)$ 微分方程为:

$$\frac{\mathrm{d}x^{(1)}}{\mathrm{d}t}+ax^{(1)}=b \tag{6-1}$$

式中:a——发展系数;

b——灰作用量。

根据最小二乘原则,可得参数 a、b:

$$a=\frac{CD-(n-1)F}{(n-1)F-C^{2}} \tag{6-2}$$

$$b=\frac{DF-CE}{(n-1)F-C^{2}} \tag{6-3}$$

$$C=\sum_{k=2}^{n}z^{(1)}(k);D=\sum_{k=2}^{n}x^{(0)}(k);E=\sum_{k=2}^{n}z^{(1)}(k)\cdot x^{(0)}(k);F=\sum_{k=2}^{n}z^{(1)}(k)^{2} \tag{6-4}$$

求解微分方程,可得预测模型:

$$\hat{x}(k+1)=\left[x^{(0)}(1)-\frac{b}{a}\right]\cdot \mathrm{e}^{-nk}+\frac{b}{a}\qquad (k=0,1,2,\cdots,n) \tag{6-5}$$

还原模型,可得预测值:

$$\begin{cases}\hat{x}^{(0)}(1)=x^{(1)}(1)=x^{(0)}(0)\\ \hat{x}^{(0)}(k+1)=x^{(1)}(k+1)-x^{(1)}(k)\end{cases}\qquad (k=0,1,2,\cdots,n) \tag{6-6}$$

2. 等维递补灰色预测模型

全数据 GM(1,1)模型是由现在时刻(即原点)向未来时刻进行预测的,未来时刻越远,预测值灰区间就越大,这样,模型对问题的描述将因时间的逐渐外推而逐渐失真。因此,用 GM(1,1)模型进行短期预测时,预测结果较好,当进行长期预测时效果较差,仅反映一种趋势。原因是模型中灰参数估计"一劳永逸"的应用,忽视了它的动态时变的性质[51]。

鉴于这种情况,可先用已知数列建立的 GM(1,1)模型预测一个值,然后补充一个新信息数据到已知数列中,同时去掉最老的一个数据,使序列等维;接着再建立 GM(1,1)模型,这样用预测灰数新陈代谢,逐个滚动预测,依次递补,直到完成预测目标。这种 GM(1,1)模型的特点是:

(1)及时补充和利用灰信息,缩小了预测值的灰区间。

(2)每预测一步,对灰参数作一次修正,并随之修正模型,使预测值在动态过程中产生。

(3)可用较短数列进行长期预测,但也不能无止境地预测下去。

由于考虑到与预测期接近的数据更有效,因此该模型预测精度比全数据 GM(1,1)模型有显著提高。

6.6.2　基于灰色理论的路面结构可靠性预测

以京秦高速公路路面结构可靠度为例,用 Excel 进行 GM(1,1)预测,本文基于 Microsoft Office Excel 2007 完成。数据样本为 2006 ~ 2010 年间罩面后京秦高速公路沥青路面结构可靠度。建立灰色模型预测的步骤如下。

1. 建立灰色模型

(1)输入原始数列 $x(0)$:按图 6-23 建立表格结构,在 B2:B6 输入原始数列 $x(0)=\{95.58,91.21,85.14,70.76,62.20\}$;在 A7 靠右输入"$n=$",在 B7 输入公式"=COUNT(B2:B6)",接着点击"插入"菜单下的"名称→定义",将其命名为"n"。

(2)级比检验 $\sigma^{(0)}(k)=x^{(0)}(k-1)-x^{(0)}(k)$:也即建模可行性检验,在 5 个样本下判断级比是否满足 $\sigma^{(0)}(k)\in[e^{-\frac{2}{n+1}},e^{\frac{2}{n+1}}]=[0.751,1.33]$。在 C3 输入"= B2/B3",点击 C3 右下角向下拖动至 C6,完成计算;分别在 D7、E7 输入"= EXP(−2/(n+1))""= EXP(2/(n+1))"。

(3)作一次累加生成,得累加序列 $x^{(1)}$:在 D2 输入"= B2",D3 输入公式"= B3 + D2",点击 D3 右下角向下拖动至 D6,得到数列 $x^{(1)}=\{96,187,272,422,484\}$。

(4)辨识参数 a,b:在 E3 输入"= (D2 + D3)/2",拖动至 E6,得到 $z(1)$;根据式(6-1)~式(6-4),完成 G2:G6,得到各参数,见图 6-23。同样,命名 G5 为"a",G6 为"b"。对于参数的估计还可以通过 Excel 中的矩阵法或回归法求得。

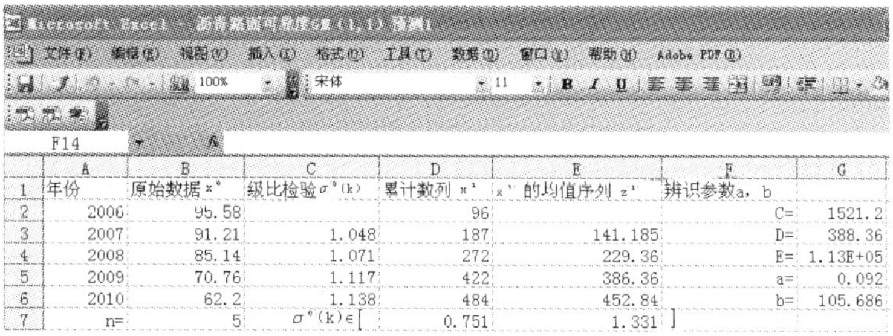

	A	B	C	D	E	F	G
1	年份	原始数据 x^0	级比检验 $\sigma^0(k)$	累计数列 x^1	x^1 的均值序列 z^1	辨识参数a, b	
2	2006	95.58		96		C=	1521.2
3	2007	91.21	1.048	187	141.185	D=	388.36
4	2008	85.14	1.071	272	229.36	E=	1.13E+05
5	2009	70.76	1.117	422	386.36	a=	0.092
6	2010	62.2	1.138	484	452.84	b=	105.686
7	n=	5	$\sigma^0(k)\in[$	0.751	1.331	]	

图 6-23　沥青路面可靠度灰色预测模型

(5)建立灰预测模型:命名 B2 为"$x^0(1)$",将各参数带入式(6-6),得 $\hat{x}^{(1)}$。

2.模型检验

(1)残差检验。即模型精度按点的检验(图6-24),步骤如下。

	A	B	C	D	E	F	G	H	I	J	K	L
11	参差检验						级比偏差检验			关联度检验		
12	k	$\hat{x}^{(1)}$	模型值 $\hat{x}^{(0)}$	残差 $\Delta^{(0)}(k)$	相对误差 ε(%)	|ε|(%)	μ	级比偏差值ρ(%)	|ρ|(%)	参数		关联系数η
13	1	96	96	0	0.000	0	0.912			MIN=	-2	
14	2	188	93	-1	-1.479	1.479		4.433	4.433	MAX=	2	0.937
15	3	273	84	1	0.850	0.850		2.301	2.301			0.530
16	4	350	77	2	2.605	2.605		1.777	1.777			0.318
17	5	420	70	1	0.766	0.766		-1.882	1.882			1.715
18	6	484	64	-2	-2.960	2.960		-3.748	3.748			1.000
19					平均ε(average)(%)=	1.732		|ρ|(average)(%)=	2.828		关联度r=	0.900
20					平均精度p(%)=	98.268						

图6-24　模型检验

①输入 k 值:在图6-24中A13:A18输入 $k=\{1,2,3,4,5,6\}$。

②求 $\hat{x}^{(1)}$:根据式(6-5),在B1中输入公式"$=(x^0(1)*b/a)*\text{EXP}(-a(\text{A13}-1))b/a$";点击B13右下角向下拖动至B18,得到数列 $\hat{x}^{(1)}$。本步骤注意式(6-5)中 k 的取值范围。

③求模型值 $\hat{x}^{(0)}$:根据式(6-6),在C13输入"= B13",C14输入"=B14－B13",并拖至C18。

④计算残差 $\Delta^{(0)}(k)=x^{(0)}(k)-\hat{x}^{(0)}(k)$:在D13输入公式"= B2－C13",拖至D18得 $\Delta^{(0)}$。

⑤求相对误差 $\varepsilon(k)=\Delta^0(k)/x^{(0)}(k)\times100\%$:在E13输入公式"= D13/B2 * 100",拖至E18得 ε。

⑥求平均相对误差 $\varepsilon(average)=\dfrac{1}{n-1}\sum\limits_{k=2}^{n}|\varepsilon(k)|$;在F13输入公式"= ABS(E13)",拖至F18得 $|\varepsilon|$;在F19输入公式"= AVERAGE(F14:F18)"。

⑦求建模精度 $p^0=(1-\varepsilon(average))\times100\%$:在F20输入公式"100－F19",得到 $p_0=98.268\%>90\%$,满足精度要求。

(2)级比偏差值检验。

定义级比偏差值:

$$\rho(k)=\frac{\sigma^{(0)}-\sigma^{(0)}(k)}{\sigma^{(0)}}\times100\%=\left[1-\frac{1+0.5a}{1-0.5a}\sigma^{(0)}(k)\right]\times100\%$$

式中:模型级比 $\sigma^{(0)}=\dfrac{\hat{x}^{(0)}(k-1)}{\hat{x}^{(0)}(k)}=\dfrac{1+0.5a}{1-0.5a}$,序列级比 $\sigma^{(0)}(k)=\dfrac{x^{(0)}(k-1)}{x^{0}(k)}$。

①定义中间参数 u:在图6-24 G13中输入公式"$=(1-0.5a)/(1+0.5a)$",并命名为"u"。

②计算级比偏差值ρ:在图 6-24 H14 中输入公式“ = (1 - u * C3) ×100%”,拖至 H18 得ρ。

③计算平均$|\rho|$:在 I14 输入“ = ABS(H14)”,拖至 I18;I19 输入“ = AVERAGE(I14:I18)”。

由图 6-24 可以看出$|\rho(k)| < 15\%$,说明 x(0)的 GM(1,1)具有 15% 指数符合率;$|\rho|$ (average) =2.828% <10%,符合要求。

(3)关联度检验。

关联度检验,又称几何检验,检验模型曲线的形状与原始数列曲线形状接近的程度。

设 $\min = \min\{\Delta_k^{(0)}\}$,$\max = \max\{\Delta_k^{(0)}\}$,则:

①计算参数:在 K13 输入“ = MIN(D13:D18)”,在 K14 输入“ = MAX(D13:D18)”,并分别命名为“min”和“max”。

②求关联系数 $\eta(k) = \dfrac{\min + \rho_{\max}}{\Delta_k^{(0)} + \rho_{\max}}$:在 L14 输入“ = (min + H14 * max)/(D14 + H14 * max)”。

③求关联度 $r = \dfrac{1}{n}\sum\limits_{k=1}^{n}\eta(k)$:在 L19 输入“ = AVERAGE(L14:L18)”。

由图 6-24 知 $r = 0.9$,根据经验,当分辨率 $\rho = 0.5$ 时,关联度 $r > 0.6$ 便较为满意。

④后验差检验(残差概率检验)。后验差检验即残差概率检验,见图 6-24。设原始序列 $x(0)$ 的标准差 $S_1 = \sqrt{\dfrac{\sum[x^{(0)}(k) - \bar{x}^{(0)}]^2}{n-1}}$,残差序列 $\Delta^{(0)}$ 的标准差 $S_2 = \sqrt{\dfrac{[\Delta^{(0)}(k) - \bar{\Delta}^{(0)}]^2}{n-1}}$,则按下列步骤进行计算:

a. 输入原始数列 $x(0)$:在图 6-23 B22 输入“ =B2”,并拖至 B27。

b. 计算均值 $-x(0)$:在图 6-23 B28 输入“ =AVERAGE(B22: B27)”。

c. 求标准差 S_1:在 C22 输入“ = B22 - B28”,并拖至 C27,由于 $-x(0)$是常数项,公式中必须使用绝对地址符号 $,避免复制公式时改变数据。按 F4 键可简单地实现绝对地址和相对地址间的转化。在 B29 输入“ = SQRT(SUMPRODUCT(B22:B27, B22:B27)/(n - 1))”,得 $S_1 = 13$ 并定义 B29 为“_S1”。

d. 求标准差 S_2:同理,完成图 6-23 中 D21:E29,得 $S_2 = 1.43$,并定义 E29 为“_S2”。

e. 计算方差比 $C = S_2/S_1$:在 G28 输入“ = _S2/_S1”,得 $C = 0.114$。

f. 计算小误差概率 $P = p\{\Delta(0)(k) - \Delta(0) < 0.6745S1\}$:在 F22 输入“ = ABS(E22)”,拖至 F27,设 $S_0 = 0.6745S_1$,得 G29 =8.51。

C 值越小,P 值越大,模型精度越高。一般要求 $C < 0.35$,最大不超过 0.65;$P > 0.95$,不得小于 0.7。由图 6-24 可知,$C = 0.114$,$P = 1$,由文献[7]知模型精度等级为 1 级。

如果级比偏差检验、残差检验、关联度检验和后验差检验都能通过，则说明模型有足够的精度，可以作为预测模型；否则，需进行残差修正，建立残差 GM(1,1)模型，并把残差 GM(1,1)的预测值加到原预测值中，以提高预测精度。从上面的检验可知，模型精度满足要求。

3. 预测计算

(1)全数据预测。按图 6-25 制好表头，由式(5-5)、式(5-6)计算得预测值 D32:D45。

Microsoft Excel - GM预测后验差检验.xls

K43

	A	B	C	D	E	F	G
21	k	$x^{(0)}$	$x^{(0)}-\bar{x}^{(0)}$	$\Delta^{(0)}$	$\Delta^{(0)}-\bar{\Delta}^{(0)}$	$\lvert\Delta^{(0)}-\bar{\Delta}^{(0)}\rvert$	
22	1	96	14.92	0.00	-0.02	0.02	<S0
23	2	91	10.55	-1.35	-1.37	1.37	<S0
24	3	85	4.48	0.72	0.70	0.70	<S0
25	4	79	-1.61	2.06	2.04	2.04	<S0
26	5	71	-9.90	0.54	0.52	0.52	<S0
27	6	62	-18.46	-1.84	-1.86	1.86	<S0
28	$\bar{x}^{(0)}$ =	81		$\bar{\Delta}^{(0)}$ =	0.02	C=	0.114
29	S1=	13		S2=	1.43	S0=	8.51

图 6-25　后验差检验

(2)等维递补灰色预测。根据 2006 年～2009 年的 5 个样本，按第 6.1 及 6.2 节的所有步骤完成 2010 年的预测；舍去 2006 年的数据，补充 2010 年的预测数据，根据 2007 年～2010 年的 5 维数列，重复上述步骤，完成 2011 年的预测。鉴于篇幅不再赘述，计算结果见图 6-26，可以看出等维递补预测精度较高。

Microsoft Excel - GM预测后验差检验1.xls

H47

	B	C	D	E	F	G	H
31	k	$\hat{x}^{(1)}$	全数据 $\hat{x}^{(0)}$	等维递补 $\hat{x}^{(0)}$	$x^{(0)}$	全数据 $\lvert\varepsilon\rvert$	等维递补 $\lvert\varepsilon\rvert$ %
32	1	95.58	95.58	95.58	95.58	0.00	0.00
33	2	188.14	92.56	92.56	91.21	1.48	1.48
34	3	272.55	84.42	84.42	85.14	0.85	0.85
35	4	349.55	76.99	76.99	79.05	2.61	2.61
36	5	419.76	70.22	70.22	70.76	0.77	0.77
37	6	483.80	64.04	64.04	62.20	2.96	2.96
38	7	542.21	58.41	58.41	58.41	0.00	0.00
39	8	595.48	53.27	53.25	53.25	0.03	0.00
40	9	644.06	48.58	48.55			
41	10	688.37	44.31	44.27			
42	11	728.79	40.41	40.35			
43	12	765.64	36.86	36.78			
44	13	799.26	33.61	33.53			
45	14	829.92	30.66	30.55			

图 6-26　GM(1,1)模型预测

Microsoft Office Excel 可按公式法、解矩阵法、回归法等求解灰参数,可大大减轻求解灰参数的工作量,从而简捷地建立 GM(1,1)模型。本章通过京秦高速公路天津段路面结构可靠度的预测,给出了详细的建模及模型检验过程,验证了用 Excel 建立灰色数列预测模型是一种快速、准确、可行的方法。

6.7　本章小结

(1)对于旧路罩面,目前河北省的一般做法是直接罩面 4cm 的罩面层,对于病害严重的路段,则是对旧路基层挖补后再做结构层。而早期修建的高速公路,部分路段已经进行过两次罩面。

(2)从极差分析和方差分析可知,三种结构中的路表弯沉、下基层层底拉应力、底基层层底拉应力以及路基顶部压应变四个考察指标都是以底基层模量为第一影响因素,其他考察指标随着罩面方式的不同,首要影响因素随之变化。可见,为使路面结构具有良好的力学性能,设置合理的底基层模量显得尤为重要。

(3)旧路面模量和罩面层模量同时变化过程中,路表弯沉、路基顶部压应变、下基层层底拉应力以及底基层层底拉应力各自的变化趋势大体相同。随着旧路模量的减小,在不同的罩面层模量下,路基顶部压应变、路表弯沉在逐渐增大,下基层层底拉应力和底基层层底拉应力都在逐渐减小;在罩面层模量相同的情况下,随旧路面模量的降低,各考察指标增大或减小的速率不同,旧路路面路况越差,弯沉、基层底拉应力和压应变变化就越大。

(4)在铣刨上、中、下面层及上基层的路面结构形式中,上基层由半刚性基层变为柔性基层,下基层层底拉应力变化趋势明显不同于以上两种结构。下基层层底拉应力随着罩面层模量的增大和旧路面模量的下降而增大。拉应力的增大容易使路面发生弯拉破坏,从而加速路面破损,降低路面使用寿命。

(5)分别以弯沉和层底拉应力为控制指标,建立路面结构可靠度的功能函数,考虑沥青路面结构设计中采用的交通参数、结构参数、几何参数的随机性,在其相互独立的情况下,当各类参数分别在其不同的变异水平时,通过弹性层状体系理论和可靠性理论的结合,对沥青路面结构可靠指标的影响进行了分析,找出了对可靠指标影响比较敏感的随机参数。在广义空间内,找出对可靠指标影响比较敏感的相关系数。最后,利用有限元分析软件中蒙特卡洛(MonteCarlo)工具[52]计算沥青路面结构的可靠指标。

(6)基于灰色理论的路面结构可靠性等维灰数递补模型预测是一个动态过程,通过大量数据反演拟合有效降低了监测数据的随机性,并且模型可以根据新增的监测数据不断的修正预测模型而计算程序不需要变化,不但使计算得到了简化,同时又能很好地适应路面结构在使用过程的可靠性的变化,GM(1, 1) 等维灰数递补模型预测沥青路面结构可靠度得到了理想的效果;此外,本章通过 Microsoft Excel 2007 建立灰色模型 GM(1,1)进行预测,并给出了模型的残差检验级比偏差检验、关联度检验和后验差检验在 Microsoft Excel 2007 中的检验过程,验证模型的精度是否满足要求。采用等维递补灰色数列进行动态的滚动预测,提高了精度,并使预测方法得到了进一步的完善,运用此方法对实际道路路面结构可靠度进行了较高精度的预测,用事实证明了等维新信息模型的有效性和适用性,为今后的工程运用提供了借鉴。

第7章　高速公路罩面后沥青路面养护对策研究

以可靠性为中心的养护思想通过对沥青路面使用性能的可靠性分析，特别是沥青路面病害影响及危害程度分析，对沥青路面的主要病害进行了系统整理分析。然后，根据病害后果的严重性，以养护方法的适用性、有效性和经济性为决断准则，确定是否进行养护工作，并确定工作的内容、养护级别和养护时机，大大降低了养护的工作量，提高了养护工作的有效性，实现了以最小的费用来保持或恢复沥青路面使用性能的养护目的。考虑到路面量大面广和高价值的特点，将以可靠性为中心的养护理论引入路面的养护工作中的经济和社会效益是无法估量的。

7.1　以可靠度为中心的高速公路罩面后沥青路面的养护方法

7.1.1　沥青路面的养护类型

许多不同的路面养护技术可以延长路面的使用寿命，这些技术的应用通常为一种经济有效的方法，可以把路面罩面、再生或重建的时间延缓数年。在选定路面养护方法时，必须考虑路面病害、结构状况以及现有路面的功能状况。表7-1为沥青路面病害修复和预防性养护方法。

沥青路面病害修复和预防性养护方法　　表7-1

病害	修复方法	预防性方法	病害	修复方法	预防性方法
龟裂	全厚式修复	封裂缝	坑洞	全厚式修复	封裂缝和封层
泛油	撒布热砂	—	唧浆	全厚式修复	封裂缝和封层
块裂	封裂缝	—	剥落	封层	恢复封缝
沉陷	整平罩面层	—	车辙	整平罩面层	—
集料磨光	抗滑剂	—		冷铣刨	—
	表面处治		拥包	挖除和置换	—
	稀浆封层	—	自然风化	封层	恢复封缝

按工程处理范围的大小、机械使用效率、施工工艺难易程度及工程对设备的要求特点来划分，将机械化养护作业划分为养护保养工程、专项养护工程、抢修工程和大修工程四类，具体内容可参见我国相关的养护技术规范。

7.1.2 沥青路面病害类型及其危害程度分析(FMECA)

病害类型、影响及其危害性分析即 FMECA,是一组分析方法,包括病害类型分析 FMA、病害影响分析 FEA、病害危害性分析 FCA 以及其各种组合,常称为 FMECA,是一种分析、评价潜在失效的方法。典型 FMECA 分析见表 7-2。

典型 FMECA 分析表 表 7-2

项目	功能	病害类型	病害后果	病害原因	发生的频率	影响的严重程度	发现的难易程度	危害度	目前控制	养护措施
1										
2										
⋮										

1. 沥青路面病害类型

沥青路面的损坏有裂缝类、变形类、表层损坏或缺损类和修补损坏四大类,各大类可按形态、特点和原因的不同细分为表 7-1 中所列的 11 种主要损坏。各种损坏可分别按相应的标准区分为三个轻重程度等级(个别损坏不分级)。

2. 沥青路面病害的判定

沥青路面病害的判定一般不是以路面结构整体失效为条件,而是以路面的设计功能标准和使用标准而定,当实际功能达不到设计和使用的标准时判定为病害。所以,路面的病害判定可参考路面使用标准。如果既有路面该方面的指标达不到该标准或者使用者对其的要求更高,就可认为路面在该方面存在病害,见表 7-3。

3. 沥青路面的病害成因分析

对大量的病害进行调查与分析可以发现,虽然病害类型各不相同,但是发生病害的原因有不少相同或相似之处,对引发病害的原因,必须有足够的认识。另外,对病害实事求是地进行科学的分析,找出病害发生的原因,一方面可为病害的处理提供可靠的依据,另一方面总结经验教训,提出预防病害重复发生的保证措施。

路面使用性能与病害发生的原因之间建立明确的对应关系。如果把各种原因与该病害结果连接起来,就形成一个链条,即病害链。由于原因与结果、原因与原因之间的逻辑关系不同,则形成的病害链也不同,主要有以下三种形式,见图 7-1。

(1)集中型:各自独立的几个原因,共同导致病害发生则是集中型。

沥青路面的损坏类型和轻重程度鉴别标准　　表7-3

损坏类型	描　述	轻重程度分级	计量方法
横向裂缝	与道路中线近于垂直，由施工接缝、低温缩缝和基层接(裂)缝反射所造成	轻微：裂缝边缘无或仅有轻微碎裂，缝隙宽不大于6mm 中等：边缘中等碎裂，缝隙宽大于6mm，有少量支缝，引起车辆跳动 严重：裂缝边缘严重碎裂，有较多支缝，引起车辆剧烈跳动	以长度或面积计
纵向裂缝	与道路中线大致平行，由施工接缝、下卧层沉降和承载力不足所造成		
块裂	裂缝将面层分割成面积0.1～10m^{2}的矩形块，由混合料收缩和温度日变化所造成		以面积计
龟裂	一系列相互交叉的裂缝将面层分割成锐角多边形小块，其最长边小于30cm，由荷载疲劳作用所引起	轻微：纵向不连贯的发裂，无碎裂 中等：发展成轻度龟裂，有轻度碎裂 严重：中等龟裂，较严重碎裂并松动	以龟裂区外接面积计
车辙	路表面沿轮迹的凹陷变形，由行车荷载作用下路面结构层的永久变形和(或)路基的塑性变形引起	轻微：车辙深6～13mm 中等：车辙深13～25mm 严重：车辙深大于25mm	以面积或长度计
波浪(搓板)	路表面有规律的纵向起伏变形，由于混合料热稳定性不足所造成	轻微：车辆轻微震动，无不舒适感 中等：车辆有较大震动，略有不舒适感 严重：车辆震动很大，很不舒适	以面积计
沉陷	路表面的局部凹陷，由地基沉降所引起		
胀起	路表面的局部隆起，由冻胀造成		
泌水和唧浆	水从裂缝中缓慢渗出；水和细料在重车作用下从裂缝中泵吸出	轻微：出现泌水，重车驶经时有水泵出 中等：路表面裂缝处可观察到泵出材料 严重：路表面裂缝处有大量泵出材料	记录发生地点
泛油	路表面形成一层有光泽的、玻璃状的沥青黏膜，因沥青过多或空隙率太小而形成	不分级	以面积计
松散和老化	集料颗粒和沥青结合料散失	轻微：集料和结合料开始磨损 中等：出现中等粗糙的构造表面 严重：出现严重粗糙的构造表面	
坑槽	面层混合料散失后出现的坑洞	轻微：深度不大于25mm 严重：深度大于25mm	以数量和面积计
磨光	集料棱角磨圆或呈平滑状	不分级	以面积计
修补损坏	原路面采用相同或其他材料进行修补后的状况	轻微：状况良好，性能满意 中等：略有轻微到中等程度的各种病害 严重：严重损坏，需重新修补	

(2)连锁型:某一因素促成下一要素的发生,因果连锁则构成连锁型。

(3)复合型:某些病害往往是部分因果连锁,而又有一些是原因集中,则构成复合型。

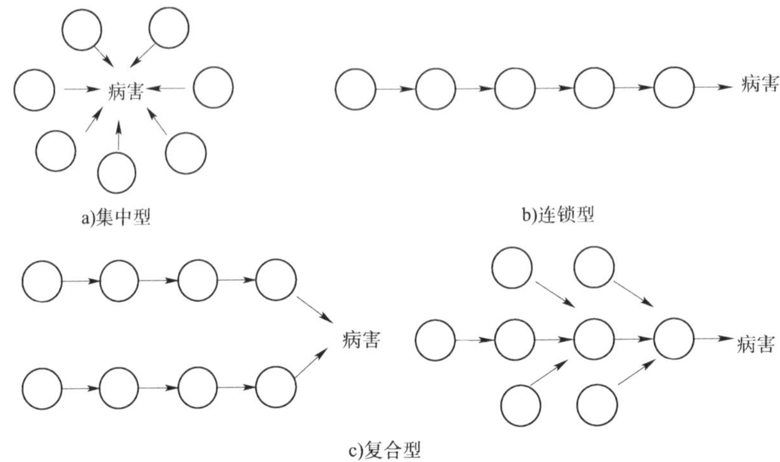

图7-1　路面病害链类型图

4. 沥青路面病害发生的因素

高速公路罩面后,路面或迟或早出现不同程度的损坏和病害。路面病害的发生并不是都来源于路面结构,而是在气候、施工质量等因素的共同作用下以一种复杂的方式相互作用而导致路面破损。

在路面养护过程中,合理的路况调查能区分目前路面存在的破坏类型,从而有助于养护人员确定病害的起因。只有知道病害产生的原因,才有可能选择正确的养护方案(是否需要进行罩面)以修复和防止再次损坏。表7-4对沥青路面病害原因进行了分类。

沥青路面病害原因分类　　表7-4

序号	病害类型	主要是交通荷载引起的	主要是气候、材料原因引起的	备注
1	龟裂或疲劳裂缝	√		
2	泛油		√	
3	块裂		√	
4	拥包		√	
5	沉陷		√	
6	车道、路肩下沉或隆起		√	
7	车道、路肩的分离		√	
8	纵向和横向裂缝		√	
9	修补处损坏	√		
10	集料磨光	√		
11	坑洞	√		
12	车辙	√		

7.1.3　高速公路罩面后沥青路面养护性模型分析

高速公路罩面后沥青路面养护性模型由养护分析、可靠性分析、路面可用性影响评价和养护、故障费用计算及最佳养护时机分析五部分构成，如图 7-2 所示。

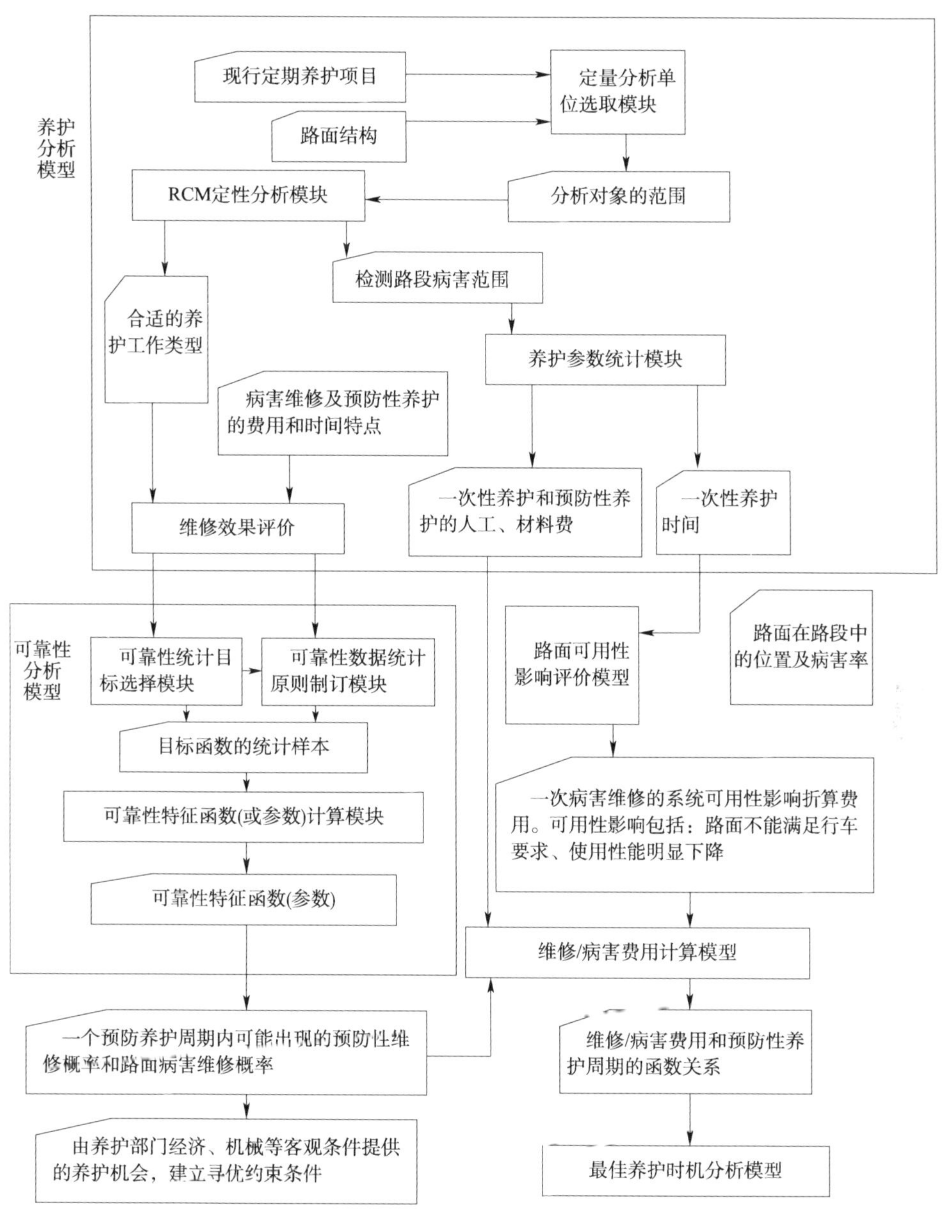

图 7-2　高速公路罩面后沥青路面养护性模型设计

7.2 以可靠度为中心的高速公路罩面后沥青路面养护决策方法

以可靠度为中心的沥青路面罩面后养护决策方法重点有以下几个方面：

(1)确定罩面后沥青路面结构当前的结构性能状态。

(2)预测罩面后沥青路面结构的变化规律。

(3)决策何时进行结构修复(二次罩面或多次罩面)及采取怎样的养护方法,并预测结构修复后的结构性能变化规律。

(4)当罩面后沥青路面结构达到最低可靠指标或耐久性极限标准时,决策是否大修或重建。

罩面后的高速公路路面结构,特别是在使用、运营一定时间后,结构的初始可靠度以及可靠度的劣化规律可以采用第6章介绍的方法得到,通常可以认为是已知的,即上述(1)和(2)两点是可以做到的。至于何时进行养护,采用怎样的养护方法,则可以采用本书介绍的养护和罩面准则,对罩面后的高速公路路面结构在剩余使用寿命期(TM)内进行综合的安全和经济分析。

图7-3给出了罩面后的高速公路路面结构养护方案选择示意图。

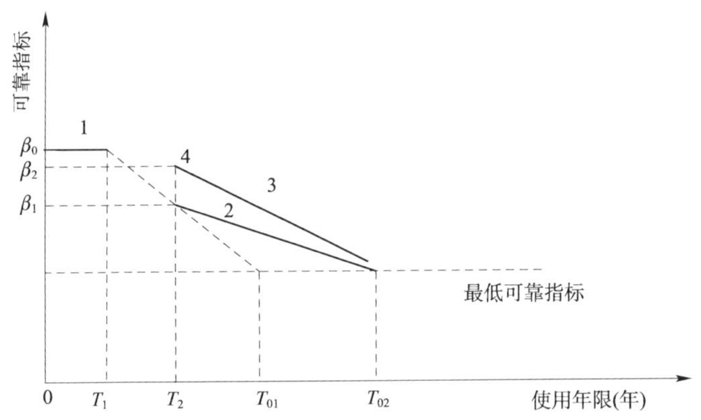

图7-3　罩面后的高速公路路面结构养护方案选择示意图

图7-3中编号为1的曲线代表在路面结构在不进行罩面时的结构性能变化曲线。结构的初始可靠指标为β_0,结构最低可靠指标为β^*,结构从时点T_1开始变化,结构性能变化的速度(即直线的斜率)为A。时点也可以采用累计当量轴次来表示。当不对罩面后的路面结构进行二次罩面时,则预测路面结构的使用寿命为T_{01}。

设当前时点为t,目前路面结构的可靠指标为β_1,β_1大于最低可靠指标β^*,即$\beta_1 > \beta^*$。可以得到以下两个关系：

$$\beta_0 = A(T_{01} - T_1) + \beta^*,\ \beta_1 = \beta_0 - A(t - T_1) \tag{7-1}$$

当前时点为t,从路面结构性能的角度,这时不需要对结构进行任何罩面。但如果预测的路面结构使用寿命 T_{01} 小于设计的使用寿命 T 或养护人员希望再延长路面结构的寿命，都需要考虑是否在当前时点 t 进行罩面，这就需要进行经济分析。

图 7-3 中给出了两种养护方案，编号为 2 的方案为预防性养护 PM，即结构的可靠指标没有增加，但罩面后的路面结构性能变化的速度减慢。如果在预防性养护 PM 后，结构的变化速度为 $A_2(A_2 < A)$，结构使用寿命可以延长到 T_{02}，显然有如下关系：

$$\Delta A_2 = A - A_2,\ \beta_1 - \beta^* = (T_{02} - t)A_2 \tag{7-2}$$

编号为 3 的方案为二次罩面 EM，二次罩面后路面结构可靠度变化的速度为 A_3，可靠指标由罩面前的 β_1 增加到 β_2，可靠指标的增加值为 $\Delta\beta$，则有如下关系：

$$\Delta\beta = \beta_2 - \beta_1, \Delta A_3 = A_3 - A, \beta_2 - \beta^* = (T_{02} - t)A_3 \tag{7-3}$$

由以上的分析可知，罩面后路面结构性能变化速度一般越来越快。从养护的技术难度来讲，结构性能变化程度越大，养护越困难。

对罩面后的路面结构进行养护后，其最直接的效益是因延长了路面的使用寿命，增加了路面的运营期限而产生的收益。在如图 7-3 所示的时段 $[t, T_{01}]$ 中，再次罩面后的结构可靠度指标大于不进行罩面的情况，因此在这一段时间内，路面结构的检测费用、日常维护费用和结构性破坏造成的损失均减小。如果这一减小值大于罩面工程所需要的投资，那么显然罩面是合理的。

为明确养护对路面结构的影响，可以将其分为三类，即日常养护（Routine Maintenance，简称 RM）、预防性养护（Preventive Maintenance，简称 PM）和罩面（Essential Maintenance，简称 EM）。日常维护 RM 是设计明确的常规维护养护措施，即结构可靠度定义中的“规定的条件”的正常维护。以上三种维护养护措施有本质的区别，同时也影响公路全寿命成本的计算。

预防性养护 PM 和罩面 EM 对结构性能或可靠指标的影响如图 7-4 所示。

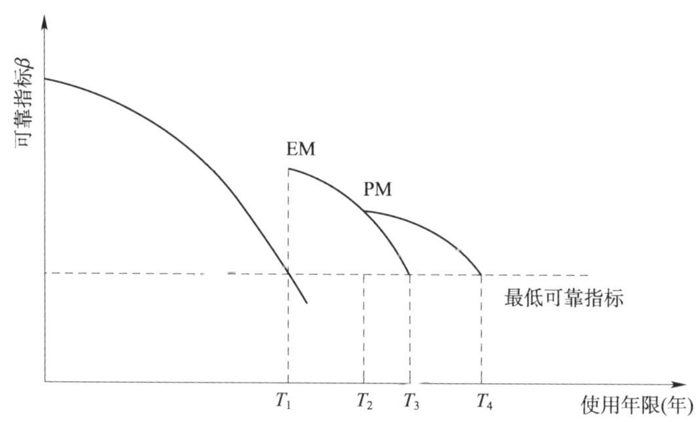

图 7-4　预防性养护 PM 和罩面 EM 对结构性能的影响示意图

若在时间 T_1 点对路面结构进行养护 EM，结构可靠指标 P 提高。如果不再进行采取养护措施，则该沥青路面的结构性能将在时间 T_3 时达到结构的最低可靠指标。若在 T_2 时点对路面结构进行预防性养护 PM，结构的可靠指标 P 并没有因预防性养护 PM 而提高，但结构性能的变化速度降低了，结构将在时间 T_4 时达到结构的最低可靠指标，即路面结构的使用寿命延长到 T_4。

在图 7-4 中，如果不对路面结构进行养护，该沥青路面的使用寿命期为 T_1。

为了简便起见，可以将预防性养护 PM 和养护加固 EM 通称为养护或修复。从上面的分析中可以看出，不管是预防性养护 PM 还是采取罩面 EM，主要目的有两个：一是延长路面结构的使用寿命；二是降低路面结构失效的概率。养护的时点选择非常重要，需要进行综合的技术和经济分析。

7.3 罩面后沥青路面养护费用分析

1. 罩面后路面日常养护费用

为简化计算，将日常检测费用 $C_{IN}(T)$ 与日常维护费用 $C_M(T)$ 合并，称为日常检测维护费用，并按年度计算，用符号 $C_{IN,M}(t)$ 表示。

$C_{IN,M}(t)$ 除与罩面后路面结构可靠度有关外，一般还与路面结构的使用年限有关，即年日常检测维护费用 $C_{IN,M}(t)$ 可用下式简化计算：

$$C_{IN,M}(t) = k_1 C_C + k_1 k_2 C_C + k_1 k_3 C_C = (1 + k_2 + k_3) k_1 C_C \tag{7-4}$$

式中：$k_1 C_C$——路面基本的日常检测维护费用，这里取 $k_1 = 0.02$，即每年基本的日常检测维护费用相当于初始造价 C_C 的 2%；

k_2——路面因使用年限的增加而增加的年日常检测维护费用的比例，取 $k_2 = 0.05t$，这相当于每年项目基本的日常检测维护费用增加 5%，即 20 年时，基本的日常检测维护费用增加 1 倍；

k_3——因罩面后路面结构可靠指标降低而增加的年日常检测维护费用的比例，结构时变可靠指标区越小，k_3 越大。

如果取：

$$k_3 = 0.5 \frac{\beta_0 - \beta(t)}{\beta^*} \tag{7-5}$$

显然，在罩面后结构性能衰减开始时间 T_1 年以前，由 $k_3 = 0$ 可得：

$$k_3 = 0.5 \frac{\beta_0 - \beta(t)}{\beta^*} = 0.5 \frac{A(t - T_1)}{\beta^*} \qquad (t \geqslant T_1) \tag{7-6}$$

将 k_1、k_2、k_3 代入式(7-4)，则有：

$$C_{IN,M}(t) = 0.02(1 + 0.05t) C_C \qquad (t < T_1) \tag{7-7}$$

$$C_{\mathrm{IN,M}}(t)=0.02\left[1+0.05t+0.5\frac{A(t-T_1)}{\beta^*}\right]C_{\mathrm{C}}\qquad(t\geqslant T_1)\tag{7-8}$$

2. 路面结构性能损失费用

罩面后路面结构性能损失按本书给出的数据，按以下简化的方法计算年结构性能损失 $C_{\mathrm{F}}(t)$：

$$C_{\mathrm{F}}(t)=\sum_{i=1}^{5}\left[p_f^i(t)\left(C_{\mathrm{F1}}^i+C_{\mathrm{F2}}^i\right)\right]\tag{7-9}$$

式中：i——路面结构失效等级；

C_{F1}^i——路面结构的直接损失；

$$C_{\mathrm{F1}}^i=k_{\mathrm{CF1}}^i\times C_{\mathrm{C}}\tag{7-10}$$

C_{F2}^i——路面结构的间接损失。

$$C_{\mathrm{F2}}^i=k_{\mathrm{F}}^i\times k_{\mathrm{CF1}}^i\times C_{\mathrm{C}}\tag{7-11}$$

罩面后结构的失效概率 $p_f^i(t)$ 可用可靠度指标 $\beta(t)$ 表示，则式(7-9)可以改写为：

$$C_{\mathrm{F}}(t)=\sum\left\{\phi\left[-\beta^i(t)\right]\times C_{\mathrm{C}}\times k_{\mathrm{CF1}}\left(1+k_{\mathrm{F}}\right)\right\}\tag{7-12}$$

7.4　高速公路沥青路面最佳罩面时机的确定

为保持路面的正常使用，在路面结构性能变化到一定时间，必须进行罩面，以保证路面可靠工作。

罩面时机 T 的确定一般依据两个原则：(a)最大可用度原则；(b)最小养护费用原则。当罩面费用跟罩面周期成正比时，依据两个原则确定的周期是一致的。但多数情况下这两个原则是互为制约关系，由原则(a)确定的罩面时机 T 容易造成资源上的浪费，即将大量的费用花在病害很少发生的路面上；由原则(b)确定的罩面时机 T 易导致预防性养护的失效，即不足以有效提高路面的可靠性。因此利用多目标规划法，对罩面时机 T 的模型进行优化，帮助决策人员合理确定养护时机，以达到有效利用养护资源的目的。

1. 按最小费用原则确定养护周期 T^*

设罩面后路面寿命分布为 $F(T)$，则其可靠度为 $R(T)=1-F(T)$，失效率为 $\lambda(t)$，C_{f} 与 C_{p} 分别表示一次罩面与预防性养护的平均费用。则路面在一个周期的平均可能开放交通时间内(MUT)，为进行养护所占费用比例为 $R(T)$，为进行罩面所占费用比例为 $F(T)=1-R(T)$，则在单位时间内的平均费用为：

$$C(T)=\frac{C_{\mathrm{P}}R(T)+C_{\mathrm{f}}F(T)}{\mathrm{MUT}}=\frac{C_{\mathrm{f}}-(C_{\mathrm{f}}-C_{\mathrm{P}})R(T)}{\int_0^T R(t)\,\mathrm{d}t}\tag{7-13}$$

通过式(7-13)可解出罩面时机 T_1^*，从而可确定在罩面最佳时机为 T_1^* 时的单时最小平均费用：

$$C(T_1^*)=(C_f-C_p)\lambda(T_1^*) \tag{7-14}$$

式中：$\lambda(T_1^*)$——到达 T 时的失效率。

当 $C_f<C_p$ 时，即进行一次罩面的费用要比养护的费用要少，在这种情况下按照最小费用原则养护是没有意义的。

2. 按最大可用度原则确定养护周期 T^*

设平均罩面时间为 t_f，平均养护时间为 t_P，则路面的可用度为：

$$A(\infty)=\frac{\int^t R(T)\mathrm{d}t}{t_pR(T)+t_fF(T)+\int_0^T R(T)\mathrm{d}t} \tag{7-15}$$

通过式(7-15)可解出周期 T_2^*，从而可确定在养护周期 T_2^* 时的最大可用度：

$$A^*(\infty)=\frac{1}{1+(t_f-t_p)\lambda(T_2^*)} \tag{7-16}$$

同理，当 $C_f<C_p$ 时，路面发生病害后的平均罩面时间要小于平均养护时间，按照最大可用度原则，这种情况下的养护是没有意义的。

3. 模型优化

以上公式确定的 T_1^*、T_2^* 分别是按照原则(a)、(b)得出的理想养护周期，当 $T_1^*=T_2^*=T$ 时，T 为最佳罩面时机，即能以最小的养护费用保证路面最大的可用度。当 $T_1^*\neq T_2^*$ 时，依据单原则建立的模型虽然在某种意义上能满足实际需求，但可能会造成修理资源的浪费，有时还达不到养护所预期的效果，下面用多目标规划中的理想距离法对以上两个模型进行优化。

设 d^{+1}、d^{-1} 分别表示与 $C(T_1^*)$ 的正、负偏差；d^{+2}、d^{-2} 分别表示与 $A^*(\infty)$ 的正、负偏差。模型优化的目标就是求得罩面时机 T，使得 $C(T)$ 与 $C(T_1^*)$ 的偏差、$A(\infty)$ 与 $A^*(\infty)$ 的偏差都最小，从而得到现实可行的最优罩面时机，用理想距离法可得到如下模型：

$$\min(d_1^++d_1^-)+(d_2^++d_2^-) \tag{7-17}$$

$$\begin{gathered} s.t. \\ C(T)-d_1^++d_1^-=C(T_1^*) \\ A(\infty)-d_2^++d_2^-==A^*(\infty) \\ d_1^+,d_1^-,d_2^+,d_2^-\geqslant 0 \\ T>0 \end{gathered}$$

综合各式，即可解出 T 以及 d_1、d_2，并且 T 一定是有效解，结果可分两种情况：

(1) T 有唯一解。这表明在现实可行的情况下，T 是最接近理想情况的养护周期，即最接近于以最小的费用保证最大的可用度。

(2) T 有多解。这些解由与理想解等距的曲线组成，决策者可根据实际情况的不同而采取相应的最优解。当决策者更注重设备的可用度时，则取可用度最优的解为实际养护周期;反之则取平均养护费用最小的解为罩面时机。

在实际的工程应用中,可以根据路面以往的养护记录,取花费最小的那次养护所用的费用为 C(T_1^*),再由路面的病害时间和养护时间记录求出路面的 MTBF(平均病害间隔时间)和 MTTR(平均病害修复时间),从而可求出其最大可用度。这样确定的养护周期在实践中不断改进和完善。

4. 应用实例

京秦高速公路罩面工程病害处理及罩面施工时采用单向半幅封闭(不断交,不改变交通流向)的方式,封闭长度为 3 ~ 5km,作业段宽度不大于 8m,通行车道的宽度不少于 5m,相邻作业段之间的间隔距离在 4km 以上。施工期间设备停放时需占用两个车道的位置即硬路肩及相邻行车道或为第 1、2 车道,其他车道通行。施工期间各封闭路段全天 24h 封闭,分两个作业段封闭施工。

根据京秦高速公路历年养护统计资料,公路平均罩面时间为 $\bar{t}_f = 180$d,设平均罩面时间为 t_f,平均养护时间为 $\bar{t}_P = 80$d,罩面费用为 51 000 万元,养护费用为 398 万元。此公路每车道日平均累计当量为 $Ne_1 = 0.66$ 万次。通过对该路况调查和计算,发现累计标准轴载与可靠度之间的关系为:

$$R = -12.05\ln(x) + 146.85 \tag{7-18}$$

计算结果详见表 7-5。

累计当量轴次与可靠度之间的关系　　表 7-5

可靠度(%)	100	100	93	89.54	88.38	88.14	85.79	83.66	80.26	78.99	73.97
累计当量轴次(万次)	30	60	90	120	150	180	210	240	280	320	360

因 $\bar{t}_f$、$\bar{t}_p$ 单位为天,而表 7-5 所给出的是可靠度与累计当量轴次之间的关系,故首先应对其进行转化。可令:

$$t_f = \frac{\bar{t}_f}{24} \cdot N_{e1};\ t_p = \frac{\bar{t}_p}{24} \cdot N_{e1} \tag{7-19}$$

(1)按最大可用原则计算最佳周期 T_2^*。

令

$$\alpha = \frac{R(T)t_p + [1 - R(T)]t_f}{\int_0^T R(t)\mathrm{d}t} \tag{7-20}$$

则最大可用度:

$$A = \frac{1}{1 + \alpha} \tag{7-21}$$

式中：α——养护系数。

根据表 7-5 的数据绘制经验可靠度曲线，如图 7-5 所示。将时间分成 n 个相等区间 Δt（本例中 $n=100$），设 i 区间的界限为$[t_{i-1},t_i]$。且该区间矩形面积为 S_i。则 $\int_0^T R(t)\mathrm{d}t \approx \sum_{i=1}^{n}\frac{R(t_{i-1})+R(t_i)}{2}\Delta t$，计算养护系数 α，见表 7-6。

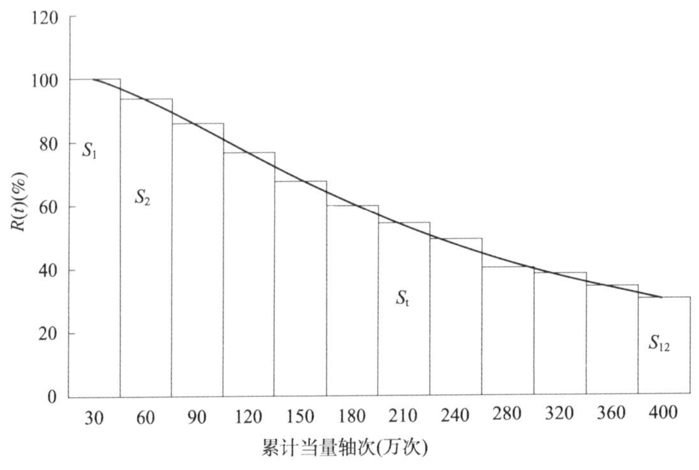

图 7-5 累计当量轴次与可靠度关系曲线

养护系数计算数据 表 7-6

累计当量轴次（万次）	$R(t_i)$	$\int_0^T R(t)\mathrm{d}t$	$R(T)t_p$	$[1-R(T)]t_f$	$\alpha\times10^{-3}$
30	100	119.87	0.94	0.01	9.49
60	99.78	235.79	0.88	0.37	6.34
90	93.43	343.54	0.80	0.78	5.54
120	86.15	441.58	0.72	1.28	5.54
150	77.24	528.68	0.64	1.80	5.52
180	67.94	605.77	0.56	2.22	5.45
210	60.53	674.80	0.52	2.56	5.39
240	54.53	737.11	0.47	2.86	5.42
280	49.32	790.94	0.38	3.35	5.46
320	40.40	838.28	0.36	3.46	5.47
360	38.49	881.91	0.32	3.70	5.47
400	37.21	920.64	0.29	3.92	5.48

可以看出,当累计当量轴次 $N_e = 210$ 万次时,$\alpha = 4.49 \times 10^{-3}$ 最小,此时 $A = \frac{1}{1+\alpha} = 0.9955$,故可取 $T'_2 = 210$ 万次。

按照当量轴次与时间之间的关系,可以反算出则最佳周期 $T_2^* = 2\ 011$ 年。

(2)按最小费用原则计算最佳罩面时间 T_1^*。

按单位时间内的平均养护费用公式分别计算不同累计当量轴次时的费用,见表 7-7。

单位时间内的平均费用　　表 7-7

累计当量轴次(万次)	$R(t_i)$	$\int_0^T R(t)\,dt$	$R(T) \cdot C_p$	$F(T) \cdot C_f$	$C(T)$
30	100	119.87	419.08	2.38	4.22
60	99.78	235.79	168.18	70.96	2.25
90	93.43	343.54	155.08	149.58	2.44
120	86.15	441.58	139.03	245.81	2.65
150	77.24	528.68	122.29	346.25	2.25
180	67.94	605.77	108.96	426.28	1.23
210	60.53	674.80	98.16	491.08	1.56
240	54.53	737.11	88.78	547.34	1.80
280	49.32	790.94	72.72	643.68	2.07
320	40.40	838.28	69.29	664.31	2.23
360	38.49	881.91	61.62	710.32	2.44
400	37.21	920.64	54.58	752.54	2.65

用表 7-7 中数据可以看出 $C(T'_1) = 1.23$,进而可求得 $T'_1 = 180$ 万次,由平均当量轴次与时间之间的关系,可以计算出 $T_1^* = 2\ 010$ 年。

对于此公路而言,按最小费用原则和最大效用原则计算出最佳养护周期 T_1^*、T_2^* 大致相同,这是由养护费用同养护周期成正比造成的。但多数情况下,由这两个原则确定的周期并不完全一致,而是相互制约的。这时就需要在分别计算 T_1^*、T_2^* 后,采用多目标规划中的理想距离法对两个周期进行优化,以确定同时综合考虑两原则的路面最佳养护周期。当然,由于决策者可以根据实际情况的不同,进行确定养护周期。当决策者非常注重平均养护费用最小时,可采用最小费用原则,反之亦然。

7.5　高速公路罩面后沥青路面养护标准的确定

7.5.1　裂缝的养护标准

根据有关标准,裂缝的损坏严重程度按裂缝宽度可分为三级,即轻微(裂缝边缘无或仅有轻微碎裂,缝隙宽不大于6mm)、中等(边缘中等碎裂,缝隙宽大于6mm,有少量支缝,引起车辆跳动)、严重(裂缝边缘严重碎裂,有较多支缝,引起车辆剧烈跳动)。从裂缝破坏率上讲,裂缝养护要求达到的标准应该是裂缝破坏率为0。根据实地调查和求养护专家意见,一般要求高等级公路的裂缝率应该低于15%,开裂状况应该保持在中等以上,否则就需要进行罩面或铣刨后罩面,达到优为最佳。裂缝的开展是一个逐渐的过程,总是经历形成阶段、发展阶段和破坏阶段,是由窄到宽地发展起来的。结合京秦高速公路的实际特点,按照裂缝率和裂缝宽度 b 来制定京秦高速公路的养护标准,如表7-8所示。

裂缝养护标准　表7-8

量度指标	需要维修的标准	要求达到的标准
路面裂缝率(%)	>15	≤15

当道路达到养护标准时,可以按裂缝宽度的不同,分三个等级来实施养护具体的养护措施:

(1)一级:当 $0 < b_1 < 6$mm 时,为轻度裂缝,做日常养护。

(2)二级:当 $6\text{mm} < b_1 < 10$mm 时,为中度裂缝,采取灌缝技术或贴封技术处理。

(3)三级:当 $b_1 > 10$mm 时,为重度裂缝,采取罩面养护。

因此,裂缝的养护质量标准应该至少达到 $b_1 < 6$mm,才能满足裂缝养护的要求。

7.5.2 坑槽的养护标准

可根据 *PCI* 和养护费用确定养护类型,然后结合养护成本和养护时间选择相应的养护技术。坑槽是由浅到深、由小到大地发展,坑槽的损坏严重程度按坑槽深度可分为两级:轻微(深度不大于25mm)、严重(深度大于25mm)。因为在道路上坑槽的存在是相当危险的,一般不允许坑槽的出现,一旦出现坑槽要立刻修补。因此可按照坑槽深度 h_1 和京秦高速公路具体的道路状况与维修经验,将京秦高速公路的养护标准分为三个等级:

(1)一级:当 $h_1 < 1$cm 时,为轻度坑槽,做日常养护。

(2)二级:当 $1\text{cm} < h_1 < 2.5$cm 时,为中度坑槽,采取修补处理。

(3)三级:当 $h_1 > 2.5$cm 时,为重度坑槽,采取修补罩面养护。

7.5.3 车辙的养护标准

由于夏季高温的作用,在大交通量、超载和渠化交通的条件下,极易产生车辙破坏。车辙的存在严重影响行车的舒适性和安全性,辙槽内的积水以及车辙的起伏促使路面产生其他破坏,缩短路面的使用寿命,严重影响路面的平整度。所以在车辙达到一定程度的时候必须采取有力的措施来养护道路,保持车辆行驶的安全和舒适。但是不同的道路具有不同的情况,这就需要针对一定的道路来制定具体的养护标准。

(1)国外的车辙控制标准。

国外的试验表明,当路表积水为10mm,车速为100km/h时,摩擦系数接近于零,可认为已发生了漂滑。因此,从理论上分析,为避免正常行驶的车辆产生极危险的漂滑现象,高速公路的车辙不应超过 10mm。同时,车辙引起的路面积水会导致车辆侧滑、跑偏以及前轮失去转向性能等。一些国家常限制车辙的深度在一定范围内,一旦车辙达到规定的深度,就要采取处治措施。例如,在英国,当行车道上的车辙深度达到 10 mm 时,就认为路面开始进入临界状态,就要罩面以恢复路面原有的结构质量和延长其使用寿命;当车辙深度达到 20mm 时,就认为路面已进入不利状态。

(2)沥青路面容许车辙深度的确定。

确定容许车辙深度应根据处于临界状态的路面由行驶质量与行车安全调查结果统计分析论证确定,对全国道路工程与汽车工程界的有关专家推荐的容许车辙深度结果进行统计分析,得到如表 7-9 的容许车辙深度建议值。容许车辙深度[*RD*]是指道路在使用过程中允许出现的最大车辙深度,我们认为,当路面车辙大于等于容许车辙深度时,该路段即需要维修。这里不分交叉口与非交叉口路段。维修要求达到的标准与平整度的要求是一致的。因此,对我国的车辙养护标准制定,如表 7-10 所示。

容许车辙深度[*RD*]建议值　　表 7-9

道路等级	高速公路	其他高等级道路	
		非交叉口路段	交叉口路段
[*RD*](mm)	10 ~ 15	15 ~ 20	25 ~ 30

车辙的养护质量标准　　表 7-10

技术指标	要求达到的标准	维修养护的标准
路面车辙深度(mm)	≤15	>15

根据标准规定和京秦高速公路的实际情况,车辙的损坏严重程度按车辙深度可分为三级:轻微(车辙深 6 ~ 13mm)、中等(车辙深 13 ~ 25mm)、严重(车辙深大于 25mm)。当车辙深度达到养护标准时,根据车辙深度 h_Z,可把养护等级划分为三个等级:

一级:当 $h_Z < 1.3$cm 时,此时的车辙为轻度车辙,只需做一些日常养护,保证行车的安全和舒适。

二级:当 $1.3\text{cm} \leq h_Z < 2.5$cm 时,为中度车辙,从经济和安全的角度考虑,这时仅仅靠日常养护已经不能满足道路需求,就需要做罩面处理。

三级:当 $h_Z \geq 2.5$cm 时,为重度车辙,路面的损坏已经相当严重,极大地影响了道路的使用性能,这时就要把旧路面损坏严重的部分铣刨之后再罩面。

因此,车辙的养护质量标准应该至少达到 $h_Z < 1.3$cm,才能满足车辙养护要求。

7.5.4　其他路用性能养护标准

《公路沥青路面养护技术规范》(JTJ 073.2—2001)中对于高速公路的平整度、抗滑性能、路面状况、路面强度的养护质量标准都做出了相关的规定。

(1)路面平整度的养护质量标准应符合表 7-11 的规定。

平整度的养护质量标准 表 7-11

技术指标	要求达到的标准	维修养护的标准
平整度仪(mm)	≤3.5	>3.5
三米直尺 *h*(mm)	≤7	>7
IRI(m/km)	≤6	>6

(2)路面抗滑性能的养护质量标准应符合表 7-12 的规定。

抗滑性能的养护质量标准 表 7-12

技术指标	要求达到的标准	维修养护的标准
横向力系数	SFC≥40	<40

(3)路面状况的养护质量标准应符合表 7-13 的规定。

路面状况的养护质量标准 表 7-13

技术指标	要求达到的标准	维修养护的标准
路面状况指数 *PCI*	≥70	<70

路面状况指数 *PCI* 是表现路面破损状况的定量指标,路面破损状况反映了路面结构的完好程度,又直接影响道路的服务水平。其取值范围定为 20~100,其值越接近 100,表示路面状况越好。路面状况指数 *PCI* 在 70 以下,路面状况就属于中等以下,对行车状况不利,所以得控制 *PCI* 在 70 以上,路面养护标准可参考规范制定。

(4)路面强度的养护质量标准应符合表 7-14 的规定。

强度的养护质量标准 表 7-14

技术指标	要求达到的标准	维修养护的标准
路面强度系数 *SSI*	≥0.8	<0.8

按照《公路养护技术规范》(JTG H10—2009)制定的强度养护标准,见表 7-15。

高等级道路沥青路面强度养护标准 表 7-15

技术指标	需要维修的标准	要求达到的标准
路面强度系数 *SSI*	<0.70	≥1.0

7.6 高速公路罩面后沥青路面养护措施

7.6.1 一般性养护维修

病害处治是一项长期的日常性工作,做好日常的小修和保养能够起到事半功倍的效果。加强对路面的日常巡视工作,对新发现的各种轻微的病害,包括细微裂缝、轻度的沉陷和网裂、局部的小型坑洞，采取及时的处理措施。同时根据道路的运行条件、交通量状况和路况条件，按计划对路面开展全面的病害和路况调查，根据路面的损坏状况和路面的行驶质量，有针对性地开展小修、中修、大修等养护工程。

在病害产生后，如没有得到及时的处理将会导致整个路面的受力条件恶劣，致使病害进一步扩展和蔓延。因此，日常性养护一定要对沥青路面上出现的各种病害进行及时、快速的处理。当发现直接危及正常交通和行车安全的病害时，应立即修复或采取过渡措施后再按规范要求进行修复。

我国公路养护技术规范通常把清扫保洁、处理泛油、拥包、裂缝、松散等病害作为保养作业；将修补坑槽、沉陷、处理波浪、啃边等病害作为小修作业。同时根据气候特点和温度的变化规律，按照“预防为主，防治结合”的原则，结合成功经验，针对季节性病害根源，因地制宜，采取有效的技术措施，做好季节性保养修理。

(1)裂缝的修补方法。

裂缝是高速公路上最常见的病害，也是不可避免的，裂缝的形成初期对路面使用功能影响不大，但裂缝的扩展将会减弱局部结构的承载力，同时打开水分进入的通道，导致结构层产生冲刷和水稳定性问题，从而导致路面的结构性破坏，降低路面的服务水平。因此对裂缝进行适时的养护对延长路面使用寿命极其重要。针对不同的裂缝状况采取合适的裂缝养护和维修的方法，能够起到良好的效果。

对出现的轻微裂缝也应采取适当的封缝养护措施。多数情况下，一年内任何时间都可灌缝，填缝的时间最好安排在天气偏凉的季节。横向裂缝缝宽在5mm以内的，宜将缝隙刷扫干净，并用压缩空气吹尘，干燥后采用热沥青灌缝。根据适当的韧性、抗流动与磨损、可快速施工的要求，灌缝材料应首选橡胶沥青。由于高速公路的交通量大，为了达到快速通车的目的，可以采用封缝带等尝试性的处理办法。

对需要作填缝处理的，填缝的构造方式有以下四种：

①齐平，材料仅简单地注入既有的不经处理的裂缝中，裂缝外面的材料应铲除。

②刻槽构造，将裂缝切齐，材料仅放入切齐的裂缝内。

③梯形封顶式，材料置入未经切齐的裂缝内，如果材料超出了裂缝口，应用橡胶滚轴将超出的材料滚压成条带。

④刻槽梯形封顶，材料置入切齐的裂缝，然后用橡胶滚轴使超车裂缝的材料滚压成条带，形成的条带应对称于裂缝。

在裂缝宽度在5mm以上时，应剔除缝内杂物和松动的缝隙边缘或沿裂缝开槽后用压缩空气吹净，采用细粒式热拌沥青混合料填充、捣实，并用烙铁封口。

(2)坑洞的修补方法。

小的坑洞在高速公路上出现的频率较高，对道路行驶质量的影响也很大，一旦发现应该及时采取修补措施。测定破坏部分的范围和深度，在路面基层完好时，修补的步骤如下：

①按照“圆洞方补、斜洞正补”的原则，划分所需修补坑槽的轮廓线。

②沿所划轮廓线开凿至坑底稳定部分，其深度不得小于原坑槽的最大深度，至坚实稳定的底面，但不应小于3cm。

③清除槽底、槽壁的松动部分及粉尘、杂物，并涂刷黏层沥青。

④填入沥青混合料并整平。

⑤用小型压实机具或铁制手夯将填补好的部分压实，新填补的部分应略高于原路面。如果坑槽比较深，应将沥青混合料分两次或三层摊铺和压实。

⑥热补法修补，采用热修补养护车，将加热板加热刻槽处路面，翻松被加热软化铺装层，喷洒乳化沥青，加入新的沥青混合料，然后搅拌摊铺，压路机压实成型。

当坑槽的面积比较大，应采用铣刨机铣刨路面，重新铺筑面层。铣刨机铣刨操作程序为：根据路面铣刨的范围，呈矩形画线且尽可能与路面中心平行。铣刨的宽度一般采用铣刨机铣刨宽度的倍数，长度不宜小于3m，铣刨面应平整。铣刨后，底面已松动的原沥青料块应予以挖除，底面如为光滑的表面则应予以凿毛，局部低洼处，用沥青混合料填平，夯实。铣刨时，应边铣刨边清扫，便于铣刨机行走、找平。铣刨后，横向边口往往不整齐，可用切割机沿边线切割后，人工凿齐。

若因基层局部强度不足，使基层破坏而形成坑槽，应将面层和基层完全挖除，如土基含有淤泥，应将淤泥彻底挖除，换填新料并夯实，在地下水位较高的潮湿路段，应采取措施引出地下水并在基层下面加铺一层水稳定性好的材料，最后重做面层。

(3)麻面与松散的维修。

因嵌缝料散失出现轻微麻面，在沥青面层不贫油时，可在高温季节撒适当的嵌缝料，并用扫帚扫匀，使嵌缝料填充到石料的空隙中。对大面积麻面，应喷洒黏度较高的沥青，并撒适当粒径的嵌缝料，应使麻面部分中部的嵌缝料稍厚，周围与原路面接口要稍薄，定型要整齐，并碾压成型。

因沥青用量偏少或因低气温施工造成的沥青面层松散，应采用以下方法处治：

①先将路面已松动了的矿料收集起来。

②待气温升到15℃以上时，按0.8～1.0kg/m^2的用量喷洒沥青，再均匀撒上3～6mm的石屑或粗砂。

③用轻型压路机碾压。

(4)日常养护的要点。

以上养护工作必须注意以下几个重要环节：

①修补和填缝的混合料必须按照老路面的标准设计，保证混合料的级配和沥青含量，严格做好拌和、摊铺、压实工作，以便修补后路表面有相同的构造深度和抗滑能力。

②老路面与新路面的结合处的黏结是修补的薄弱环节，也是修补后病害产生的根

源。做好的新拌沥青混合料与老沥青面层内部黏结不好或补块的空隙率过大,就会导致水分在补块内储存和在补块的交界面上冲刷,导致补丁上的破坏。因此在保证老路面干燥施工的前提下,同时对光滑的界面予以凿毛,在界面上涂刷黏层油,或者在黏结处采取加热等措施做好槽底与坑壁的黏结工作。

③由于修补的局部面积较小,保证修补处的压实度,使其不大于周围的沥青混凝土的空隙率,是保证其不容易产生水损坏的先决条件。

7.6.2　封层和罩面工程

对路面出现的不同类型的破损,面层厚度因长期磨耗而减薄等一般性磨损和局部损坏进行定期的修理加固,一般采取封层与罩面的形式,以提高路面使用功能,延长路面的使用寿命。封层是指采用层铺法或拌和法全面封闭路表面破损的技术措施;罩面是指在原路面上加铺一层沥青混合料面层,以延长其使用周期,恢复被磨耗厚度。

1. 铺设乳化沥青稀浆封层和微表处

(1)乳化沥青稀浆封层技术。

乳化沥青稀浆封层是用适当级配的石屑或砂为集料,以乳化沥青为结合料,加粉料(水泥、石灰、粉煤灰、矿粉等),添加剂和水按一定配合比拌和而成流动状态的沥青混合料,均匀摊铺在路面上的沥青表面处治薄层。在水分蒸发干燥硬化成型后,其外观与细粒式沥青混凝土相似,具有耐磨、抗滑、防水、平整等技术性能,且施工快、造价低、用途广、能耗省,是一种沥青路面养护用的新材料、新工艺、新结构。实践证明,在许多沥青路面预防性养护技术措施中,乳化沥青稀浆封层是使用功能最多、最经济的一种经济措施。具有以下几个作用:

①防水作用。混合料的集料较细,并且具有一定的级配,乳化沥青稀浆混合料在路面铺筑成型后,能与路面黏附在一起,形成一层密实的表层,可防止雨水和雪水渗入。

②防滑作用。由于乳化沥青稀浆混合料摊铺厚度薄,并且其级配中的粗料分布均匀,沥青用量适当,不会产生路面泛油的现象,路面具有良好的粗糙度,能够恢复路面的部分抗滑性能。由于阳离子乳化沥青对酸碱性矿料都具有良好的黏附性,因此稀浆混合料可选用坚硬耐磨的优质矿料,可得到很好的耐磨性能。

③填充作用。乳化沥青稀浆混合料中有较多的水分,拌和后呈稀浆状态,具有良好的流动性。这种稀浆有填充和调平作用,对路面的细小裂缝和路面松散脱落造成的路面不平,可用稀浆封闭裂缝和填平浅坑来改善路面的平整度。

④恢复外观。对表面磨损发白、老化干涩或经养护修补、表面状态很不一致的旧沥青路面,可用稀浆混合料进行罩面,遮盖破损与修补部位,使旧沥青路面外观焕然一新。

实践证明,乳化沥青稀浆封层技术无论是对旧沥青路面或新沥青路面,还是对低等级道路或高等级道路,对城市道路或干线道路,都可以适用。但稀浆封层由于厚度薄,主要起防水、防滑、耐磨和改善路表外观的作用，在路面结构体系中，只能作为表面保护层和磨耗层，而不起承重性的结构作用，因此其适用范围是在路面没有结构破坏，仅仅空隙率偏大，路面透水的情况下使用。稀浆封层更适合在低等级路面上作为改善路面外观、增加抗滑和防止扬尘之用。

（2）聚合物改性乳化沥青稀浆封层（微表处）。

微表处是一种采用高分子聚合物使乳化沥青改性的铺筑技术，对出现在城市干道、高速公路和机场道路上的各种病害的修复和养护较为有效。因为其所用的材料是经过严格检测筛选出来的，其中还包括高分子聚合物和其他添加剂，因而比普通沥青稀浆封层具有更多的优点。

①施工速度快。连续式稀浆封层机 1d 之内能摊铺 500t 微表处混合料，折合为一条 10.6km 长的标准车道，摊铺厚度最小可达 9.5mm，施工后 1h 即可通车，适用于大交通量的高等级公路及城市干道。

②微表处可提高路面的防水防滑能力，增加路面色彩对比度，改善路面性能，延长路面使用寿命。

③成型快，工期短，施工季节长且可以夜间作业，尤其适于交通繁忙的公路、街道和机场道路。

④常温条件下作业，降低能耗，不释放有毒物质，符合环保要求。

微表处和稀浆封层一样主要起防水、防滑、耐磨和改善路表外观的作用，对路面上产生大量的纵横向裂缝和坑洞等情况，微表处对其填充作用有限，旧的病害将会很快穿过薄的微表处和稀浆封层反射上来。由于封层较薄，同时只靠沥青稀浆维持上面层与旧路的黏结，使得上面层与旧路路面的黏结效果一般。在重载车辆的高速行车和制动作用下，较薄的上面层容易引起起皮等现象；同时，乳化沥青稀浆封层和微表处会引起噪声变大的现象。因此其在高速公路上使用有可能导致加铺层的耐久性差，使用寿命短，有一定的局限。

2. 封水措施

针对上面层孔隙较大、水损坏现象比较严重且在荷载型裂缝不是很厉害的情况，增加一次封水层以推迟罩面的周期。当前还没有全面有效的封水措施，常见的封水措施有雾封层、TL-2000、魁道封层等几种方式，都是仅以防止水分进入路面内部导致路面病害的扩展，适用范围是路面没有任何结构性损伤。由于以上几种封层方法都有不同程度的降低构造深度的副作用，构造深度是保证高速公路行车安全的一项非常重要的指标，同时这几种封水措施对水损坏都是治标不治本的，不能从根本上解决水损坏问题，因此其使用范围、效果和使用寿命有限。

3. 橡胶沥青防水层罩面

对局部或成片状网裂，同时水损坏较严重，要求防水和提高路面行驶质量的路段采取橡胶粉改性沥青的薄层罩面是行之有效的。由于橡胶沥青具有黏结性好、弹性恢复性能好、能够起到防止裂缝扩展和缓解路面荷载冲击的作用,同时具有抗磨损、可快速施工、养生时间短等特点,在国外一直是路面应力吸收层的首选材料。橡胶粉改性沥青防水层作为旧路养护的罩面过渡层,能够有效防止反射裂缝的发生,缓解裂缝尖端的奇异应力;可防止上面层水分进入中下面层,同时加强老路面和新铺路面的黏结作用,使新旧路面结构成为整体,增强路面结构承载能力。在旧路罩面过程中采用橡胶沥青的SAMI(应力吸收中间层或防水黏结层),是国外常用的方法,也是非常行之有效的方法,但由于该项技术在国内发展得还不成熟,还没有得到大规模的推广应用,因此还需要进一步开展相关研究。

4. OGFC 排水型罩面加防水层

针对路面强大的动水压力导致路面结构层剥落的现象,采用水分可以在其内部自由流动的排水型罩面,同时加铺防水黏结层,使水分通过开级配的罩面层流入边沟中,保证中下面层不受水分侵入,同时具有良好的抗滑性能和雨天行车的安全性。这也是当前国际上常用的一种罩面类型。但由于OGFC型混合料的抗疲劳性能较差,且在降雨量不是很大的华北地区,孔隙很容易被堵塞,养护难度很大,因此很难得到大规模的使用。

应该说针对当前高速公路上大量的水损坏现象,并没有成熟可靠的预防性养护措施,也因此高速公路水损坏显得非常棘手,一旦产生就很快造成很大的破坏。相比较而言,采用橡胶沥青防水黏结层加超薄罩面组合使用的预防性养护方式更为有效。粗集料断级配的超薄层沥青混凝土作为上面层,具有较好的构造深度,保证高速公路的行车安全;其下的橡胶沥青防水黏结层能够起到防水、应力吸收和增强层间黏结的作用,尽量减少旧路的裂缝和破坏对新铺罩面的影响,同时保证路面的水不再渗入结构内部,还可增强旧路和新铺罩面间的黏结,改善路面结构的整体性。

7.6.3　大修工程

对结构性破坏比较严重、路面的结构强度严重不足的路段,进行路面的大修或补强。根据路面病害状况分析,大修工程中一定要注意以下几项:

(1)对原有路面调查,防止新铺面层受老路面不利因素的影响。在铺筑前应彻底处理好原路面的所有病害,在病害涉及基层或土基时,必须对路面基层、底基层或土基进行彻底清理。

(2)沥青面层采用空隙率不大于5%的密实型混凝土,提高压实度标准,增加路面现场空隙率指标。

(3)设计上面层混合料时,在兼顾高温性能的同时,对低温抗裂性能给以足够的重视。

(4)对中、下面层应给以足够的重视,加强中、下面层的材料控制;提高中、下面层矿料与沥青的黏结力，增强中、下面层的抗水损坏能力。

(5)设计周密合理的排水系统，完善路面排水设计，设置路面结构内部的防排水层，防止水分进入并储存在结构层内。在路面较厚的情况下，沥青面层下设置的防排水层，有时在水还没来得及渗到防排水层前，上面的沥青混凝土已经开始破坏了，因此应该将防排水层设在上面层下面。

(6)调整施工工序，尽量使3层面层连续摊铺，减少污染。采取增加层间黏结的措施，加强施工控制，尽量减少离析的产生。

(7)原材料的品质和施工质量对工程质量起保证作用，加强材料管理和施工现场管理，把握好材料质量、配合比设计和压实，是保证沥青混凝土面层具有良好使用功能的前提。施工时必须严格按照配合比设计的原材料和配比进行，不得随意更换原材料和调整级配。

7.7 本章小结

(1)沥青路面在使用过程中会出现各种类型的病害，合理的养护工作中包含大量的定期预防养护工作。在进行养护优化的过程中，需要做大量的养护定量分析工作。因此，开展沥青路面RCM定量分析方法的研究具有一定的工程应用价值。

在沥青路面大、小修中，选择合理的养护技术是降低养护成本的基本途径之一，为了获得合理选择路面养护项目的技术依据，本文研究了沥青路面RCM的定量分析方法，完成了沥青RCM定量分析模型的设计。在分析沥青路面RCM定量分析模型各部间相互关系的基础上，探讨了沥青路面RCM定量分析模型的功能模块设计方法。

(2)以可靠性为中心的养护的经济效益评估模型是系统、全面、简单、有效评估养护优化成果的方法。从RCM经济效益评估内容和分类着手，详细介绍了分析后取消项目、增加项目显性及隐性经济效益评估模型，并结合沥青路面养护的特点，对以可靠性为中心的沥青路面养护模型进行探讨。此外，利用多目标规划法综合考虑最小平均养护费用和最大可用度两个基本原则，建立了求预防性养护最佳养护周期的模型，并利用实例进行验证，这对于如何有效利用养护资源，如何以最小费用达到最佳养护效果有一定意义。

(3)针对京秦高速公路上的罩面后的病因复杂的情况，结合京秦高速公路自身的特点及实际养护经验，制订相应的措施，几年来在养护工程实践中以最大限度地提高路面使用性能为目的，不断应用新技术、新材料、新工艺，为保证全线的使用功能和通行能力起到了积极的作用。

第8章　主要研究结论

工程实践表明,高速公路沥青路面交付使用后,5~8年就需对罩面进行一次维修。旧沥青路面罩面后,由于整个路面结构受力体系发生了变化,尤其是经多次罩面后的路面结构,与设计时的差异更大。罩面后的路面结构在行车荷载、环境等因素综合作用下,路面使用性能将呈现新的变化规律,这对罩面后的养护措施的实施及养护效果有着重要影响。

因此,研究罩面后路面性能的演化规律是养护成功与否的关键。而目前国内外关于高速公路路面使用性能方面的研究均为新建路面使用性能的研究,与本书关于高速公路罩面后的结构性能与路面使用性能的变化规律研究有很大的不同。本书的主要结论如下。

(1)采用多种先进的无损伤检测方法,对高速公路罩面后实际结构状况进行了检测。

高速公路罩面后的路面使用性能受罩面层厚度、罩面层材料类型、罩面前旧路处治方式、旧路面的开裂情况、罩面后路面的养护措施等多种因素的影响。要掌握罩面后高速公路路面性能变化规律,就必须对高速公路结构状况有全面的了解和掌握。项目组先后应用路面雷达、落锤式弯沉仪、SWS面波仪等先进的检测手段,对京秦高速公路部分路段的结构层厚度、隐含裂缝、旧路回弹模量及土基承载能力等进行了检测,并对检测结果进行了系统分析。

(2)系统分析了高速公路罩面后沥青路面检测数据的特性。

路面设计的最终判断依据是路面使用性能,而路面性能参数测定值往往具有较大的随机性和变异性,为了能够深入了解沥青混凝土路面性能参数的特点,并为高速公路路面评价、基于路面性能的路面设计方法和理论研究提供前期研究基础,对路面使用性能参数进行有计划的采集并研究,分析其概率统计特性都是非常重要和必需的基础性工作。依托京秦高速公路路况普查测定的大量数据,依据可靠性数学的基本理论并运用数理统计的方法,运用Mintab程序,对高速公路沥青混凝土路面使用性能各参数的概率分布模型、变异水平进行了较全面的研究分析,为高速公路沥青混凝土路面性能评价预测、可靠性分析以及相关理论研究提供有价值的参考。

(3)深入研究了高速公路罩面后路面使用性能变化规律,建立了基于信息扩散技术的高速公路罩面后路面使用性能预测模型。

本书借助于马尔可夫理论进行了沥青路面罩面后使用性能预测的研究。马尔可夫预测模型可以反映出路面罩面后使用性能状态的概率,并且能够以概率分布的形式反映出路面在使用过程中由于荷载、材料和环境的变异而导致不能确定的使用性能的变化,因而更为客观;该模型将样本点转换成模糊集,部分弥补了由于数据的不完备性所造成的信息空白,并可以将矛盾模式转换成兼容模式,因而便于更新和组织到优化过程当中。通过与实际检测结果的比较,发现该模型有较高的预测精度和推广应用价值,所建马尔可夫预测模型可纳入路面管理系统中,为路面管理工作提供理论依据。

(4)分别提出了基于不确定性的单、多路段高速公路罩面后路面使用性能综合评价模型。

①针对路面使用性能综合评价的复杂性,以集对论为基础,进行了同、异、反分析,在确定路面性能评价指标和评价类别的联系度后,建立了集对分析评价模型。从路面使用性能的特点出发,给出了一种局部惩罚—激励型变权确定方法,并与所建的集对分析模型相结合,采用联系数最大原则,提出了变权综合评价方法,使得评价结果更加客观科学。以代表性路段的沥青路面性能评价为例,验证了该评价方法的合理性。

②路面使用性能检测数据存在着大量的不确定性,这种不确定性既有随机性,又有模糊性。目前常用的处理路面使用性能分析一般采用确定性的方法,但是很多情况下随机性和模糊性是共存的。为此引入模糊集理论,将随机性与模糊性相结合,即在概率风险的基础上,结合事件发生概率的可能性,应用信息分配方法,在不完备数据的基础上构造计算模糊随机风险的模型。该方法克服了概率分析中要求大样本这一困难,并且可以提供更多的风险信息,较好地处理了路面使用性能分析中模糊不确定性和随机不确定性,通过实例计算得到的结果精确度较高,为多路段路面使用性能评价提供了一种新的方法。

(5)高速公路罩面后路面结构性能变化规律研究。

采用有限元程序对直接罩面、铣刨旧路面层后罩面和铣刨旧路面层及上基层后罩面三种典型的罩面方案进行了结构力学分析。同时以路表弯沉和层底拉应力为指标计算了高速公路罩面层结构可靠度同累计当量轴次之间的关系的关系式,在此基础上提出了基于灰色理论的高速公路罩面后路面结构可靠性等维灰数递补预测模型。

(6)建立了基于路面性能可靠性的路面性能检测及维修周期确定方法。

综合考虑路面性能变化随机性状态参数(均值、方差)特征,提出了以可靠性为中心的高速公路罩面维修决策方法,同时结合最小平均维修费用和最大可用度原则,最终建立了基于路面性能可靠性的路面性能检测及维修周期确定方法。

(7)提出了高速公路沥青路面罩面后养护对策确定方法。

对高速公路沥青路面罩面后养护对策进行了研究,提出了以可靠性为中心的罩面后养护对策确定方法。从RCM经济效益评估内容和分类着手,详细介绍了取消项目、增加项目显性及隐性经济效益评估模型,并结合沥青路面维修的特点,对以可靠性为中心的沥青路面维修模型进行探讨。这对于如何有效利用维修资源,如何以最小费用达到最佳维修效果有一定意义。

参 考 文 献

[1] 王朝辉. 沥青路面加铺技术研究[D]. 长安大学,2008.

[2] 杨斌. 旧水泥混凝土路面沥青加铺层结构研究[D]. 长安大学,2005.

[3] 黄文雄. 高速公路沥青路面使用性能评价指标[J]. 中外公路,2003,10(04):23-28.

[4] 尚保玉. 高速公路沥青混凝土路面使用性能评价方法研究[D]. 武汉理工大学,2011.

[5] 曾峰,张肖宁. 沥青路面预防性养护技术研究进展及关键问题[J]. 中外公路,2009,11(04):32-37.

[6] Hashema M, Sharaf E. System for Flexible Pavements in Developing Countries. 6th International Conference on Managing Pavements(in USA),2004.

[7] 伍光涛. 基于三维有限元的沥青混凝土路面结构可靠性分析[J]. 公路,2010,12(02):21-25.

[8] Lu Xiaohu, Isacsson U. Artificial aging of polymer modified bitumen. Journal of Applied Polymer Science,2000,11(12):113-117.

[9] 李海滨. 基于半刚性基层适应性的沥青路面结构研究[D]. 长安大学,2010.

[10] 李运恒,姚占勇,李世华,等. 等级公路路面结构的分析研究[J]. 中外公路,2006,07(04):67-71.

[11] 苏凯,孙立军,石鸿. 半刚性沥青路面结构组合优化设计研究[J]. 石家庄铁道学院学报,2007,09(01):126-130.

[12] 李九苏,罗耀芦. 沥青路面水损害机理及防治对策[J]. 公路交通技术. 2006,09(01):12-16.

[13] J W Button, R L Lytton. Guidelines for Using synthetics with Hot-Mix Asphalt Overlays to Reduce Reflective Cracking[J]. Transportation Research Record: Journal of the Transportation Research Board,2004,08(31):98-103.

[14] 曾胜,何宇航. 旧水泥混凝土路面沥青加铺层结构力学分析[J]. 长安大学学报(自然科学版),2008,12(02):134-139.

[15] 徐旭,王祺国. 基于数值模拟的沥青路面结构可靠度分析[J]. 公路交通科技. 2008,09(05):111-117.

[16] 金雷. 基于声效特征值判断半刚性基层沥青路面结构不连续病害研究[J]. 公路交通科技(应用技术版),2011,16(02):201-205.

[17] 陈刚. 半刚性基层沥青路面早期病害及破坏机理研究[J]. 科技信息,2008,09(05):

98-102.
[18] 李庆勇. 半刚性基层沥青路面的常见病害及防治措施[J]. 交通标准化,2011,09(01):121-125.
[19] 郑元勋. 沥青路面动态弯沉及反算模量的温度修正研究[D]. 大连理工大学,2009.
[20] 成晟,倪富健. 基于动态弯沉分析的路面结构模量反算方法研究[J]. 现代交通技术,2011,09(03):201-204.
[21] 颜可珍,吴建良. 路面结构模量反演的蚁群算法研究[J]. 湖南大学学报(自然科学版),2010,09(05):12-16.
[22] Timm D H, Newcomb D E, Birgisson B. Mechanistic- empirical Flexible Pavement Thickness Design: Theory Method. Journal of the Asphalt Paving Technologists,2000.
[23] Newcomb D E, Guide for Mechanistic-Empirical Design of New and Rehabilitated Pavement Structures[J]. NCHRP,2004,09(12):1-37.
[24] 闫平军. 高等级沥青路面结构承载能力评价指标及计算方法[J]. 交通世界,2009,12(05):56-59.
[25] 李淼龙. 沥青路面结构强度评价方法[J]. 科技信息,2008,12(12):12-17.
[26] 徐婷,祝站东,郭亚,等. 基于机器视觉的路面破损检测系统研究[J]. 武汉理工大学学报(交通科学与工程版),2012,21(01):77-79.
[27] 杨晓丰,李云峰. 路基路面检测技术[M]. 北京:人民交通出版社,2006.
[28] 包正荣. 沥青路面弯沉值的变化及测试[J]. 交通科技,2007,5(01):87-90.
[29] Samer Lahouar, Imad L. Automatic detection of multiple pavement layers from GPR data [J]. NDT and E International,2008,09(10):1-7.
[30] 张明,叶巧玲,冯晓. 路面平整度检测技术现状与发展[J]. 重庆交通大学学报(自然科学版),2007,03(04):21-25.
[31] 杨炯. 路面平整度检测原理及检测方法[J]. 科技资讯,2009,10(19):19-24.
[32] 施树明,初秀民,王荣本. 沥青路面破损图像测量方法研究[J]. 公路交通科技,2004,09(07):90-94.
[33] 洪小刚. 路面损坏检测系统的分析比较[J]. 山西交通科技,2011,09(02):32-37.
[34] 梅杰,戴万龙. 沥青路面抗滑研究[J]. 科技资讯,2008,09(02):21-25.
[35] 尹江华. 沥青路面抗滑表层结构型式及抗滑性能评价[J]. 交通标准化,2012,9(15):17-21.
[36] 吴海艳. 路面车辙特征提取与计算方法研究[D]. 哈尔滨工业大学,2007.
[37] 曾胜. 路面性能评价与分析方法研究[D]. 中南大学,2003.
[38] Ashutosh Sarkar, Pratap K Mohapatra. Maximum Utilization of Vehicle Capacity: A Case of MRO Items. Computers and Industrial Engineering,2008.

[39] Y H Hung. A Neural Network Classifier With Rough Set-based Feature Selection to Classify Multiclass IC Package Products. Advanced Engineering Informatics,2009.

[40] 刘奎太. 基于变权模型的厦门某高等级公路路面综合评价研究[J]. 厦门大学学报(自然科学版),2010,19(04):110-116.

[41] 马士宾,王选仓,王朝辉,等. 基于集对论的路面使用性能变权综合评价方法[J]. 武汉理工大学学报(交通科学与工程版),2007,21(06):121-125.

[42] 焦同战,郝俊. 沥青路面结构可靠度有限元分析[J]. 路基工程,2009,09(01):12-16.

[43] 边超,宋金华,刘召伟. 沥青路面结构可靠度与使用性能的研究[J]. 河北工业大学学报,2010,09(02):111-116.

[44] 孙荣恒. 随机过程及其应用[M]. 北京:清华大学出版社,2004.

[45] Chandran, Kuncheria. Prioritization of Low- Volume Pavement Sections for Maintenance by Using Fuzzy Logic. Journal of the Transportation Research Board, Transportation Research Record,2007,12(12):101-106.

[46] Zairen Luo, Eddie Chou. Pavement Condition Prediction Using Regression. Journa of the Transportation Research Board,Transportation Research Record,2006.

[47] Abaza K. Optimum Dynamic Probabilistic Approach for a Long-Term Pavement Restoration Program with User Cost. Transportation Research Board 86th Annual Meeting,2007.

[48] 杜二鹏,马松林,景海民. 基于灰色系统理论的沥青路面使用性能预测[J]. 同济大学学报(自然科学版),2010,12(08):34-39.

[49] 赵一林. 高速公路路面使用性能预测模型的研究[J]. 科技情报开发与经济,2007,12(21):90-96.

[50] Vincent M. Adaptive Optimization of Infrastructure Maintenance and Inspection Decisions under Performance Model Uncertainty. Journal of Infrastructure Systems,2003.

[51] 刘建兰,王朝辉,王选仓. 旧沥青路面加铺层结构层间工作状态研究[J]. 郑州大学学报(工学版),2009,12(03):12-17.

[52] 刘秀菊,郑彦军. 基于灰色理论的沥青混凝土路面使用性能多指标预测方法研究[J]. 公路,2012,21(04):61-67.

[53] 唐娴,戴经梁,贾倩. 参数自适应跟踪法预测高速公路路面使用性能[J]. 长安大学学报(自然科学版),2007,32(03):121-125.

[54] 刘巍,张韧,徐志升,等. 基于信息扩散的稀疏数据插值算法[J]. 解放军理工大学学报(自然科学版),2012,04(01):41-47.

[55] 李禹德,王朝辉. 旧沥青路面开裂状况对加铺层结构影响分析[J]. 公路交通科技(应用技术版),2011,12(05):87-92.

[56] 何漓江,龙丽琴. 基层厚度对沥青加铺层反射裂缝的影响分析[J]. 武汉化工学院学报,2006,12(04):33-38.

[57] 颜可珍,江毅,黄立葵,等. 层间接触对沥青加铺层性能的影响[J]. 湖南大学学报(自然科学版),2009,3(05):90-97.

[58] 颜可珍,林峰,江毅. 交通荷载下沥青加铺层路面力学分析[J]. 中南大学学报(自然科学版),2011,08(07):111-115.

[59] 张治国. 各种结构参数的变异性对路面可靠度的影响[J]. 科学之友,2008,08(09):6-11.

[60] 黄立葵,江帆,杜攀峰,等. 路基路面结构参数的变异性分析[J]. 公路交通科技,2007,12(12):21-26.

[61] 娄峰. 基于模糊理论的沥青路面可靠性分析[D]. 湖南大学,2005.

[62] 刘宁. 可靠度随机有限元法及其工程应用[M]. 北京:中国水利水电出版社,2001.

[63] 张建仁,张起森. 公路工程结构可靠度理论及其应用[M]. 北京:人民交通出版社,1995.

[64] Tran Q. Modelling of Debonding Between Old Concrete and Overlay:Fatigue Loading and Delayed Effects[J]. Materials and Structures,2007,09(10):9-15.